理論から学ぶ データベース実践入門

リレーショナルモデルによる効率的なSQL

Okuno Mikiya
奥野幹也
［著］

技術評論社

本書は、小社刊『WEB+DB PRESS』Vol68〜Vol79の連載『理論で学ぶSQL再入門』をもとに、大幅に加筆と修正を行い書籍化したものです。

本書サポートページ
http://gihyo.jp/book/2015/978-4-7741-7197-5/support

はじめに

なぜ今さらリレーショナルモデルについての書籍を読まないといけないんだ？ 本書を手に取った方の中に、そう思われる方がいるかもしれません。その理由を一言で表すなら、「SQLは難しいから」です。

リレーショナルデータベース（以下RDB）がこの世に登場して長い時が流れましたが、筆者は、いまだに数多くの人がRDBを使いこなせていないと感じています。RDBを使いこなすには、リレーショナルモデルに対する理解が不可欠です。しかし、リレーショナルモデルに対する正しい理解が浸透しているとは言えません。どのようにデータベース（以下DB）を設計すれば良いのか、あるいは、どのようにDBからSQLを使って検索するのかといったことは、リレーショナルモデルを理解しなければわからないのです。ただやみくもに設計したり、SQLを書いたりするだけでは、RDBを使いこなしているとはけっして言えません。

リレーショナルモデルは古くて新しいテーマです。RDBが登場してから何十年も経つにも関わらず、いまだに多くの人に理解されているとは言い難く、そして、リレーショナルモデル自身についても語り尽くされていないように見受けられます。ちまたにあふれている技術書は、SQLについて書かれたものは多いのですが、リレーショナルモデルとは何か、それをどのように実践するかについて書かれた書籍はほとんどありません。しかも、わかりやすくコンパクトにまとまっているものは皆無です。それが本書を世に送り出そうと思った動機です。

リレーショナルモデルがなかなか理解されなかった背景には、コンピュータのリソースやRDB製品が持つ機能に制限があったことが要因として挙げられます。リレーショナルモデルを実践しようと思っても、技術的な壁が立ちはだかっていたのです。しかし、時代は変わりました。ムーアの法則のおかげで、高性能なCPUが安価に手に入れられるようになりました。また、各種RDB製品も開発に切磋琢磨したことにより、機能が拡充されてきました。ようやくリレーショナルモデルを使いこなせるだけの土台が整ってきたとも言えるでしょう。

現在、ほとんどのサーバアプリケーションの開発現場でRDBが使われています。SQLは最も多く使われるプログラミング言語の一つであるのは疑いようのない事実です。しかしながら、SQLは非常に多く利用されているにも関わらず、最近はNoSQLやActiveRecordの台頭などの事情もあり、軽視される傾向にあるように思います。しかし、そのような傾向に反して、上手にSQLを書くスキルはとても大切です。アプリケーション開発が成功するかどうかは、いかにRDBをうまく活用するか、つまり、いかにエレガントにSQLを書くかにかかっていると言っても過言ではありません。

SQLは数十年間もの間、RDBの問い合わせ言語として使われてきた実績があります。なぜこれほどまで長期に渡り現役で在り続けられるのかと言うと、やはりひとえに便利だからではないでしょうか。SQLほど少しの記述で多くの処理をコンピュータに行わせることのできる強力な言語は、ほかにないように思います。そのようにとても便利なSQLですが、その強力さ故に、使い方を誤るととんでもなく無駄な仕事をしてしまうことになりかねません。使い方を間違えると、しばしば複雑で非効率なSQL文を書いてしまいます。いわゆる、「スパゲティコード」ならぬ「スパゲティSQL」のできあがりです。

アプリケーションが大規模になるにつれ、パフォーマンスがますます重視されるようになりました。スパゲティSQLはパフォーマンスにとって天敵です。効率が悪ければ当然そのSQL自身のレスポンスは低下し、その負荷によってシステム全体のスループットを低下させることにもつながるでしょう。SQLは便利だけれども、その分使い方を間違ったときの影響も大きいという危うい側面も備えているのです。

本書は、RDB初心者のための入門書ではありません。DBアプリケーションを開発したことのある経験者を対象にしています。すでに基本的なSQL文の意味を理解している人が、より深くSQLについての見識を深めるための書籍を目指しています。そして、少しでも多くの人がRDBを正しく使わないことで引き起こされる悲劇から逃れられることを目的としています。

テーマは、SQLとリレーショナル(関係)モデルから始まり、DB設計やアプリケーション開発に至るまで、理論と実践を併記して解説します。SQLを改めて勉強し直したいと考えている、またはリレーショナルモデルについてよく知らないといった中級者が主なターゲットです。RDBについての一般的な内容がテーマであり、特定の製品についての解説は行いません。また、本書ではSQLの詳細な文法については触れません。すでに読者のみなさんがある程度SQLについて理解しているという前提のうえで話を進めます。SQLの文法を詳しく知りたい場合は、ほかの書籍をあたってください。

さあ、今こそRDBを使いこなせるようになるときです！ 本書を読み終えたとき、きっとRDBについての見方がこれまでと違って見えるでしょう。

2015年1月　奥野 幹也

理論から学ぶデータベース実践入門[目次]

第6章 ドメインの設計戦略

第1章

SQLと リレーショナルモデル

本章では、リレーショナルモデルの概要について説明します。SQLとは何か、そしてリレーショナルモデルがどのようなものであるかについて、感触をつかんでいただくことを目的としています。そのうえで、SQLがリレーショナルモデルにどう対応するか、あるいはどのように異なっているかという点についても紹介します。

1.1 そもそもSQLって?

SQLは、リレーショナルデータベース(以下RDB)に対して問い合わせを行うための言語です。そのため、リレーショナルモデル[注1]がSQLのベースになっていることは、疑いようのない事実です。しかし困ったことに、SQLの構文や文法だけ見ても、リレーショナルモデルがどのようなものかは見えてきません。

リレーショナルモデルを知らなくてもSQLは書ける?

筆者は、RDBの初心者のころ、SQL構文の勉強から始めました。おそらく、現在活躍中のデータベース(以下DB)エンジニアの多くも、SQL構文の勉強から入ったのではないかと思います。出来不出来はさておき、構文がわかればSQLは書けます。そして、SQLを書き続けていると、どのようなSQLを書けば、SQLクエリが効率的になるのかも、手探りでわかるようになります。たとえば、テーブルにつけるインデックスをどういったものにするか、相関サブクエリをJOINに書き換えるといったテクニックです。

そうしてテクニックを磨いていくと、リレーショナルモデルを知らなくても、何となく困らずに済みます。そのため「SQLは知っているけれど、リレーショナルモデルを知らない」という状況に陥りがちです。そういった人

注1 リレーショナルモデルについては、**1.2**で解説します。

は、かなり多いのではないかと思います。

もちろん、リレーショナルモデルを知らないのは良いことではありません。なぜならば、リレーショナルモデルの知識がないことによって、壁にぶつかる日が来るからです。真にスキルのあるDBエンジニアを目指すのであれば、リレーショナルモデルは必須科目です。

というわけで、SQLを一通り身につけたところで、リレーショナルモデルについて、勉強するようにしましょう。しかし、リレーショナルモデルについて知れば知るほど、あなたは次のように考えることでしょう。

「SQLとリレーショナルモデルって実はあんまり似ていないよね？（それどころか全然違うんじゃ……）」

今まで使ってきたSQLとはいったい何だったのかと。実は、SQLの熟練者にとっても、リレーショナルモデルを理解することは、意外とハードルは高いのです。

RDBはリレーショナルモデルを正しく実践してこそ真価を発揮する！

なぜ、SQLの知識だけでは不十分で、リレーショナルモデルについても、知っておかなければならないのでしょうか。

SQLはリレーショナルモデルをベースにした問い合わせ言語ですが、リレーショナルモデルを忠実に再現していません。SQLは、非常に柔軟性の高い言語として設計されているため、リレーショナルモデルに沿った使い方もできれば、逆に大きく逸脱した使い方もできます。後者で使う際には注意が必要ですが、リレーショナルモデルを知らないと、リレーショナルモデルから逸脱しているかどうかも判断できません。

RDBに対する非常によくある間違いは、DBを単なるデータの入れ物だと考えることです。インデックスさえちゃんと効いていれば、高速にアクセスはできるため、データベース設計（以下DB設計）、つまり、個々のテーブル設計およびDB全体としての統合性はどうでもよい、という考えです。

もちろん、そんなことはありません。リレーショナルモデルを知らないと、いつの間にか非常に効率の悪いクエリばかり書いてしまうことになります。

RDBをリレーショナルモデルから逸脱した使い方をすることは、ダートをフォーミュラカーで走るようなものです[注2]。いかなるツールでも、使い方を誤れば本来の性能を発揮できないのは言うまでもありません。

SQLの使い方を誤れば、単に性能を発揮できないだけでなく、SQL文が複雑怪奇なものになります。SQLはリレーショナルモデルをベースに設計されていますから、リレーショナルモデルに沿った演算が得意です。複雑怪奇なSQL文は可読性も悪く、バグの温床にもなるでしょう。DBアプリケーション[注3]をメンテナンスする際にも、リレーショナルモデルについての理解は重要です。

そもそも、リレーショナルモデルとは、いかなるものでしょうか？SQLの学習から始めた人にとっては、新鮮なテーマかもしれません。それではこれから、リレーショナルモデルについて、詳しく見ていきましょう。

1.2 リレーショナルモデル

うんちくめいた歴史の話は本書では触れません。代わりに、いきなり本質に迫ることにします。

リレーショナルモデルとは、現実世界のデータを「リレーション」と呼ばれる概念を用いて表現するデータモデルです。データモデルと言うと、ER図(*Entity Relationship Diagram*)のようなモデリングツールを連想するかもしれませんが、実は、ER図とリレーショナルモデルは何の関係もありません。「ER図こそリレーショナルモデルを実践するために必要なツールだ」という解説を時折見かけますが、それは大きな誤りですので注意しましょう。

このように、データモデルと言うと、設計を意味するモデリングとして

注2　フォーミュラカーはサーキットでは比類なき性能を発揮しますが、ダートでは走ることもままならないでしょう。

注3　ここではDBを使うことを前提に構築されたアプリケーションを指します。

とらえる人が多いのですが、リレーショナルモデルが表すデータモデルは設計という意味ではなく、データをどのように表現するか、という概念の話です。「○○という概念を使ってデータを表現してください」という決まりごとがデータモデルであり、リレーショナルモデルは、その中の一つだと言えます。

最近ではKVS(*Key-Value Store*)がよく使われるようになりましたが、KVSのように、キーとそれに対応した値という形でデータを表現するのも、データモデルの一つです。リレーショナルモデルは、それとは異なるデータの表現の仕方だということです。

このリレーショナルモデルを理解するうえで、最も重要な概念が**リレーション**です。

リレーションの定義

リレーション[注4]とはいったい何でしょうか? 最もよくある間違いは、「テーブル同士の関係」というものです。繰り返しになりますが、テーブル同士の関係を(ER図などを使って)デザインするのが、リレーショナルモデルだと、誤解している方をけっこう見かけます。もし、あなたがそのような誤解をしているのだとしたら、今すぐ考えを改めてください。

単刀直入に答えを言いましょう。実は、SQLにおいて**リレーションに相当するものは、テーブル**です!

リレーショナルモデルにおけるリレーションの定義は次のようなものです。リレーションは見出し(*Heading*)と本体(*Body*)のペアで構成されます。

見出しは、n個[注5]の属性(*Attribute*)の集合です。この属性は、名前とデータ型のペアになっています。本体は、属性値の集合である組、あるいは英語で言うとタプル(*tuple*)の集合です[注6]。

タプルに含まれる属性値は、名称とデータ型が見出しで指定されたもの

注4　本書では関係とは言わずリレーションと呼びます。関係という単語はほかの文脈でもよく用いられ、混乱を避けるためです。

注5　nは0以上の整数です。

注6　リレーションの場合と同様に、組という単語は、ほかの文脈で用いられるため、本書では、タプルと表現します。

と、それぞれ一致していなければなりません。見出しで定義されていない属性が存在したり、逆に、見出しに含まれる属性がタプルに存在していない場合は、ルール違反となります[注7]。言い換えると、リレーションとはタプルの集合であり、タプルはすべて同じn個の属性値の集合という同じデータ構造を持っています。**図1.1**は、リレーションをイメージ化したものです。

図1.1では、国名、国番号、地域という3つの属性でリレーションが構成されています。厳密には、タプルの集合はリレーションの本体であり、本来の意味では、本体と見出しのペアをもってリレーションと呼びますが、簡単化のため、本体をリレーションと見なすことも多いので、注意してください。文脈によっては、見出しが含まれたり、含まれなかったりしますが、その辺りは適宜読み替える必要があり、本書でも同様です。

タプルと属性は、SQLではそれぞれ行(ロー)と列(カラム)に対応しています[注8]。しかし、リレーショナルモデルとSQLでは、それぞれ対応する概

図1.1 リレーションの例

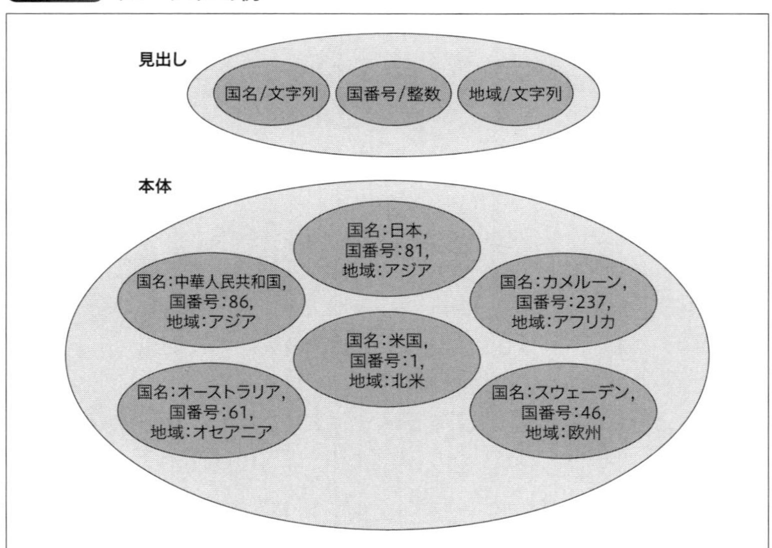

注7　もし、そのようなタプルが含まれている場合、その集合はリレーションと呼べません。

注8　本書では列をカラムという表記で統一します。

念が存在するのに、なぜわざわざ異なる名称で呼ぶのでしょうか？

実は、名称が異なるのは、それらが対応した概念であるにもかかわらず、性質が異なるからです。異なる性質のもの、つまり、異なる概念を同じ名称で呼ぶことはできません。どのように異なるのかについては、本書で順を追って説明します。

表1.1に、リレーショナルモデルとSQLにおける各オブジェクトの対応をまとめています。

集合とリレーショナルモデル

先ほどから繰り返し「集合」という単語が出ていますが、この集合の性質について、もう少し詳しく見ておきましょう。

集合とは

集合は、数学で用いられる概念で、その名前が示す通り、物の集まりを表現する概念です。集合に含まれる個々の物を**要素**や**元**(*Element*)と呼びます。要素として用いることができれば、何でもかまいません。数や文字に限らず、あらゆるものを要素として扱うことができます。要素には特に制約がなく、物の集まりを扱うための汎用的なしくみとして、集合を利用できます。リレーションも集合の一種ですので、集合の持つ性質は、リレーションに応用できます。

図1.2は、集合を模式的に表したものです。この例では、集合に6つの数字が要素として含まれています。

集合の要素は、どのような性質のものでもかまいませんが、満たすべき要件がいくつかあります。ここでは2点について考えてみましょう。

一つは、**その要素が集合に含まれているかどうかを不確定要素がなく判**

表1.1 リレーショナルモデルとSQLの対応

リレーショナルモデル	SQL
リレーション	テーブル
タプル	行
属性	カラム

定できる、ということです。たとえば、数値からなる集合Nがあったとすると、1という数値がNに含まれているかどうかが、確実に判断できなければなりません。これは逆説的[注9]に言うと、要素が何であるかがわからない、未知のものは集合に含められないことを意味します。たとえば、図1.2では「1は集合に含まれるか」「3は集合に含まれるか」などの問いに対しては、明確に答えることができます(前者はYes、後者はNoです)。

もう一つは、**集合の要素が重複してはいけない**というものです。集合にとって重要なことは、ある要素が含まれているかそうでないか、という点です。たとえば、ある集合Sに要素eが含まれているということを、次のように表現します。

$$e \in S$$

必要なのは、eがSに含まれているかどうか、という情報だけです。もし仮に、複数のeがSに含まれていても、この式の結果には影響しません。そもそも、集合論では、同じ要素が何個含まれているかは意味を持たず、逆に、「何個含まれているか」が、そのあとの演算結果に影響を与えてはいけないのです。

さらに、**集合の要素はそれ以上分解できない**という点も重要です。要素はそれ1つで意味のある値です。要素eが集合Sに含まれるかどうかは、eそのものと比較して初めて判定が可能です。eを分解した一部はeとは一致しませんから、$e \in S$という判定に何ら影響を与えないのです。これ

図1.2 集合のイメージ図

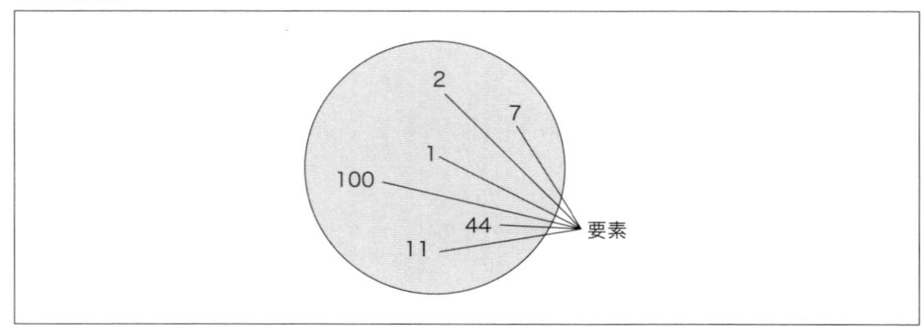

注9　対偶とも言います。

らの性質がさまざまな集合の操作にとってきわめて重要です。

集合が何であるかという点は、しっかりと押さえておいてください。リレーショナルモデルは、集合論に根ざしたデータモデルです。集合が何であるかについて、正確に理解しているのと、そうでないのとでは、リレーショナルモデルに対する理解度も違ってくるでしょう。

リレーショナルモデルとNULL

集合に未知のものを含められないことは、集合の一種である**リレーションにNULLを含めることができない**ことを意味します。後述しますが、NULLは値ではなく要素が何であるかがわからない、つまり、未知の値であることを示すマーカーです。

SQLでしばしば、NULLの是非が議題に挙がりますが、リレーショナルモデルを正しく実践するには、NULLは排除すべきです。リレーショナルモデルにNULLは必要だ、という考えを持った人も存在しますが、筆者は、リレーショナルモデルからNULLを排除すべきだ、という立場です。議論の余地はあるでしょうが、本書では、読者のみなさんもいったんその見地に立ってください。

NULLを排除しながら、現実的な問題にどうやって立ち向かうのかが、本書のテーマの一つでもあります。

有限集合と無限集合

集合には、有限集合と無限集合という種類があります。リレーショナルモデルが扱うのは有限集合だけです。なぜなら、コンピュータで表現できるものは、どのような種類のものも有限だからです。

数値であれ、文字列であれ、構造化されたデータであれ、限られた種類の要素しか表現できません。ストレージの容量を大きくすれば、膨大な数の要素を表現することは可能ですが、それでも要素数が無限になることは、絶対にあり得ません。同様に、集合をコンピュータで表現した場合でも、その要素数を無限にはできないでしょう。したがって、無限集合について考慮する必要はありません。

無限集合は有限集合と異なる性質を持つため、無限について考慮しなくても良い分、リレーショナルモデルは、シンプルなモデルになっていると言えます。

リレーションの演算

ここからが本題です。これまでで、リレーションが何かを理解できたと思いますが、単にリレーションでデータを表現しただけでは、あまり役に立ちません。データは、それに対する演算（あるいは操作）とセットになって初めて役に立つのです。紳士淑女の嗜みとして、オブジェクト指向をマスタされている方であれば、データとそれに対する演算は、切っても切り離せない関係にあることを理解できるでしょう。

それはリレーショナルモデルでも同様です。データをリレーションとして表現しているなら、それに対する演算は、クエリ（問い合わせ）です。リレーショナルモデルは、リレーションを単位として、さまざまな演算を用いて問い合わせを行うデータモデルです。リレーションを使った演算を行うから、リレーショナルモデルという名称なのです。

先ほど、リレーション（の本体）はタプルの集合であると述べました。リレーションは本質的には集合ですので、それに対する演算も、集合論をベースとしたものになっています。ただし、リレーション内のタプルがすべて同じ構造である、つまり、同じ名前、同じデータ型を持っていることから、汎用的な集合にはないリレーショナルモデル特有の演算が多くあります。

次に、代表的なリレーションの演算を紹介します。

制限（Restrict）

制限（*Restrict*）は、あるリレーションのうち、特定の条件に合うタプルだけを含んだリレーションを返します（**図1.3**）。制限を実行した結果は、元のリレーションの部分集合であると言えます。条件の指定方法は、特に制限がありません。そのため、制限を実行した結果が空集合になったり、元のリレーションと同じ結果になるかもしれません。

射影(Projection)

射影(*Projection*)は、あるリレーションにおいて、特定の属性だけを含んだリレーションを返します(**図1.4**)。属性が少なくなると、タプルに重複が生じる場合があります。たとえば、図1.1のリレーションに対して、「地域」という属性で射影を取った場合、「アジア」が重複してしまいます。重複が生じた場合、それらは同一のタプルと見なされます。なぜなら、集合に重複した要素を含めることができないからです。

拡張(Extend)

拡張(*Extend*)は、射影とは反対に、属性を増やす操作です。多くの場合、新しい属性の値は、既存の属性の値を使って算出されます。**図1.5**では、人口と面積という2つの属性を使った演算結果から、人口密度という新たな属性を拡張しています。

図1.3 制限の例

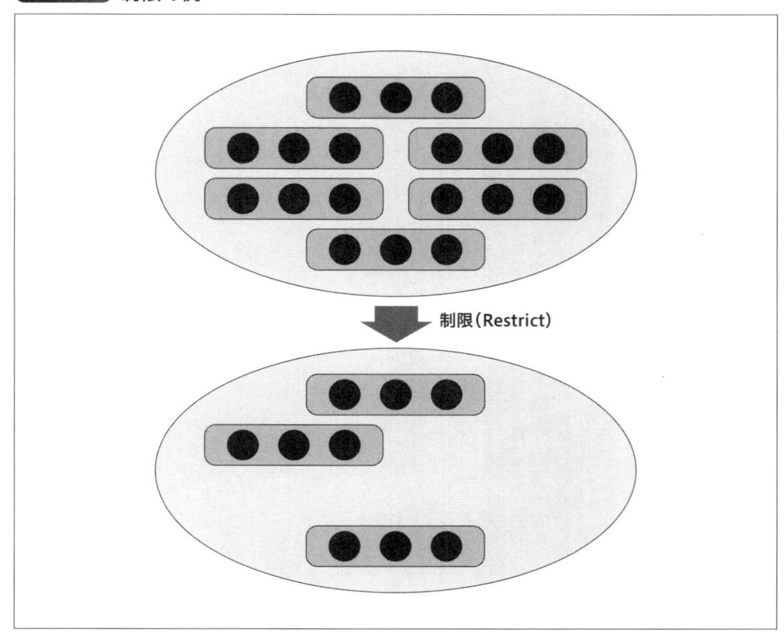

図1.4 射影の例

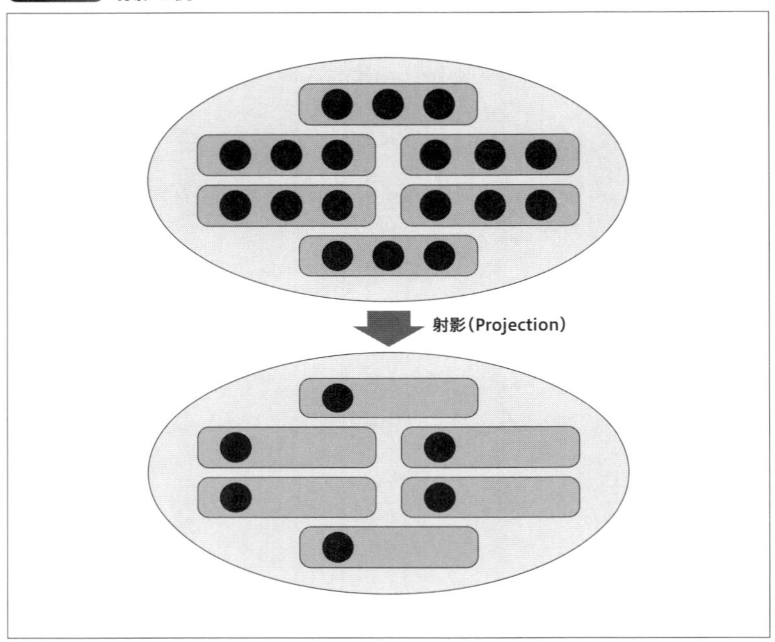

図1.5 拡張の例

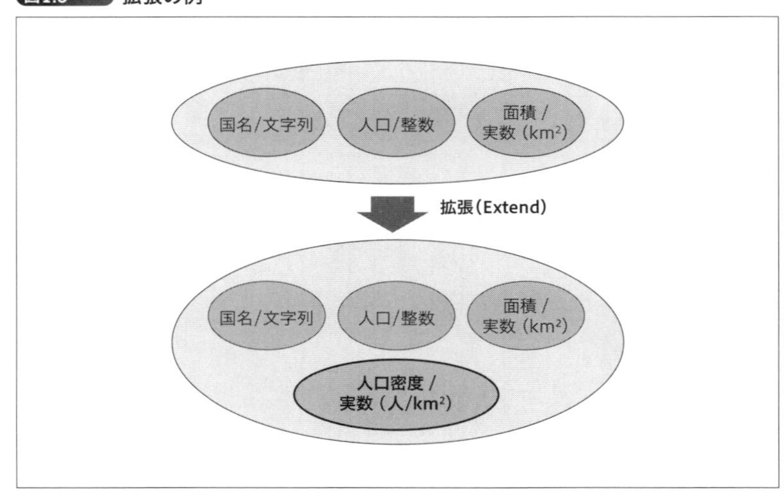

属性名変更(Rename)

属性名変更(*Rename*)は、単に属性の名称を変更する操作です。**図1.6**では、既存の属性の名称を変更していますが、実際には、主に拡張した属性に対して、名称を与える場合に多く利用されます。

和(Union)

和(*Union*)は、2つのリレーションに含まれる、すべてのタプルで構成される、リレーション(和集合)を返します(**図1.7**)。2つのリレーションに共通の属性値が含まれる場合、生成される和集合では、重複が解消された状態になります。

積/交わり(Intersect)

積/交わり(*Intersect*)は、2つのリレーションの交わり(共通部分)になっているリレーションを返します(**図1.8**)。

図1.6 属性名変更の例

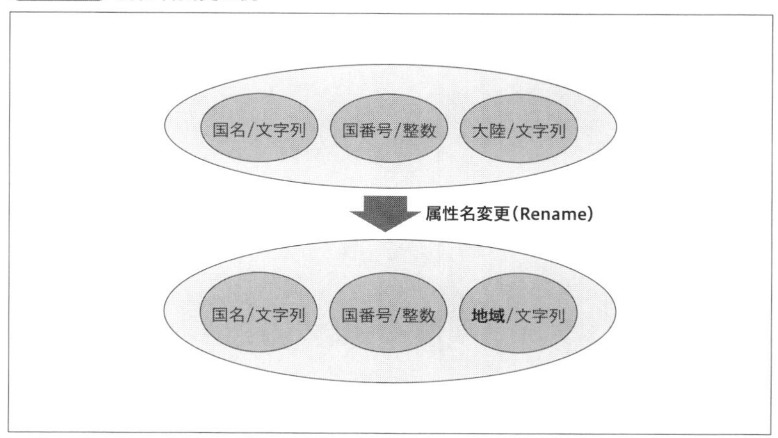

図1.7 和の例

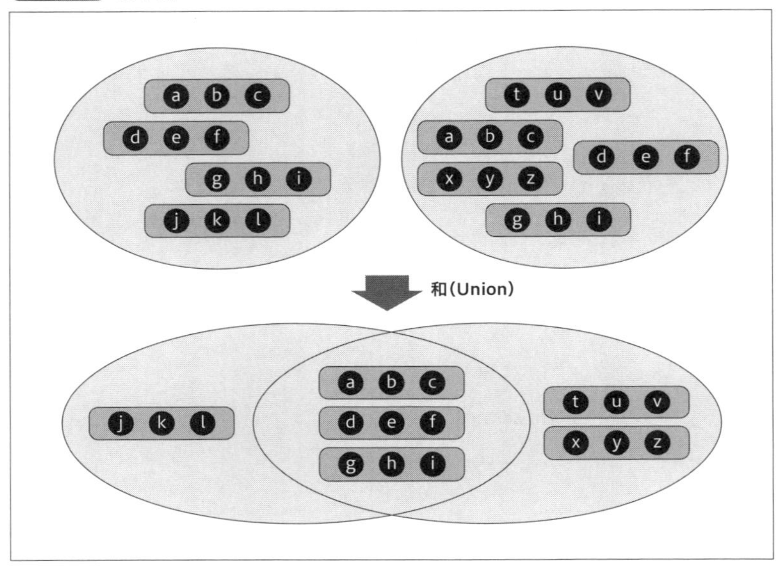

図1.8 積／交わりの例

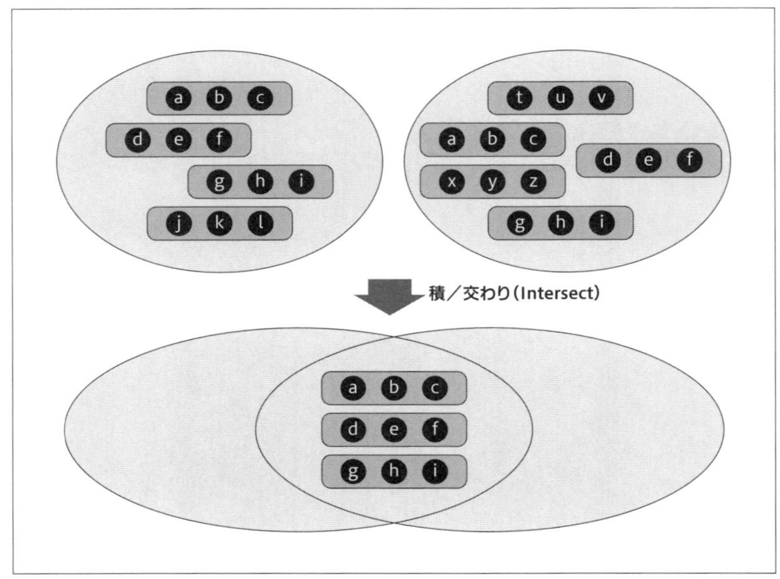

差（Difference）

差（*Difference*）は、2つのリレーションのうち、片方のリレーションにのみ含まれるタプルで構成されるリレーションを返します（**図1.9**）。差は、どちらのリレーションから、どちらのリレーションを引くかによって結果が変わりますので、注意してください[注10]。

直積（Product）

直積（*Product*）は、ある2つのリレーションのタプルをそれぞれ組み合わせたリレーションを返します（**図1.10**）。このとき、生成されたリレーションの見出しには、2つのリレーションの見出しが持つ属性がすべて含まれます。

結合（Join）

結合（*Join*）は、共通の属性を持つ2つのリレーションを、その共通の属性

図1.9 差の例

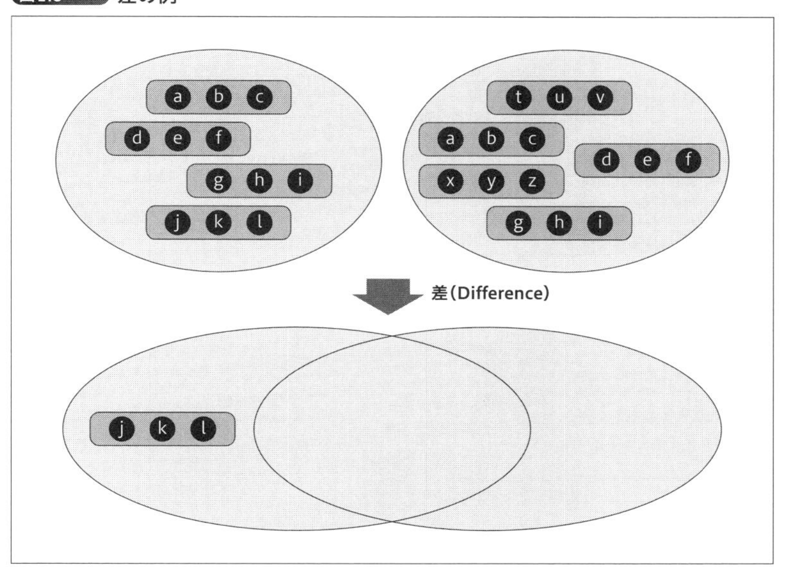

注10 交換則が成り立たないということです。

の値が同じタプル同士を組み合わせたリレーションを返します(**図1.11**)。

結果として残るタプルは、2つのリレーションで共通の属性において、同じ値が存在するものだけです。つまり、マッチする値が存在しないタプルは、結果から除外されます。このようなタイプの結合は、SQLでは内部結合(INNER JOIN)と呼ばれます。実は、リレーショナルモデルに存在するのは、内部結合だけです。外部結合は、結果にNULLを含む可能性があるため、リレーションの演算として不適切です。

ちなみに、積と直積は、結合の特殊な例であると言えます。積は2つの

図1.10 直積の例

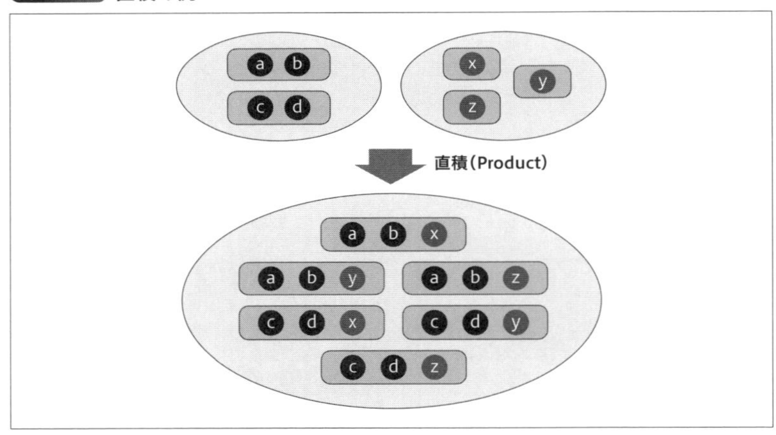

図1.11 結合の例

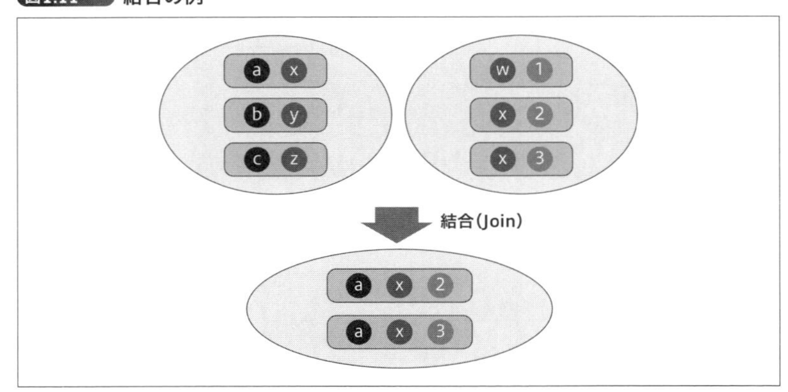

リレーションに含まれる属性がすべて共通であるケース、反対に、直積は共通の属性が存在しないケースです。ちょっとしたトリビアですが、これらのことを知っておくと、リレーションの演算が少し身近に感じられるのではないでしょうか。

以上が、代表的なリレーションの演算となります。これらの演算を用いることで、リレーションから必要な情報を抽出できます。それがクエリの本質です。その原理を応用して作られたのがRDBです。RDBが性能を余すところなく発揮するには、これらの操作に基づいて、SQLを記述する必要があります。

Column

要素にNULLが含まれていると……

もし、リレーションにNULLが含まれていると、リレーショナルモデルは成立しません。NULLは値がわからないことを示すマーカーです。そのため、NULLが含まれていると、リレーションの演算結果が一意には決まりません。

もし仮に、図1.1のリレーションにおいて、すべての属性がNULLとなっているタプルtがあったとします。たとえば、このリレーションに対して、「地域 = アジア」という条件で制限を実行すると、果たして、そのタプルtは結果に含めるべきでしょうか。SQLの仕様からすると含めないことが正解ですが、ここではNULLの意味から少し考察してみましょう。

NULLは具体的な値が不明ですので、アジアである可能性もありますし、そうでない可能性もあります。結果に含めないことは、「アジアではない」と断言できることを意味しますが、値がわからないのであれば、アジアである可能性を排除できません。したがって、制限の結果に含めるべきかどうかは、判断がつきません。これは困ったことです。

射影の場合はどうでしょうか。属性地域で射影をとった場合、果たして、タプルtの地域は、ほかのタプルのものと重複しているのでしょうか。重複してるかもしれませんし、していないかもしれません。先ほどの制限の場合と同様に、どちらかは断言できません。

このように、NULLであることは、NULLになっている属性の値がわからないだけでなく、リレーションの演算結果がどうなるかもわからないのです。

制限と射影という、1つのリレーションに対する操作を例に、NULLの問題を説明しましたが、NULLが問題なのは、複数のリレーションを対象とした操作でも同様です。次に**図1.a**を見てください。

2つのリレーションには、それぞれNULLが含まれています。R1とR2を結合する場合、果たして、これらのタプルは、どのタプルと結合すべきでしょうか。それとも、結合すべきではないのでしょうか。はたまた、NULL同士は結合できるのでしょうか。

表示上はNULLとなっていても、実際にNULLがどの値であるかはわかりません。もし、R1のNULLがwだった場合、このタプルは、R2の対応するタプルと結合すべきでしょう。同様に、R2のNULLがyだった場合、このタプルは結合すべきです。もしかすると、R1とR2のNULLは、wでもyでもないけれど、同じ値(たとえば、両方ともz)になっているかもしれません。その場合、これらNULLを含んだタプル同士が結合されるべきです。

結合した結果は、NULLの実際の値が何であるかによって、1〜3個のタプルが含まれる可能性があります。しかし、正解がどれであるかは誰にもわからないでしょう。なぜなら、NULLは実際の値が何であるかがわからないからです。

仮に、便宜上NULL同士は同じであると仮定する、あるいは、NULLがほかのNULLも含めてどの値とも同じでないと仮定する、というルールを適用するとどうでしょうか?

どちらも論理的に正しくありません。NULLの値は未知ですから、ほかのタプルと同じかもしれませんし、そうでないかもしれません。それをすべて同じ、あるいは逆に同じでないと見なすのは、単に結果を歪(ゆが)めているだけにすぎません。したがって、NULLが含まれたリレーションの演算結果は、不明であること以外、論理的に正しい答えはありえません。

このように、NULLはリレーショナルモデルを根底から覆す不穏因子なのです。

図1.a NULLが含まれたリレーション

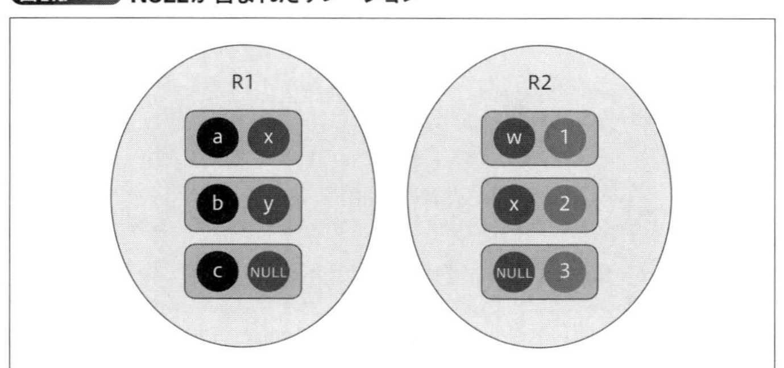

クロージャという性質

リレーショナルモデルで大切なのは、リレーションを用いた演算結果がリレーションになることです。

たとえば、手続き型言語における整数値の演算について考えてみましょう。ある整数値2つを用いた演算がまた整数値になり、その結果を用いて、さらにほかの整数との演算を行うことができます。

このように、演算の入力も出力も同じデータ構造を持ったものになる性質を**クロージャ(閉包)**と言います[注11]。入力と出力が同じデータ構造を持つという性質は、非常に重要です。演算結果を新たな入力にし、数珠つなぎのように演算を記述することで、複雑な演算を表現できるからです。

演算の単位がリレーションであっても同様です。演算結果がリレーションであることは、その結果をほかのリレーションと組み合わせて、演算ができることを意味します。

たとえば、2つのリレーションの和に対して、別のリレーションを結合し、さらにその結果に制限を適用したり、射影を適用したり、その結果に対して別のリレーションとの和を計算する、といった具合です。

このように、リレーションの演算だけを用いて、複雑な演算を表現できる点が、リレーショナルモデルの真骨頂だと言えます。

リレーショナルモデルにおけるデータ型

ここで、リレーショナルモデルを理解するうえで、重要な概念である、データ型について説明します。データ型とは、個々の属性がどのような値を持つか、ということです。これは、リレーショナルモデルを理解するうえで、実はきわめて重要な概念となっています。

テーブルを設計する際に、データ型(もしくは型)を考慮しないことはないと思います。SQLにおけるデータ型と言うと、INTやCHAR、VARCHARといったものがあります。リレーショナルモデルに照らし合わせたとき、さまざまなデータ型は、どうやって使い分けるべきでしょうか?

注11　このクロージャは、ラムダ式や無名関数のことではありません。

リレーショナルモデル自身には、「どのようなデータ型を使うべきか」という決まりはありません。リレーショナルモデルは、文字通り「モデル」ですので、**どのように使えるか**が決まっているだけで、**どのように使うべきか**は、モデルを使うアプリケーションが決めることです。たとえば、C言語プログラムで変数の型をintにすべきか、floatにすべきか、という選択と同じで、すべては、アプリケーション次第だと言えます。

データ型と変数

リレーショナルモデルのデータ型の説明に入る前に、より一般的なデータ型そのものについて考えてみましょう。

データ型とは、そもそも、いったい何でしょうか？ それを理解するには、まず変数と値について、よく思い出す必要があります。

変数とは、値を代入できる器です。その中身は、プログラムが実行されるにつれ、刻々と変化します。一方、値にはいくつも種類がありますが、個々の値の意味は普遍のものです。ある値がほかの意味や量を持つことはありません。

たとえば、xという変数の値が1という整数であった場合、xにそのあとほかの値(たとえば2)が代入され、中身が変化する可能性があります。しかし、1という値の持つ意味や量に変化はありません。

ドメインとは

コンピュータプログラムにおいて、ある変数に代入される可能性がある値とは、どのようなものでしょうか。変数にどのような値が代入されるかは、無限の可能性があるわけではなく、値が取り得る範囲は限定されています。集合の項でも前述しましたが、コンピュータが表すことのできるデータは、有限個のバリエーションしかありません。

つまり、データ型とは、その変数に代入される可能性のある値の有限集合だと言えます。

リレーショナルモデルにおいて、データ型は**ドメイン**とも呼ばれます。値はその集合の要素一つ一つであり、変数とはある時点において、その集合から要素を1つ選択したものであると解釈されます。集合の要素(値)に変化はありませんが、どの要素を選択するか(変数)は、刻々と変化するというわけです。その集合全体をドメインと呼びます。

ここでリレーションについて考えてみましょう。属性の「データ型」、つまりドメインが有限集合であることは、タプルが取り得る値は、その有限集合の直積によって導かれます。

たとえば、10通りの値を取り得る属性2つで構成されるタプルは、100通りの値を取り得ることになります。タプルとは、見出しで定義された属性の直積のうちの1つの要素です。リレーションとは、属性のドメインの直積から、特定のタプルだけを選び出して、構成した集合であると言えます。

このように、リレーショナルモデルはリレーションを構成する見出し、本体、タプルだけでなく、属性のデータ型すらも集合になっています。このことからも、集合の性質を理解することが、いかに重要かがわかるはずです。また、集合の性質から逸脱した使い方が、このデータモデルにとって、いかに有害であるかも、理解していただけるのではないでしょうか。

1.3 SQLにおけるリレーション操作

リレーションと、その演算のバリエーションを一通り見たところで、いくつかのDML（*Data Manipulation Language*、データ操作言語）を例に取り、SQLがそれらとどのように対応しているか、について説明します。

さまざまな違いがあるSQLと、リレーショナルモデルですが、対応した部分も数多く見受けられます。具体的な例によって、リレーションの操作がどのようなものか、理解しやすいのではないでしょうか。リレーショナルモデルから逸脱した使い方をしていなければ、SQLとリレーショナルモデルの対応は、すんなりと理解できるでしょう。

SELECTの基本形

普段何気なく使っているSELECTですが、SELECTはリレーショナルモデル的にどのような意味を持つ演算なのでしょうか。

SELECTはまさにRDBの中核です。いかに上手にSELECTを書けるかが、RDBを上手に使ううえでの決め手と言って差し支えありません。そのためには、SELECTが論理的にどのような意味を持つのかを知っておく必要があります。

SELECTはSQLにおいて、データを参照するために利用できる唯一のコマンドです。「問い合わせ」の機能は、すべてSELECTに詰め込まれています。SELECTは、非常に強力なコマンドで、柔軟性に富み、さまざまな応用が可能です。その分、未熟なプログラマが記述すると、複雑怪奇になりやすい、という側面もあります。ここではまず、SELECTの基本形について解説します。

UNIONやサブクエリのないシンプルなSELECTは、**リスト1.1**のような構文になっています。

そして、これは重要な点ですが、リスト1.1の3項目すべてがそれぞれリレーションの代数的演算に相当します。カラムのリストは射影(*Projection*)、テーブルのリストは直積(*Product*)、検索条件は制限(*Restrict*)です。このように、シンプルなSELECTは、3つのリレーションの演算を同時に行う操作だったのです。筆者がこのことを知ったときは、目から鱗でした。SELECTの構造についての理解が、このたった1つの事実だけで広がったのです。

SELECTを理解するうえで、もう一つ非常に大事なことがあります。それは、それぞれの演算が評価される順番です。SELECTでは、これらの3つのリレーションの演算が次の順序で評価されます。

❶テーブルのリスト(直積)

❷検索条件(制限)

リスト1.1 SELECTの基本形

```
SELECT カラムのリスト
FROM テーブルのリスト
WHERE 検索条件
```

❸カラムのリスト(射影)

評価の順序に対する理解は、実際にSELECTを記述する際に必要です。具体的な例として、**リスト1.2**でSELECTの意味を考えてみましょう。

このSELECT文が持つ意味は、t1とt2の直積に対して、t1.c4 = t2.c5 AND t2.c6 < 100という条件の制限を適用し、さらにその結果からt1.c1、t1.c2、t2.c3というカラムだけを出力するべく射影を行うというものです。

ここで、SELECT文中のこれらの項目が評価される順序と、実際にRDBによってどのような順序で実行されるかは無関係であることに注意してください。おそらく、ほとんどのRDBでは、オプティマイザが最適化を施した結果、処理の省略や実行順序の入れ替えを行います。

たとえば、テーブルから行をフェッチする際、可能であれば、必要なカラムだけをフェッチするでしょうし、そもそも、テーブルからフェッチする行は、WHERE句の条件に従って、最小限にとどめるため、中間的に直積を生成する処理はありません。

ここで言うSELECTにおける評価の順序とは、あくまでも、論理的な意味である点に注意してください。一方、RDBが行う最適化は、**実装**そのものです。そのSELECTが表す内容から導き出される結果と、同じ結果を生成するのであれば、その実行部分は、どのような実装であってもかまいません。

以上のことをまとめると、SELECTとは、論理的には直積、制限、射影という3つのリレーションの演算を同時に行う操作だと言えます。SELECTについては**第8章**で詳しく解説しますので、まずはSELECTの基本形が何を意味するかを理解しておいてください。

リスト1.2 SELECT文の例

```
SELECT t1.c1, t1.c2, t2.c3
  FROM t1 INNER JOIN t2
  WHERE t1.c4 = t2.c5 AND t2.c6 < 100;
```

Column

拡張の評価順

SELECTのあとには、カラムを直接指定する以外に、そのカラムに演算結果も指定できます。たとえば、**リスト1.a**のようなものです。

weight_lbは、もともとテーブルには存在しないカラムで、既存のカラムから演算の結果、導き出されたものです。リレーショナルモデルでは、このように新たな属性(SQLではカラム)を追加する操作を、拡張(*Extend*)と呼びます。評価は、射影の直前に行われます。式が評価される順序がわかれば、なぜ、**リスト1.b**のSQLがエラーになるかもわかるはずです。

RDB製品によっては、このSQLがエラーにならないものもありますが、プログラムの互換性を高めて、メンテナンスを容易にするには、そのような製品ごとの特殊仕様には頼らず、SQLの標準を意識してSQLを記述すべきでしょう。

リスト1.a カラムに演算結果を指定する

```
SELECT name, weight, weight * 2.2 AS weight_lb FROM t;
```

リスト1.b エラーになるSQLの例

```
SELECT name, weight, weight * 2.2 AS weight_lb
  FROM t
  WHERE weight_lb > 100;
```

INSERT(挿入)

次に、更新処理の説明に移ります[注12]。

いきなりですが、ここで驚きの事実を発表したいと思います。実はリレーショナルモデルに更新という概念は存在しません。「えっ?」と思われる方がいるかもしれませんが、リレーションを更新することはできないのです。なぜなら、**リレーションは値**だからです。

値を更新できないことを理解するために、C言語のプログラムの例を見

注12 SELECTが唯一の参照系のコマンドで、残るは更新系だけです。

てみましょう(**リスト1.3**)。

リスト1.3では、変数aに値「1」を代入し、そして次にaをa+2に変更しています。その結果、aの中身は3になるでしょう。ここでは、aの値が更新されていますが、更新されているのは値の入れ物、つまり、変数です。変数の中身は刻々と変化しますが、値の持つ意味そのものは、変化していません[注13]。

リレーションは値です。いくら要素数がたくさん含まれていても、それは1つの値であって、その意味は変更できないのです。

ところが、SQLではテーブル内の値を変更できてしまいます。リレーションが値なら、それに対応する概念である、テーブルが更新できるのはおかしいことなのでしょうか。INSERTの場合は行の追加ですが、行を追加することによって、テーブルの値≒リレーションは変化しているように見えます。

このような矛盾は、テーブルが値と変数の両方の役割を持つことに起因します。リレーショナルモデルにおいて、リレーションを格納する変数はRelvar(*Relation Variable*、関係変数)と呼びます[注14]。つまり、SQLにおけるテーブルの更新処理とは、Relvarとしてテーブルに割り当てられた、リレーションの値を変更することなのです。

このように理解すると、INSERTが持つ意味も違って見えてくるでしょう。INSERTとは、Relvarの値(=リレーション)を、そのリレーションに対して新しくINSERTするタプル(≒行)を追加した、リレーションと置き換えるという操作に相当します。リレーショナルモデルにおいて、リレーションの演算は、入力も出力もリレーションです。したがって、**リスト1.4**のよう

リスト1.3 C言語のプログラム例

```
int main()
{
  int a = 1;
  a = a + 2;
  printf("%d\n", a)
}
```

注13 値そのものを更新して値の意味が変わってしまったら大変です！ よっていかなるプログラミング言語でも、値の意味そのものは、変えられないようにできています。

注14 詳しくはp.26のコラムを参照してください。

なSQL文は、テーブルtのRelvarをR、新しく挿入する行に対応するタプルをTとすると、和集合∪を用いて、次のように表すことができます。

R := R ∪ {T}

{T}は、タプルTだけを含んだリレーションです。この表現は、少しまどろっこしい、と感じるかもしれません。このようなことからも、リレーショナルモデルと、SQLの違いの大きさについて窺うことができます。

DELETE(削除)

INSERTが和集合であれば、DELETEは差集合であると言えます。シンプル

リスト1.4 INSERT文の例

```
INSERT INTO t (c1, c2, c3) VALUES (1, 2, 3);
```

Column

Relvar

リレーショナルモデルでは、リレーションは値に相当すると述べました。C言語などで、整数値の演算結果を変数に代入するように、リレーションの演算結果も、別の**変数**に格納するのが自然なスタイルです。それでは、リレーショナルモデルには、変数に相当する概念はあるのでしょうか？ リレーショナルモデルでは、そのような変数をRelvar(関係変数)と呼びます。

Relvarは、SQLに存在しない概念です。SQLでは、テーブルからフェッチした行の集まり(多重集合)をどこかの変数に代入するという使い方はしません。巨大なテーブルから、フェッチしたデータを変数に代入すると、膨大な量のコピーを行う必要があるため、変数を代入するという、スタイルになっていないのは、実装上妥当な判断のように思えます。

その結果、SQLでは、テーブルがリレーションに対応していると同時に、Relvarの役割を兼ねているのです。したがって、SQLによるテーブルの操作は、演算という言葉から連想するものとは、ちょっと違った印象を受けると思います。

なDELETEは、**リスト1.5**のような構造になっています。

このDELETE文をリレーショナルモデル的に表現すると、元のリレーション(＝Relvar[注15]に代入されている値)から、WHERE句の条件であるc1 = 100に該当する、タプルの集合(つまり、元のリレーションの部分集合)となる、リレーションとの差集合を、Relvarに代入するのと等価です。集合演算として表現すると、次のような式として表せるでしょう。

R := R - {T}

SQLを記述するうえで、このような集合による表現は、直接的に役立つわけではありませんが、各種操作を集合演算として扱う感覚を身につける際に役に立ちます。DELETEのさらに直感的な表現として、DELETEは、Relvarを、**WHERE句の条件を満たさない**タプルからなるリレーションで置き換えることと等価である、と言えます。

UPDATE(更新)

シンプルなUPDATEは、**リスト1.6**のような構造を持っています。

このようなUPDATE文は、元のリレーションに含まれるタプルのうち、WHERE句の条件に適合するタプルの値を、SET句の指示に従って更新する操作だと言えます。しかし、リレーション、つまり、値そのものは更新できないため、タプルの値を書き換えるのは、リレーショナルモデル的に誤りです。

UPDATEがどのような操作であるかを正確に表現するなら、次のような操作であると言えます。

リスト1.5 DELETE文

```
DELETE FROM t WHERE c1 = 100;
```

リスト1.6 UPDATE文

```
UPDATE t SET c1 = 1 WHERE c2 = 123;
```

注15　詳しくはp.26のコラムを参照してください。

❶元のリレーションから、WHERE句の条件に適合するタプルからなる、リレーションとの差集合を取る

❷❶の結果に対し、差を取ったリレーション(WHERE句の条件に適合するタプルからなるリレーション)に修正を加えたリレーションとの和集合を導く

❸❷の和集合をRelvar[注16]に代入する

元のリレーションをR、WHERE句の条件に該当するリレーションを{T1}、{T1}に修正を加えたリレーションを{T2}とすると、UPDATEは、次のように表現できるでしょう。

```
R := (R - {T1}) ∪ {T2}
```

SQLでもUPDATEは、DELETEとINSERTの組み合わせで表現できますが、リレーショナルモデル的な解釈としてはそちらのイメージに近い操作であると言えます。

1.4 SQLにあってリレーショナルモデルにないもの

これまで、基本的なSQL文が、リレーショナルモデルでどのような操作に該当するかを見てきましたが、その違いに驚かれたのではないでしょうか。筆者は、SQLを最初に学んでから、あとからリレーショナルモデルとの違いを知ったとき、愕然としたのを覚えています(と同時に目から鱗が落ちました)。

SQLを効果的に使うためのコツは、何と言っても、リレーショナルモデルに沿って使うことです。そのために、SQLとリレーショナルモデルの違いについて、よく理解しておく必要があるでしょう。また、SQLの熟練者がリレーショナルモデルについて詳しくなるためにも、当然ながら、その違いについても知っておく必要があります。

注16　詳しくはp.26のコラムを参照してください。

本節では、SQLとリレーショナルモデルの違いについて詳しく見ていきましょう。

要素の重複

これまで説明したように、リレーションは同じ構造を持つタプルの集合です。集合とは、数学的な意味での集合です。集合には重複がありませんので、リレーションも同様です。

一方、SQLでは、テーブル内に同じ行が存在してもかまいません。主キーのような一意性制約があれば、テーブル内に重複した行は存在できませんが、何も制約がなければ、重複してもSQL上は、エラーではありません。つまり、**テーブルはそもそも集合ではない**のです。あえて言えば、テーブルは多重集合(*Multiset*)であると言えます。集合と多重集合では、性質が異なりますので、それに起因して、リレーショナルモデルとSQLの性質も異なります。

SQLをリレーショナルモデルに沿って使うには、テーブルを、集合と同じように使う必要があると言えます。少なくとも、何らかの一意性制約は必要でしょう。この点については、**第2章**以降で詳しく見ていきます。

要素間の順序

集合は、要素間に順序がありません。そのため、集合として定義されたリレーション(の本体)や、タプル、見出しに含まれる要素にも順序がありません。

一方、SQLには順序が存在します。カラムは定義された順に並んでいますし、行をソートすることも可能です。クエリを実行した結果も指定された順序で並んでいます。

SQLを、リレーショナルモデルに沿って使うには、行やカラムの位置を意識した、クエリを書くべきではありません。たとえば、ROWNUMや`ORDER BY 1`といった機能は、避けるべきです。また、JDBCのjava.sql.ResultSet#getStringなどでは、カラムの位置を指定してデータを取得できますが、そのようなAPIも使うべきではありません。

リレーションの更新

リレーションは値であるため、更新はできません。値を変更できるのは、変数だけです。重要なポイントは、テーブルが値と変数の両方の機能を兼ねているという点です。リレーショナルモデルを理解するうえで、両者を明確に区別する必要があります。

トランザクション

RDBと言えば、トランザクションは欠かせない概念です。しかしながら、トランザクションはSQL仕様の一部となっていますが、実は、リレーショナルモデルとは、別の独立した概念で、リレーショナルモデルに含まれません。リレーショナルモデルとトランザクションは異なる概念ですが、RDBを使いこなすためには、両方を正しく理解し、実践する必要があります。両者は、相補的な関係であり、RDBにおける両輪だと言えるでしょう。

トランザクションは、複数の並列に実行された更新を矛盾なく行うための理論ですが、リレーションは、そもそも更新できないため、トランザクションのACID特性[注17]は、一切関係がありません。トランザクションは、値と変数の両方の性質を兼ね備えたテーブルという概念がある、SQLだからこそ、意味のある概念だと言えるでしょう。

トランザクションについては、**第14章**で詳しく説明します。

ストアドプロシージャ

リレーショナルモデルには、プロシージャは存在しません。したがって、カーソルをループで処理するという操作はリレーショナルモデルではありません。むしろ、テーブルに対してループで何らかの処理を行うことは、集合演算を真っ向から否定する行為ですらあります。「ストアドプロシージャこそがRDBの真骨頂だ」という意見を見かけることがありますが、断じ

注17　トランザクション処理で必要となるAtomicity（原子性）、Consistency（一貫性）、Isolation（独立性）、Durability（耐久性）のことです。

てそのようなことはありませんので注意しましょう。RDBの真骨頂は、リレーショナルモデルです。

NULL

集合には、NULLという概念がありません。ただ要素が格納されているだけです。要素が存在すれば集合に含まれており、そうでなければ、集合に該当する要素は含まれません。

一方、NULLは値が存在しない、あるいは未知である、という意味の特別な記号であって、値ではありません。そのため、NULLを集合に含めることはできません。

NULLは、SQLの熟練者の間でもしばしば論争になります。SQLを正しく、リレーショナルモデルに沿って使ううえで、NULLの扱いはきわめて重要です。NULLについては、**第7章**で詳しく説明します。

1.5 まとめ

本章では、リレーショナルモデルとは何か、リレーションの演算がどのようなものであるか、について説明しました。また、SQLの各種DMLがリレーションの演算にどのように対応しているか、また、SQLとリレーショナルモデルにはどのような違いがあるかについて説明しました。もし、読者のみなさんがリレーショナルモデルについて、誤ったイメージを持っていたならば、ここでイメージを修正しておいてください。そのうえで、次章以降を読み進めて欲しいと思います。

「リレーショナルモデルとSQLに大きな違いがあるなら、SQLだけきちんと理解していればリレーショナルモデルなんて気にする必要ないじゃないか！」と思われるかもしれません。しかし、それは違います。SQLは、その心臓部とも言えるSELECTが、リレーションの演算で成り立っているからです。最もシンプルな基本形ですら、3つのリレーションの演算が含まれている代物です。違いはあっても、SQLを使う以上、リレーショナルモデルから逃れることはできないのです。

リレーショナルモデルでは、1つ以上のリレーションを使って演算を行います。SQLにおいて、リレーションの演算ができることは、リレーションに相当するテーブルが、リレーションと共通の性質を持つ必要があります。すなわち、リレーションとテーブルには、さまざまな相違がありますが、少しでもテーブルをリレーションの性質に近づけるようにすることが、効率的にSQLを書くための必須条件です。そのためにテーブル、あるいはそのコレクションであるデータベースを適切に設計することが重要です。この点については、**第3章〜第5章**で詳しく解説します。

Column

リレーショナルモデルは古典的か

リレーショナルモデルの解説の中に、厳密な集合論に沿ったリレーショナルモデルは、古典的だと記述しているものがあります。そのような解説では、リレーションをSQLのようにNULLを許容したり、属性やタプルに順序があると解釈しているものもあります。

確かに、現実のアプリケーションを、完全にリレーショナルモデルに適合させることはできません。万物は不完全であり、リレーショナルモデルも万能ではないからです。

だからといって、古典的だと断じて、リレーショナルモデルの解釈自体を変えることは誤りです。リレーショナルモデルは、数学(集合論)に裏付けされた強力なデータモデルであり、クエリ(問い合わせ)の正しさも数学によって保証されているからです。いくら現実に合うようにモデルを変えたところで、集合の持つ数学的な性質は変わりません。数学的な正しさから乖離(かいり)したデータモデルは、役に立たないでしょう。

重要なのは、リレーショナルモデルの限界を知ることです。つまり、リレーショナルモデルを適用できる部分と、そうでない部分を見極めることです。そのうえで、リレーショナルモデルを適用できる部分では、リレーショナルモデルをしっかりと実践することが重要なのです。

第2章 述語論理とリレーショナルモデル

本章では、読者のみなさんにリレーショナルモデルを理論的な観点から、見つめ直していただきます。第1章では集合論の観点から、リレーショナルモデルの概要をつかんでいただきましたが、より深くモデルを理解するには、その背後にある理論も理解する必要があります。人によっては、理論的な話はつらいと感じるかもしれませんが、本質に迫る話ですので、本書の中で最もエキサイティングな章だと言えなくもありません。

このあとの章のほとんどで、本章の知識が必要となります。ゆっくりでかまいませんので、よく理解して読み進めてください。また、すでに論理学を学んだことがある方も、ぜひ一度復習を兼ねて読んでみてください。

2.1 述語論理とリレーショナルモデル

リレーショナルモデルは、集合論に基づいたデータモデルだと**第1章**で述べましたが、実は述語論理、いわゆる論理学に基づいたデータモデルでもあります。論理学と言うと、とても難しそうに思えますが、エッセンスだけなら、それほど労せず理解できるのでかまえることはありません。

述語論理について解説する理由は、それがリレーショナルモデルの本質だからであり、そして後述する正規化とは何か、なぜ、それが必要なのかを理解するうえで必要だからです。はっきり言って、**論理学に触れない正規化の解説は、でたらめだと言っても過言ではありません。**

命題

命題とは何か。それが論理学を理解するうえでの出発点となります。あまり論理学に馴染みのない方が、**命題**という言葉を聞くと、「なんだか難しそうだな」と身構えるかもしれません。しかし、ご安心ください。コンセプトはいたってシンプルです。

命題とは、**ある物事について記述した文で、その意味が正しいかどうか、**

つまり、真か偽かを問えるものです。たとえば、「ソクラテスは人間である」「月は惑星である」「ダチョウは飛ぶことができない」といったものです[注1]。このように文章を評価した結果、真か偽かいずれかの値になるものを命題と呼びます。

命題は、このような単純なものだけではなく、真か偽かがわかれば、もっと長く、かつ複雑でもかまいません。逆に命題ではない文章とは、真理値が定まらないものです。たとえば、「あっちへ行け」という命令や、「ケーキが食べたい」というそのときの気持ちを表したものなどです。ほかにも「美しい」「好きだ」「嫌だ」など、主観が伴ううえに、刻々と変化しやすいものも、命題にはできないでしょう。

命題論理

論理学とは、先ほど説明した命題の真偽を扱う学問であると言えます。ある命題(1つでも複数でもかまいません)の真偽値がわかっているとき、別の命題の真偽値が何であるかを導き出すことに特化した学問のことを、**命題論理**と言います。

命題論理にとって最も重要な点は、ある命題の真偽から別の命題の真偽を導き出す際、大切なのはそれらの真偽値だけであり、命題が持つそのほかの意味は脇に置くことができることです。それによって、命題が持つ意味が、どのようなものであってもその真偽値だけに注目し、それらを規則的に変形することにより、ある命題が正しいかどうかを証明できるのです。

命題から真偽値以外の意味を取り去るため、命題をPやQなどの記号で表現します。**PやQなどの命題の真偽値が判明しているとき、もっと複雑な命題の真偽はどうか?**が、命題論理と呼ばれる学問のテーマです。

結合子

複雑な命題とは、どういったものでしょうか? それはたとえば、PとQの真偽がわかっているとき、P**かつ**Qという命題の真偽がどうかというように、複数の命題を組み合わせたものです。P**かつ**Qの「かつ」は、意味的

注1　ちなみにそれぞれの命題の真偽は、真、偽、真となります。

に**「Pという命題も、Qという命題も両方真である」**ことです。このように2つ、あるいは1つの命題から新たな真偽値を導き出すための記号を**結合子**と言い、代表的なものとして次の種類があります。

- **¬(否定、NOT)**
- **∧(連言、論理積、AND)**
- **∨(選言、論理和、OR)**
- **⊃(包含、IMP)**
- **≡(同値、EQ)**
- **|(否定論理積、NAND)**
- **↓(否定論理和、NOR)**
- **⊻(排他的論理和、XOR)**

真理関数の真理値

結合子は、一般的に論理演算と呼ばれるものにほかなりません。これらの論理記号は2つ、または1つの真理値をとり、式全体としての真理値を一意的に決定する役割を持っています。このような性質を持つものを**真理関数**と呼びます。**表2.1**に論理記号による真理関数の真理値をまとめています。

これらの結合子を用いて任意の数の命題を結合することで、より複雑な命題を表現することが可能となります。

表2.1 代表的な真理値表

P	Q	¬P	P∧Q	P∨Q	P⊃Q	P≡Q	P｜Q	P↓Q	P⊻Q
T	T	F	T	T	T	T	F	F	F
T	F	F	F	T	F	F	T	F	T
F	T	T	F	T	T	F	T	F	T
F	F	T	F	F	T	T	T	T	F

※T＝TRUE、F＝FALSE

トートロジーと定理

トートロジー

先ほど紹介した各種結合子の性質を理解すると、その組み合わせ次第で、式に含まれるＰやＱなどの命題の値が何であっても、式全体の真偽値が常に真となるものがあります。たとえば、次のようなものです。

(Ｐ⊃Ｑ)⊃(¬Ｑ⊃¬Ｐ)

この式の真理値表を**表2.2**に示します。

表2.2でわかるように、ＰあるいはＱの真偽値が実際に何であろうとも、式(Ｐ⊃Ｑ)⊃(¬Ｑ⊃¬Ｐ)自体の真偽値は常に真です。このように、パラメータとなる命題の値にかかわらず、結果が常に真となる論理式を、**トートロジー**あるいは**恒真式**と呼びます[注2]。

トートロジー＝定理

命題論理におけるトートロジーは、いつ、いかなる状況でも成立する絶対的な法則、すなわち真理のようなものだと言えます。トートロジーは絶対に真となることがわかっているので、ある記述が正しいかどうかを証明するのに用いたり、あるいはある真となっている論理式から別の真となる論理式を導出する際に用います。つまり、命題論理では、**トートロジーは定理**になっているのです。

次に、命題論理でよく使われる定理＝トートロジーを紹介します。読者のみなさんの中には、すでにこのような論理式に親しみのある方も少なくないのではないかと思います。これらの定理がトートロジーになっている

表2.2 トートロジーの真理値表の例

Ｐ	Ｑ	Ｐ⊃Ｑ	¬Ｐ	¬Ｑ	¬Ｑ⊃¬Ｐ	(Ｐ⊃Ｑ)⊃(¬Ｑ⊃¬Ｐ)
T	T	T	F	F	T	T
T	F	F	F	T	F	T
F	T	T	T	F	T	T
F	F	T	T	T	T	T

※T＝TRUE、F＝FALSE

注2　反対に常に偽となる論理式は、恒偽式と呼びます。

ことを、ぜひ真理値表を書いて確かめてみてください。

- **同一律 ...** $P \supset P$
- **排中律 ...** $P \vee \neg P$
- **二重否定律 ...** $\neg\neg P \equiv P$
- **矛盾律 ...** $\neg(P \wedge \neg P)$
- **Principle of explosion**[注3] **...** $(P \wedge \neg P) \supset Q$
- **対偶律 ...** $(P \supset Q) \supset (\neg Q \supset \neg P)$
- **推移律 ...** $((P \supset Q) \wedge (Q \supset R)) \supset (P \supset R)$
- **分配律 ...** $P \wedge (Q \vee R) \equiv (P \wedge Q) \vee (P \wedge R)$ **あるいは** $P \vee (Q \wedge R) \equiv (P \vee Q) \wedge (P \vee R)$
- **ド・モルガン ...** $\neg(P \vee Q) \equiv \neg P \wedge \neg Q$ **あるいは** $\neg(P \wedge Q) \equiv \neg P \vee \neg Q$
- **前件肯定式 ...** $((P \supset Q) \wedge P) \supset Q$
- **後件否定式 ...** $((P \supset Q) \wedge \neg Q) \supset \neg P$
- **選言的三段論法 ...** $((P \vee Q) \wedge \neg P) \supset Q$

命題論理と公理系

通常、何らかの記述が正しいかどうかを証明するには、ある前提となる命題が真であると認めたうえで、別の命題もまた真である、というように証明されます。そのため、それぞれの定理にはその定理が正しいこと、つまり、真であることを保証するための前提となる定理があるはずです。

ここで1つの疑問が湧いてきます。「ある定理の前提となる定理」は、どこまでもさかのぼれるのでしょうか？ ある定理の前提となる定理のさらに前提となる定理のさらにそのまた前提となる定理……という具合に、永遠にさかのぼれるものなのでしょうか？

公理

もちろん、定理を永遠にさかのぼれるなんてことはありませんし、永遠にさかのぼったところで意味はありません。定理には、一切の前提なく正

注3　対応する日本語がないので、英語のままにしています。

しいと認めましょう、という合意のうえで定められた、ほかの定理の出発点となるものがあります。これを**公理**と呼び、すべての定理は、公理が出発点になります。これを言い換えると、定理とは公理から導き出された、論理的に正しい命題であると言えます。定理の正しさとは、公理によって担保されているのです。

公理を種々の定理の前提として用いるため、好き勝手に公理を作ってしまえば良いわけではありません[注4]。

公理は1つだけではなく、複数の命題を組み合わせることで成立します。公理として定義された命題同士に、矛盾があってはならず、公理は扱うテーマにとって、包括的に全体をカバーするものを仮定として、定義しなければなりません。そのように、考慮して定められた公理の集合を、**公理系**と呼びます。本書では、詳細へ踏み込みませんが、無矛盾性や完全性などが、公理系にとって一つのテーマです。

公理系のサンプル

ここで、命題論理の話に戻りましょう。ある1つのテーマを扱う公理系は、絶対唯一であるとは限りません。無矛盾性や完全性を満たす公理系は、いくつかのバリエーションが存在することがあります。これは命題論理においても同様です。

命題論理の公理系のうち、代表的なものとして実は公理がない(空集合である)バージョンが存在します。公理は定義されていませんが、基本的な4つの結合子⊃、¬、∧、∨それぞれについて、導入と除去をするための次の8つの導出規則を定義することで、公理系が成立しています。

❶**⊃の導入 ... P を仮定して Q が導出されるとき、P という仮定なしに P⊃Q を導出して良い**

❷**⊃の除去 ... P、P⊃Q から Q を導出して良い**

❸**¬の導入 ... P⊃(Q∧¬Q) から ¬P を導出して良い**

❹**¬の除去 ... ¬¬P から P を導出して良い**

❺**∧の導入 ... P、Q という2つの命題から P∧Q を導出して良い**

❻**∧の除去 ... P∧Q から P あるいは Q を導出して良い**

注4　好きなだけ勝手にルールを作って良いのであれば、証明の意味がありません。

❼ ∨の導入 … P あるいは Q から P∨Q を導出して良い

❽ ∨の除去 … P∨Q、P⊃R、Q⊃R から R を導出して良い

背理法についての追記

❸は少しわかりづらいので解説しましょう。P を仮定すると、Q∧¬Q が導出されるというものですが、Q∧¬Q は、いったいどのような意味でしょうか？ 真理値表を書けばわかりますが、この論理式を評価すると常に偽となる、いわゆる恒偽式です。Q と ¬Q は、相反する事実であり、それらが同時に成り立つことはありません。つまり、Q∧¬Q は、**矛盾**なのです。

真であると仮定すると、矛盾が生じてしまう命題 P は、真であると仮定してはならず、そのため、P は偽である、つまり、¬P が真であるとなります。このように、矛盾が生じる命題は正しくない、という導出規則を**背理法**と呼びます。

公理系を用いた証明のコツ

この公理系には、証明の出発点となる公理がないため、何らかの仮定を導入することになります。P という仮定から別の命題 Q が得られた場合は、❶を使って P⊃Q という命題が得られます。また P という仮定から矛盾する命題 Q∧¬Q が得られれば、背理法により ¬P が導出されます。このようなテクニックを使うことで、先ほど紹介した定理は、この公理系において、すべて証明が可能です。

きわめて厄介なPrinciple of explosion

例として、Principle of explosion と呼ばれる定理（P∧¬P）⊃Q を証明してみましょう。

① P∧¬P … **仮定**

② P … **①と導出規則❻より**

③ ¬P … **①と導出規則❻より**

④ P∨Q … **③と導出規則❼より**

⑤ Q … **④と選言的三段論法より**

⑥ $(P \land \neg P) \supset Q$ …… ①、⑤**と導出規則❶より**

この証明では、選言的三段論法という別の定理を使っています。証明の過程において、すでに証明された別の定理を前置きなしに使用してもかまいません。選言的三段論法の証明については、ぜひ、みなさんの手でやってみてください。

ところで、なぜPrinciple of explosionを取り上げたかと言うと、実はこの定理が非常に厄介なものだからです。この論理式に登場するQという命題は、⊃の左側に登場していないため、何の前触れもなしに出てきます。つまり、この定理が意味するところは、**もし前提となる命題の中に矛盾があれば、いかなる命題でも真になる**というものです。いかなる命題でもとは、本当に文字通り、どのような命題でもかまいません。それは証明の過程で、命題Qがいきなり登場していることからもわかると思います。

Principle of explosionは、もし仮定となる命題の中に矛盾が含まれていれば、どのような結論でも導出できることを示します。公理系自体に矛盾が含まれている場合も同様です。矛盾というものが、いかに論理学的な体系にとって厄介なものかを、感じ取っていただけたでしょうか。

Column

プリミティブな演算子

先ほどの公理系の例で紹介した導出規則は、⊃、¬、∧、∨という4つの結合子に関するものでした。果たしてこれら4つの結合子は、本当にすべて必要なものでしょうか？ 冗長あるいは無駄な結合子は含まれていないのでしょうか？ 言い方を変えると、これら4つの結合子は数学的な意味で**プリミティブ**なものなのでしょうか[注a]。

真理関数という側面で見ると、実は、∧と∨はいずれか一方だけでも十分です。∧は、¬と∨を使い、$\neg(\neg P \lor \neg Q)$という論理式で表すことが可能です。この論理式が$P \land Q$と同じであるということは、ぜひ、実際に真理値表を書いて確かめてみてください。

同様に、$P \lor Q$は、$\neg(\neg P \land \neg Q)$と、$P \supset Q$は、$\neg P \lor Q$と等価です。す

注a　プログラム言語におけるプリミティブ型とは意味が違うので注意してください。

ると、論理演算という観点からすると、¬と∧、あるいは¬と∨だけで、すべての論理式を表現できることになります。つまり、⊃、¬、∧、∨という4つの結合子は、プリミティブな演算子ではありません。
プリミティブな結合子は、¬と∧もしくは、¬と∨という、2つの結合子の組み合わせより減らせないのでしょうか。実は、すべての論理式はたった1つの結合子だけで表現することが可能です。それは **|（NAND）**あるいは**↓（NOR）**です。ぜひ、4つの結合子をNANDあるいはNORで表現してみてください。まずは¬から始めるのが良いと思います。

命題論理の限界と量化

命題論理そのものは、完成された論理体系を持っており、対象となる命題を記号として表現できる限りは、十分に実践的です。ところが、命題論理だけでは解決できないような論理学的な問題が世の中にはたくさんあります。

命題論理の限界

命題論理は、突き詰めて言えば命題同士の関係性について、あれこれと考える学問です。ある事実を単に真偽値を持った命題として表現できる限りは、それで十分ですが、そうではない場合、つまり事実をシンプルな命題を用いて表現できないケースには対応できません。
たとえば、「この村のすべての村人が正直者だというわけではない」という文章は、どのような論理式で表現すれば良いでしょうか？
この文章をたとえば、Pという命題だと仮定すると、「この村には正直でない者がいる」という命題の真偽は、どうやって証明すれば良いでしょうか？ ほかにも「この村の村人は全員誰かと友だちである」という文章は、どのような論理式で表現すれば良いでしょうか？ この文章と、「この村には村人全員と友だちの村人がいる」という文章との違いを、どのように確認すれば良いのでしょうか。

量化

このような課題に対し、長い年月を経てたどり着いたのが**量化**というアイデアです[注5]。量化とは、平たく言えば、**集団を対象にした真偽値を問うもの**です。述語論理で扱う量化は基本的に次の2種類あります。

- **ある集団の要素のすべてがある性質を満たすか**
- **ある集団の要素にはある性質を満たすものが存在するか**

前者を**全称量化**、後者を**存在量化**と呼び、それぞれ∀、∃などの量化子という記号を導入することで表現します。

量化というアイデアを取り入れることで、命題論理で培った基本的な考え方をそのままにし、論理学はより豊かな表現力を手に入れることができるのです。

量化子と述語論理

「この村の村人は全員正直者である」という文章で考えてみましょう。ある集団の要素すべてがある性質を満たすということは、全称量化子∀を用いて表現します。このとき、集団の各要素を表現するために変数を、そして、集団の要素が満たすべき性質を表現するために関数を導入します。たとえば、「xは正直者である」ことを表す関数をF(x)とすると、「この村の村人は全員正直者である」という文章は、次のような式で表すことができます。

$\forall x F(x)$

述語論理

先ほどの、全称量化子を用いた式は、「すべてのxについてF(x)という性質を満たす」ということを意味する論理式です。このように、変数と量化子、そして関数を用い、集団についての性質を記した文章を論理式として表現できるのです。このような表現を用いて命題論理を拡張した体系を、**述語論理**と呼びます。

ほかの例を見てみましょう。「この村には正直でない者がいる」という文章は、先ほどのF(x)を用いると、次のように表現できるでしょう。

注5　どのような経緯で量化というアイデアに至ったかについては、本書では割愛します。

$\exists x \neg F(x)$

$\neg F(x)$は、「xは正直者である」の否定ですので、「xは正直者でない」という意味になります。そういった村人が存在するということを∃を用いて表現しているわけです。

量化子とともに用いる束縛変数

量化子∀や∃と共に用いられる変数は、**束縛変数**あるいは**束縛変項**と呼ばれます[注6]。なぜ束縛かと言うと、束縛変数は一見すると普通の変数のように見えますが、そのスコープが対象の論理式内に限られるからです。

述語論理でも、論理式同士を結合子を用いて結合することで、複雑な論理式を表すことが可能です。たとえば、$\exists x F(x) \land \forall x G(x)$といった具合です。この論理式では、xという共通の記号を変数として用いていますが、結合子∧の前後の部分では、それぞれxの意味が異なっています。プログラマの方なら、変数のスコープが違うと言えば、話が早いかもしれません。このように、変数のスコープが量化子の影響範囲に束縛されているため、束縛変数と呼ばれるのです。

量化子を伴わない自由変数

ところで、これまでは、量化子と束縛変数を用いた論理式を紹介しましたが、関数単体は、どのような意味を持つでしょうか。たとえば、F(x)という式において、xは、まごうことなき変数です。このように、量化子を伴わない変数を、**自由変数**あるいは**自由変項**と呼びます。自由変数は、任意の値を取り得るものであり、量化子のように、スコープは束縛されていません。たとえば、$F(x) \supset G(x)$という論理式においては、1つ目のxも2つ目のxも同じxを指し示します。

では、F(x)のような、自由変数を含む式の持つ意味は何でしょうか。xは、任意の値が入る可能性がありますから、xの値によって、F(x)の値が変化するということです。そして、F(x)を評価した結果の値は、真あるいは偽になります。自由変数を引数として取り、真偽値を返すような関数を、**命題関数**と呼びます。命題関数は、**述語**とも呼ばれます。述語と呼

注6　変数は変項とも呼ばれます。

ばれるのは、主語になるのは変数xであり、関数そのものは、xについての性質を表すものであるためです。**述語論理は、述語を用いた論理体系である**ことから、そう呼ばれているのです。

述語論理と集合論

述語と集合は等価に置き換えが可能

量化というアイデアは、ある任意の集団を仮定して、その集団の要素全員がある性質を満たすか、あるいは性質を満たす要素が存在するかを表現するものです。ところで、ここで想定する集団は、どんなものでも良いわけではありません。たとえば、「象は草食動物である」という文章について、考えてみましょう。この文章を論理式で表すと、次のようになります。

$\forall x(F(x) \supset G(x))$

ここでは「xは象である」という述語をF(x)、「xは草食である」という述語をG(x)としています。ここで、述語の持つ機能について今一度考えてみてください。F(x)という述語は、xが象であれば真、そうでなければ偽を返す関数です。

もし仮に、すべてのxについて、F(x)を評価したとすると、F(x)が真になるようなすべてのxが得られるでしょう。F(x)は、「xは象である」を示す述語ですから、F(x)が真になるすべてのxとは、すべての象を含んだ**集合**だと言い換えられます。つまり、F(x)という述語は、$x \in S_F$という集合の要素の包含関係としての表現に置き換えることが可能です。ここで、S_Fは、F(x)が真になるxの集合を表しています。

先ほどの論理式を集合を用いた表現で置き換えると、次のようになります。

$\forall x(x \in S_F \supset x \in S_G)$

述語F(x)およびG(x)を用いて表現した先ほどの論理式も、集合S_F、S_Gを用いて表現したこちらの論理式も、その式が意味する真偽値は同じです。**述語と集合は等価に置き換えが可能**なのです。

集合の包含関係

ここで、集合の包含関係について見ておきましょう。先ほどの論理式が意味するものは、xがS_Fに含まれるならば、S_Gにも含まれるというものでした。⊃は左の論理式の条件が真なら、右の論理式も真になるという意味です。左の論理式が偽の場合は、右の論理式は真でも偽でもかまいません。つまりこの場合、$x \in S_F$は偽で、$x \in S_G$が真となるケースが存在する可能性があります。個々の要素について見ると、S_Fには含まれないけれども、S_Gには含まれるようなxが存在するということです。これを集合の包含関係として表すと次のようになります。

$$S_F \subseteq S_G$$

⊃と⊆では、記号の開いている向きが反対になっている点に注意してください。⊆は、集合の包含関係を示すもので、この場合は、S_Fは、S_Gに含まれるという意味になります。

余談ですが、これらの論理式が正しいことを、論理式が示すことの意味から見てみましょう。$F(x) \supset G(x)$は、「xが象ならば、xは草食である」という意味の述語です。$S_F \subseteq S_G$は、「象という集合は、草食動物という集合に含まれる」という意味で、どちらも意味として正しいことがわかります。

集合と要素の包含関係の違い

集合に含まれるという意味の記号としては、∈がありますが、これは、ある要素が集合に含まれる、という意味ですので区別してください。⊆は∈とは違い、集合同士の包含関係を示すものです。⊆は、集合のすべての要素について包含関係がある、ということを示しています。言い方を変えると、$S_1 \subseteq S_2$という式は、S_1はS_2の部分集合(サブセット)であるということを示すものです。

反対に、S_2は、S_1の上位集合(スーパーセット)であると言います。このように、集合の包含関係を見るときは、要素が含まれているのか、あるいは別の集合が含まれているのかという違いに注意しましょう。

集合と要素の包含関係の違いを**図2.1**に示します。

述語論理の公理系

ここで、もう一度述語論理の量化子の意味に立ち返ってみましょう。

$\forall x F(x)$

この論理式は、集合を用いると、次のように表現できます。

$\forall x \{ x \in S_F \}$

S_Fをn個の要素を持つ集合だと仮定すると、たとえば、$\{a_1, a_2, a_3, ..., a_n\}$というように表現できます。上記の式は、そのすべての要素においてF(x)に代入すると真になる、ということですので、先ほどの論理式は次のように、F(x)に具体的な要素を代入して得られる命題と、等しくなると考えられます。

$F(a_1) \land F(a_2) \land F(a_3) \land ... \land F(a_n)$

もちろん、この命題は真です。同様に、$\exists x F(x)$という論理式は、次のような命題と等しくなります。

$F(a_1) \lor F(a_2) \lor F(a_3) \lor ... \lor F(a_n)$

このように、∀や∃は、∧や∨を用いて表現できます。察しの良い人ならば、お気づきかもしれませんが、∀や∃は、∧や∨と、似たような性質を持っている部分があります。たとえば、ド・モルガンの法則は、量化子に対しても成り立ちます。

図2.1 集合と要素の包含関係

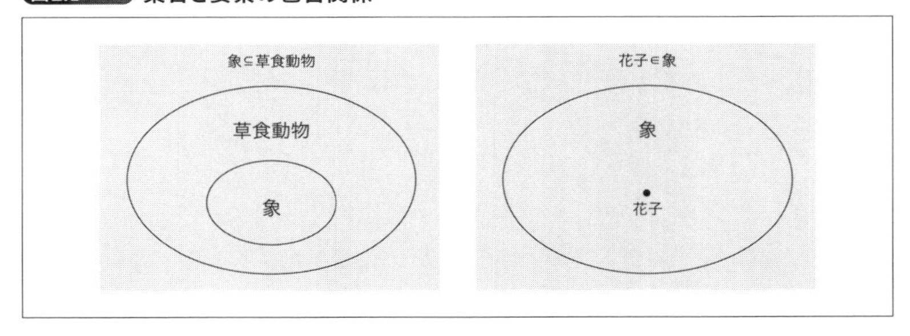

$\neg \exists x F(x) \equiv \forall x \neg F(x)$

$\neg \forall x F(x) \equiv \exists x \neg F(x)$

先ほど出てきた、「この村のすべての村人が正直者だというわけではない」という文章は、$\neg \forall x F(x)$ と表現できます。一方、「この村には正直でない者がいる」は $\exists x \neg F(x)$ です。ド・モルガンの法則から、これら2つの文章が示す論理式は等価ということがわかります。

述語論理の公理系の導出規則

述語論理の公理系は、先ほどの命題論理の公理系（P.39）に対して、次の4つの量化子の導出規則を加えたものとして定義することが可能です。

❾∀の導入 ... $P(c) \supset \forall x P(x)$
❿∀の除去 ... $\forall x P(x) \supset P(c)$
⓫存在の導入 ... $P(a) \supset \exists x P(x)$
⓬存在の除去 ... $(\exists x P(x) \wedge (P(c) \supset Q)) \supset Q$

ここで、cという記号は任意の値を表しています。したがって、❾は、すべての値に対して普遍的に成り立つ規則から、全称記号を用いた表現を導出しても良いことを示します。たとえば、$P(x)$ が $x \supset x$ であった場合、$\forall x (x \supset x)$ を導出できるということです。

反対に、全称化された述語は、任意の値に対して成り立つ普遍的な法則として導出しても良いというのが❿です。

⓫は、$P(x)$ を満たす定項、あるいは変項が存在すれば、存在量化子を用いた表現の論理式を導出しても良いというものです。これはそのままですので、直感的にわかりますね。

⓬は少し難しいかもしれません。$\exists x P(x)$ という前提において、任意の値cについて、$P(c) \supset Q$ という、普遍的な法則が成り立つならば、Qという命題が真であるというものです。これは、❿と構造的には同じですので、見比べてみてください。

ドメイン

先ほどの $P(c)$ は、任意の値に対して、普遍的に $P(x)$ が成り立つ、という意味でした。ところで、任意の値とはいえ、本当にどんなものを代入しても、かまわないのでしょうか。

たとえば、「この村のすべての村人が正直者だというわけではない」という文章では、これまで暗黙的に議論の対象とするのは「この村の村人」に限定していました。言語を持たない犬や、生き物ですらないコップといったものは、「xは正直者である」という述語を適用できないからです(言葉を持たない犬やコップは、果たして正直者でしょうか?)。

このように、述語論理では、議論の対象となる集合を仮定するのが普通です。そのように、議論の対象とする集合のことを、**ドメイン**、日本語では**議論領域**、あるいは単に**領域**と呼びます。この考え方は、リレーショナルモデルにも通じていますので、覚えておいてください。

一階述語論理

これまで紹介してきた述語論理は、正確には**一階述語論理**と呼びます。一階述語論理は、**古典論理**とも呼ばれます。通常、何も前置きがなく、述語論理と言うと、この一階述語論理を指し示しますので、普段はあまり意識する必要はないでしょう。

二階述語論理

では、一階述語論理**でない**ものには、どういったものがあるかと言うと、たとえば、**二階述語論理**があります。一階述語論理では、述語のパラメータ(あるいは集合論で言えば集合の要素)となるのは、ある個体や具体的なものでした。

二階述語論理は、述語の特徴を表現する述語を扱うのが特徴です。たとえば、「xは、真となるパラメータが1つ以上存在するが、恒真ではない述語である」といった具合です。述語と集合は1対1で対応しますので、二階述語論理は、**集合を要素にした集合**を扱うものであると言えます。

述語自身を述語の対象にすると、自分自身もその述語の対象になり得ます。先ほどの「xは、真となるパラメータが1つ以上存在するが、恒真ではない述語である」という述語は、自身を評価すると真になるでしょう。このように、**自己言及**があるというのも二階述語論理の特徴です。二階述語論理はもちろん、一階述語論理よりも表現力が豊かですが、その分複雑になります。

リレーショナルモデルは、一階述語論理を元にデザインされたデータモデルですので、本書では、これ以上二階述語論理には触れません。もし興味があれば、勉強してみてください。

リレーションの真の姿

さて、ここでいったん、リレーショナルモデルの話に戻りましょう。

第1章では、リレーションは集合であるということを説明しました。そして、本章では集合は一階述語論理と1:1で対応することについて、説明しました。このことから導かれる帰結は、**リレーションには対応する述語が存在する**ということです。たとえば、**図2.2**に示すリレーションを見てください。

図2.2のリレーションは幕末に活躍した人物に関するリレーションで、名前と没年齢が示されています。述語はおそらく「xという人物が幕末に活躍し、その人物はy歳で死没した。」というものでしょう。**述語論理では述語の意味は脇に置いておける**ので、たとえば、この述語をF(x,y)という風に表現できます。ただし、リレーションの要素は、タプルですので、述語に代入されるのは、タプルごとになります。そのため、タプルを1つの単位として、F(t)と表現したほうがすっきりするでしょう。

そして、最も重要なポイントですが、**このリレーションに含まれるタプ**

図2.2 リレーションの例

name	age of death
桂小五郎	43
勝海舟	75
坂本龍馬	31
西郷隆盛	49
高杉晋作	27
⋮	

ルはすべて、F(t)に代入すると真として評価されるのです。つまり、このリレーションの意味は∀tF(t)という論理式と等価なのです！

いかがでしょうか？リレーションというものが、今までと違って、見えてくるようではありませんか？

リレーションの演算は論理演算

一方、集合論的な見方をすると、リレーションの個々の要素、すなわちタプルはF(t)へ代入すると真になりますので、リレーションは**真の命題の集合**とも言えます。**真の命題は事実**と言い換えることもできます。つまり、リレーションとは、事実の集合なのです。

読者のみなさんからは、「だからどうした？」という声が聞こえてくるかもしれません。しかし、これは実は、非常に重要なポイントです。

リレーションが真の命題の集合であるということは、**リレーションの演算は論理演算**にほかならないのです。つまり、DBに対して問い合わせを行うのは、どういったデータが欲しいかを、述語で表現し、その述語に対応する論理演算を行った結果、クエリに対応した述語が、真となる集合を新たに得る操作である、と言えるからです。クエリ（DBへの問い合わせ）を記述する行為とは、述語を表現すること以外の何物でもないのです。

リレーションの演算と述語論理の対応については、本章の後半で解説します。

閉世界仮説

リレーショナルモデルでは、リレーションは真の命題、つまり、事実の集合であり、また、それらを組み合わせて演算した結果、得られたものもリレーション、つまり、事実の集合となります。言い換えれば、ある事実の集合から、別の事実の集合を、リレーションというしくみを通じて得るのが、リレーショナルモデルであると言えます。

ところで、リレーションに含まれていない事実についてはどう考えるべきでしょうか。もしかすると、世の中には判明していないだけで、リレーションに含まれない未知の事実があるかもしれません。

この問題に対する、リレーショナルモデルのアプローチは明確です。リレーショナルモデルでは、**述語に代入して真となるのは、リレーションに含まれるタプルだけ**かつ、**真となる命題は、すべて漏れなく、リレーションに含まれている**ものと仮定しています。この仮定を**閉世界仮説**（*Closed World Assumption*）と言います。つまり、未知の事実などは存在せず、事実は、すべて判明しているものと考えよう、そういった前提でデータモデルを設計しようという立場です。

閉世界仮説が仮定されていれば、リレーションは事実のすべてをちょうど漏れなく含んでおり、リレーションの演算結果から得られる新たなリレーションにも、事実がちょうどすべて含まれることになります。すると、すべての問いがリレーションの演算だけで解決するというわけです。

矛盾したDBは役に立たない

リレーショナルモデルは、述語論理のルールに支配されたデータモデルです。したがって、述語論理にとって厄介なことは、リレーショナルモデルでも起こり得ます。

述語論理にとって、最も厄介なことは矛盾です。前提に矛盾が含まれていると、Principle of explosionの定理により、どのような帰結でも導き出すことが可能になります。つまり、矛盾したデータを持つリレーションから導き出された問い合わせの結果は、まったく信用ならないということです。

DBは、問い合わせに対して、正しい答えが得られるから価値があります。得られるのが、デタラメな答えでよければ、DBなど使わず、乱数生成器でも活用すれば良いでしょう。そのほうが、ずっとコストが安くつきます。しかし、実際には、答えがデタラメであっては困りますので、乱数生成器では困るわけです。

リレーショナルモデルにおける矛盾とは、どのようなものか、そして、矛盾に対して、どのように立ち向かうべきかについては、RDBをきちんと使ううえで非常に重要なテーマとなります。詳しくは、次章から詳しく説明します。

Column

リレーショナルモデルの限界

最近はNoSQLがよく使われるようになりましたが、それでも、DBの主流と言えばRDBです。なぜ、RDBがほかの種類のDBが流行ってきても廃れないかと言うと、それは、データモデルがそれだけ堅牢で、かつ表現力が豊かだから、というのが最大の原因でしょう。

そのように、優れたリレーショナルモデルにも当然ながら限界が存在します。それは、**述語論理(集合論)に基づいたデータモデルであるため、その枠から外れたデータや演算を表現できない**というものです。つまり、一階述語論理の表現力より複雑、あるいは柔軟なデータや演算は、リレーショナルモデルでは、表現できないのです。

その代表的なものの一つに、一階述語論理とは異なる理論に基づいたデータ構造である**グラフ**があります。グラフは、グラフ理論に基づいたデータです。グラフ理論は、当然一階述語論理だけでは表現できない演算や、アルゴリズムを含んでいますので、RDBで扱うのは、限界があります。また、集合は、要素間に順序を持たないものですから、時系列などのデータを、表現するのも苦手です。

そういったリレーショナルモデルが直接扱うことができないデータに対して、どう立ち向かうかというのは、本書の大きなテーマの1つです。その一方で、リレーショナルモデルで扱える範疇(はんちゅう)のデータは、しっかりとリレーショナルモデルを用いて表現するべきです。そのため、どこからがリレーショナルモデルの範疇なのかを、見極めることがきわめて重要ですが、そのためには、リレーショナルモデルがどのようなものであるかを、しっかりと理解しておく必要があるのです。

2.2 リレーションの演算と述語論理

第1章の集合論的なアプローチに続き、本章で述語論理にスポットを当てたことで、リレーショナルモデルというものに対する理解をかなり深めていただけたのではないかと思います。さらにもう一段階、リレーショナルモデルへの理解を深める最後の締めとして、各種リレーションの操作を改めて述語論理の側面から見ていきましょう。

制限(Restrict)

まずは、シンプルなものから見ていきましょう。制限はSELECTのWHERE句に相当する操作です。**制限は対象のリレーションに対して新たな述語を導入する操作**です。リレーションRに対応する述語をP(t)、制限を表現した述語をQ(t)とすると、制限を適用した後のリレーションに対応する述語は次のようになります。

$P(t) \land Q(t)$

両方の述語を満たす集合を求めるのが、制限という操作の持つ意味です。

もう少し具体的に見てみましょう。P.50の図2.2のリレーションを参照してください。このリレーションに含まれる人物から、50年以上生きた人を取り出すクエリを考えてみましょう。このリレーションの述語をP(t)、享年が50以上であるという述語をQ(t)とすると、$P(t) \land Q(t)$が制限を適用したリレーションの述語となります。なんとなく、雰囲気をつかんでいただけたでしょうか。

直積(Product)

まず、最もわかりやすい例として、属性がそれぞれ1つしかない2つのリレーションの直積を考えます。**図2.3**はある家で飼っている犬と猫のリレーションR1、R2から直積によって新しいリレーションR3を導出している様子を表したものです。

R1とR2は、それぞれ真となる命題の集合です。これらのリレーションに含まれる命題はすべて真です。たとえば、「ポチは犬である」は真ですし、「ミケは猫である」も真です。2つの相反しない真の命題から両方の命題に対する連言(AND)、すなわち「ポチは犬であり、かつミケは猫である」という命題もまた真となります。つまり、**R1とR2という2つの前提と**

なる事実から、どのような新たな事実が導き出されるかが直積という操作が持つ意味です。

R 1の要素数は3、R 2の要素数は2ですので、3 × 2 = 6通りの組み合わせだけ、真となる命題事実が存在します。事実は、すべてのタプルの組み合わせだけ得られます。R 1、R 2それぞれの述語を$P(t_1)$、$Q(t_2)$とすると、直積を表す述語は、次のようになるでしょう。

$$P(t_1) \wedge Q(t_2)$$

R 1とR 2のタプルは、内容が異なりますので、$P(t_1)$と$Q(t_2)$の引数も異なっている、という点に注意してください。t_1とt_2に、共通の属性はありません。

結合(Join)

第1章でも触れましたが、直積は、結合の特殊なパターンです。したがって、述語として表現すると、直積と結合は同じに形になります。

$$P(t_1) \wedge Q(t_2)$$

図2.3 直積の例

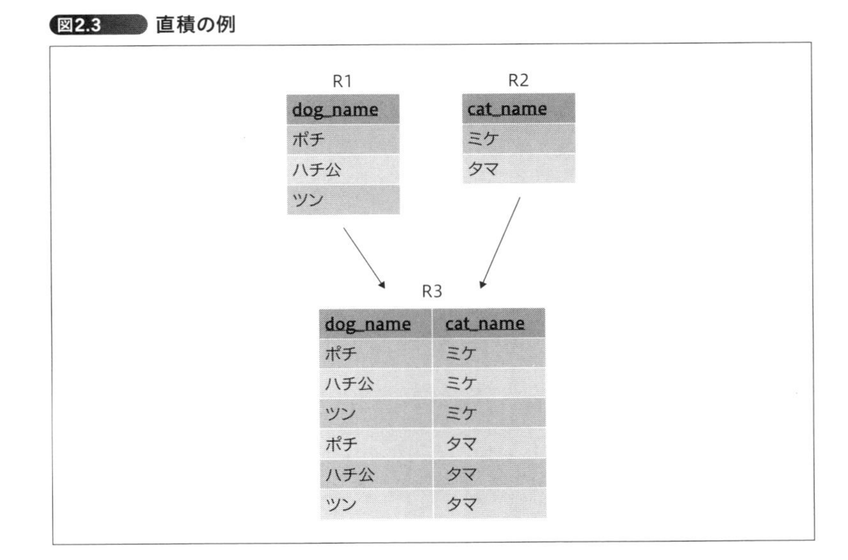

違いは、2つのリレーションに、共通の属性が存在するかどうかです。先ほど述べたように、直積には、2つのリレーションに共通の属性は存在しませんでした。一方、結合では、一般的に2つのリレーション間で共通の属性が存在します。

直積の場合は、2つのリレーションの要素のすべての組み合わせによって導出される命題が、新しいリレーションの要素となりましたが、共通の要素がある場合はそうはいきません。結合後のリレーションに含まれるタプルは、共通の属性の値が同じものだけです。なぜそうなるかと言うと、**共通の属性は同じ意味を持っており、同じ値でなければ矛盾になるから**です。たとえば、**図2.4**の2つのリレーションを結合する場合を考えてみましょう。

図2.4は、先ほどの直積の例に対して、飼い主という属性を追加したものです[注7]。それぞれ、2つの属性を持っており、ownerが共通の属性になっています。結合後のリレーションには、1つしかタプルが含まれていませんが、共通の属性において、同じ値を持つタプルがこれしかないからです。ほかのタプル＝真となる命題は、相反する事実を表していますので、真にはなりません。

これは例えるなら、数式にxという変数が登場したらそのxは、すべて同じ値でなければならないのと同じことです。x^2+2x+1という数式があ

図2.4 結合の例

R1

dog_name	owner
ポチ	高杉晋作
ハチ公	西郷隆盛
ツン	西郷隆盛

R2

cat_name	owner
ミケ	高杉晋作
タマ	坂本龍馬

R3

dog_name	cat_name	owner
ポチ	ミケ	高杉晋作

注7　これは架空のものです。実際の人物とは関係はありません。

ったとき、1つ目のxと、2つ目のxに別々の値を代入できません。同じ変数は同じ値でなければならないのです。それぞれの述語において、タプルではなく、属性をそれぞれ項として表現すると、結合後のリレーションは、次のような式として表現されるでしょう。

$P(x,z) \land Q(y,z)$

dog_nameがx、cat_nameがy、ownerがzです。zは自由変項ですので、どちらの命題でもzは同じ意味を表します。したがって、P、Qいずれの述語においても、zの値は同じでなければならないのです。結合後のリレーションの述語は、1つの意味を持ちますので、次のようにも表現できるでしょう。

$F(x,y,z)$

このように、共通の属性において、同じ属性値を持つタプル同士しか、結合できないのです。

積(Intersect)

第1章でも触れましたが、積も結合の特殊なケースとして考えることができます。直積は共通の属性が存在しないリレーション同士の結合でしたが、積は反対にすべての属性が共通であるようなリレーション同士の結合であると言えます(**図2.5**)。

当然ながら、積の場合も直積、および結合と同じ形の述語として表現できます。ただし、すべての属性が共通ですので、タプルを区別して表現する必要はないでしょう。

$P(t) \land Q(t)$

図2.5 積の例

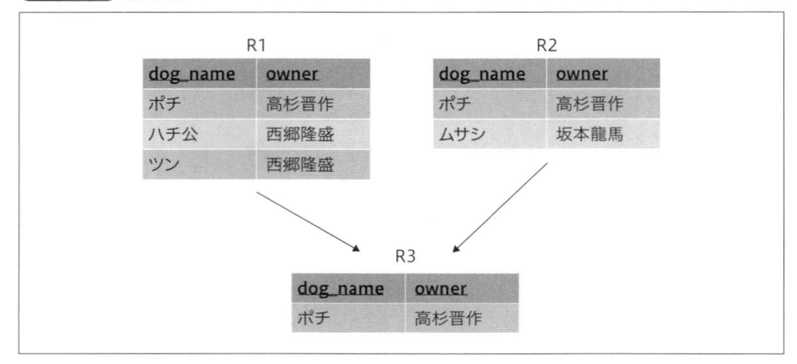

和(Union)

和は、積のようにすべての属性が共通であるようなリレーション同士の演算です。ただし、述語の意味が異なります。積は∧だったのに対し、和は∨です。

$P(t) \lor Q(t)$

Column

結合と制限

述語として表現すると、結合の特殊なケースである積と制限は、まったく同じ$P(t) \land Q(t)$として表現できます。本質的には、結合も制限も同じですが、両者の違いは、述語をリレーションとして表現するか、それとも、条件式として表現するかです。制限も述語として、表現できますから、集合と1:1の対応があるはずです。

しかし、制限によって提供されるのは、条件式だけですから、具体的な集合の実体はありません。制限の背後には、仮想的な集合があるとイメージしてみてください。それはとても巨大な集合です。個々の属性が取り得る値、つまりドメインのすべての組み合わせのうち、制限によって示された条件式に適合するものの集合です。どうです？ 結合と制限が同じような操作に見えてこないでしょうか。

2つのリレーションにおいて、いずれかのリレーションに含まれるタプルの集合が和の演算結果となります(**図2.6**)。

差(Difference)

差は、一方のリレーションに含まれているが、他方のリレーションには含まれていないタプルの集合を返す演算です。差も積や和と同様に、演算するリレーションの属性は、すべて共通でなければなりません。差を表す述語は、次の通りです。

P(t)∧¬Q(t)

製品によっては、MINUSというSQLをサポートしているものもありますが、この述語を見れば**差はMINUSがなくても、NOT EXISTSで代用できる**ことが一目でわかるでしょう(**図2.7**)。

射影(Projection)

射影は、複数の属性が存在するリレーションから、特定の属性だけを残す操作です。射影を適用したあとのリレーションに、元のリレーションの

図2.6 和の例

R1

dog_name	owner
ポチ	高杉晋作
ハチ公	西郷隆盛
ツン	西郷隆盛

R2

dog_name	owner
ポチ	高杉晋作
ムサシ	坂本龍馬

R3

dog_name	owner
ポチ	高杉晋作
ハチ公	西郷隆盛
ツン	西郷隆盛
ムサシ	坂本龍馬

候補キーが残っていれば要素の数は減りませんが、候補キーに含まれる属性の全体あるいは一部が含まれない場合は、タプルの値が重複してしまうため、タプル数が減る場合があります(**図2.8**)。

図2.8では、R1の候補キーに含まれる属性であるdog_nameがR2には含まれていません。そのため、タプルに重複が生じ、タプル数が減っています。

射影の持つ論理的な意味は、何でしょうか。たとえば、図2.8のR1の述語をP(x,y)とすると、R2の述語は、P'(y)になったと言えます。文章

図2.7 差の例

R1

dog_name	owner
ポチ	高杉晋作
ハチ公	西郷隆盛
ツン	西郷隆盛

R2

dog_name	owner
ポチ	高杉晋作
ムサシ	坂本龍馬

R3

dog_name	owner
ハチ公	西郷隆盛
ツン	西郷隆盛

図2.8 射影の例

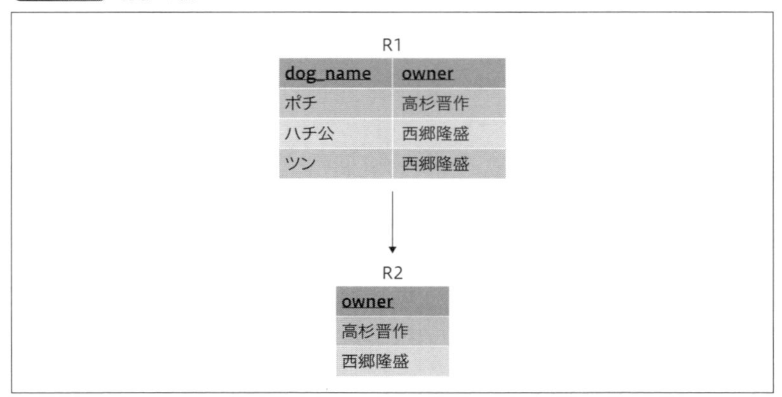
R1

dog_name	owner
ポチ	高杉晋作
ハチ公	西郷隆盛
ツン	西郷隆盛

R2

owner
高杉晋作
西郷隆盛

で表現すると、P(x,y)は、「yはxという名前の犬を飼っている」というものになるでしょう。P'(y)には、xの情報がありませんので、「yはある名前の犬を飼っている」あるいは単に「yは犬を飼っている」という意味の述語だと言えるでしょう。

射影とは、元々物体に光を当ててその影を映すことを意味します。**図2.9**は、ある円柱をそれぞれ「xy-平面」あるいは「xz-平面」に投影したとき、どのような形になるか、ということを示したものです。

それぞれの平面に映しだされた影は、元の円柱に対して、「xy-平面」ではz成分、「xz-平面」ではy成分が、それぞれ0になったものであると言えます。当然ながら、これら平面に映しだされた影は、元の円柱とは次元が減ることで性質が変わります。

リレーションの射影の場合も、特に候補キーに含まれる属性が除外されるケースでは、立体の影と同じようなものだととらえると、イメージしやすいかもしれません。

図2.9 立体を平面に投影した様子

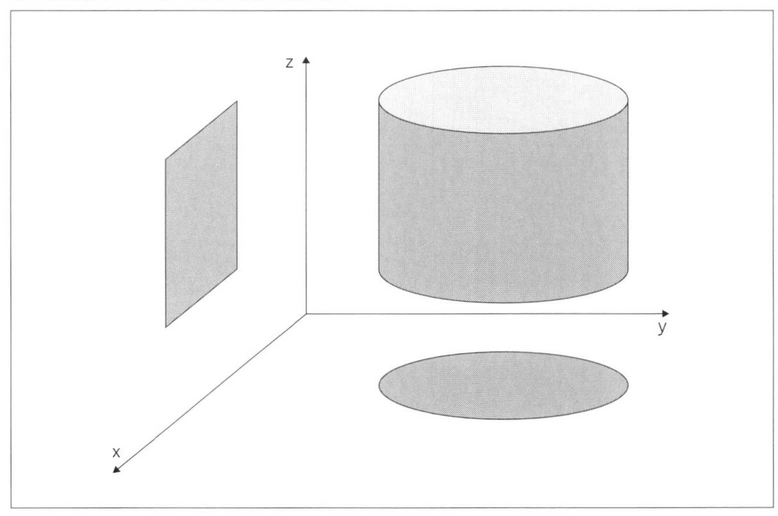

属性名変更(Rename)

既存の属性名を変更するだけであれば、特に、論理式としての構造に変化はありませんので、リレーションが表す意味にも変化はありません。どのような名称で呼ぼうが、論理的な意味は同じです。

拡張(Extend)

拡張は、既存の属性に対して何らかの演算を施した結果を新たな属性として加える操作です(**図2.10**)。

この例では、体重(kg)をポンドに換算し、四捨五入しています[注8]。

拡張によって追加された属性と元のタプルとの間には、論理的な関係性はありません。論理演算以外の何らかの法則で、新たな事実を導き出すというのが拡張の持つ意味です。

図2.10 拡張の例

name	weight	lbs
桂小五郎	59	130
勝海舟	62	137
坂本龍馬	68	150
西郷隆盛	77	170
高杉晋作	63	139

注8　体重は架空のものです。

Column

外部結合について

外部結合(OUTER JOIN)の意味について、考えてみましょう。

そもそもですが、外部結合は結果にNULLが含まれるので安易に使用すべきではありません。リレーショナルモデルの観点から見ると、外部結合は本来の意味での**結合ですらない**と言うと驚かれるでしょうか。外部結合は結合というよりは、むしろ、集合和(UNION)としてとらえるとわかりやすいでしょう。構造的には、内部結合(INNER JOIN)をした結果と、結合でマッチする行がなかった行の多重集合との和です。たとえば、**リスト2.a**と**リスト2.b**のクエリは意味的に同じです。

外部結合は、プリミティブではないので、他の演算で代用が可能です。そういった意味でも、積極的に使用する理由は乏しいでしょう。

リスト2.a 外部結合の例

```
SELECT t1.x, t2.y FROM t1 LEFT JOIN t2 ON t1.z = t2.z
```

リスト2.b リスト2.aと意味的に同じクエリ

```
SELECT t1.x, t2.y FROM t1 INNER JOIN t2 ON t1.z = t2.z
UNION
SELECT t1.x, NULL FROM t1 WHERE t1.z NOT IN (SELECT z FROM t2)
```

2.3 まとめ

クエリを記述する際の目標は、ある集合から新しい集合を導出するための法則を記述することです。その法則とは述語です。「どのようなデータが欲しいか」ということを出発点にして、論理的な帰結からクエリを記述できるのが、リレーショナルモデルの最大の強みであると言えます。述語論理と集合論は1:1で対応していますので、述語をきちんと記述すれば、必ずや希望する集合が得られるでしょう。

リレーションに対して、何らかの演算を実行した結果は、リレーションになります。クロージャという性質です。本章で紹介した述語もクロージャになっています。述語を組み合わせて、より複雑な述語を表現すること。それが、リレーショナルモデルにおけるクエリの実体である、と言えるでしょう。

第3章

正規化理論(その1)——関数従属性

これまでで、リレーショナルモデルがどのようなものであるかが大まかにわかったところで、DB設計の話題に移りましょう。

なぜ今、DB設計の話をするのかと言うと、それがリレーショナルモデルを実践するうえできわめて重要な要素だからです。なお、本書では、DB設計という単語を、DBに含まれるすべてのテーブルやオブジェクトの設計という意味で使用しています。

3.1 なぜDB設計は重要なのか

オブジェクト指向を実践したことのある方であれば、データと操作はセットであるべきだ、ということを理解していると思います。適切にオブジェクトが設計されていなければ、それに対する操作であるメンバー関数やメソッドは複雑怪奇なものになり、アプリケーションのロジックもうまく表現できないでしょう。リレーショナルモデルにおいても同様です。データの操作、つまりクエリは、DBに含まれる個々のテーブルが適切に設計されていなければ、すっきりと表現できないのです。

しかし、恐れることはありません。リレーショナルモデルの世界には、王道とも呼べるDB設計理論が存在します。それが**正規化理論**(*Normalization Theory*)です。

正規化はRDBを使ううえでたいへん重要な概念です。しかしながら、正規化はあまり正確に理解されていないように思えます。正規化についての解説は嫌というほど存在しますが、わかりやすく、かつ直感的に説明しているものは、ほとんど見かけないからです。

また、正規化についての誤った説明も数多く見かけます。そのためかどうかはわかりませんが、正規化はあまり積極的に実践されていないのが現状です。それどころか、リレーションの正規化が「特に必要のないもの」と軽視されたり、「正規化はよくわからないが、今のままでも動いてるし大丈夫だろう」と放置されがちです。

重要なものにもかかわらず、なかなかマスタされていない正規化について、本書では、わかりやすさに主眼を置いて、なぜ正規化が必要なのか、正規化とはどういう工程なのかについて、説明したいと思います。

3.2 正規化

リレーショナルモデルを補完する理論

正規化理論は、RDBにおける王道と言えるDBの設計理論です。しかしながら実は、**正規化理論はリレーショナルモデルそのものの一部ではありません**。リレーショナルモデル自体は、リレーションが正規化されていてもいなくても、等しく扱うことができます。ただし、それは同じように、リレーションの演算を適用できるという意味であって、正規化されていないリレーションが扱いやすい、という意味ではありません。もちろん、しっかりと正規化をしたほうが良いDB設計だと言えます。

正規化理論はRDBを使いこなすために必要なテクニックであり、リレーショナルモデルを前提として構築されたDB設計理論です。位置づけ的にはリレーショナルモデルの上に立脚し、リレーショナルモデルを補完する理論であると言えます。

異常を防ぐことができる

リレーションを正規化すると何がうれしいのでしょうか。正規化をすることのメリットはいくつかありますが、最も重要なのは、**矛盾を防ぐことができる**ことです。矛盾とは、データが論理的な不整合を起こしている状態を言います。また、矛盾が生じた状態を**異常**(*Anomalies*)と呼びます。異常を防ぐことができるのが正規化が果たす最も大きな役割です。

さて、矛盾が生じた状態とはどのようなものでしょうか。**第2章**を読んだ方は気づいているかもしれませんが、改めて具体的な例を見ながら解説しましょう。

異常が生じた例

図3.1は、ある架空のIT系学校における、学生と今期の授業の履修を表すリレーションです[注1]。このリレーションには、氏名、授業、学年という3つの属性があります。

図3.1のリレーションのどこに矛盾が生じているのでしょうか。このリレーションに登場する3名のうちの1名、坂本龍馬さんの学年に注目してください。

なんということでしょう！ 坂本さんの学年には、2つの異なる値が格納されているではありませんか！

同じ人物に対する学年は同じ値であるべきです。しかし、このリレーションでは、異なる値になっています。これは明らかな矛盾です。このリレーションだけを見て、「坂本さんの学年が1年なのか、2年なのかを、明確に判断できるか？」などと、意地悪な質問を投げかけるのはやめておきましょう。

実は、こういった矛盾があると、いくら考えても正しい答えは出ません。

図3.1 異常が生じたリレーション

氏名	授業	学年
桂小五郎	リレーショナルモデル	2
桂小五郎	Javaプログラミング	2
勝海舟	リレーショナルモデル	3
勝海舟	Ruby on Rails	3
勝海舟	コンピュータアーキテクチャ	3
坂本龍馬	リレーショナルモデル	1
坂本龍馬	コンピュータアーキテクチャ	2

注1 「氏名ではなく学籍番号などを用いるべきではないか」という指摘もあると思いますが、わかりやすさを重視し、ここでは氏名を用いています。キーや属性については、後述します。

論理的に矛盾しているからです。リレーションは、真の命題の集合であることはすでに解説しましたが、リレーションが表すのは、「どちらの事実も正しい」ということです。正しい事実が食い違っているから、矛盾が生じているわけです。このような**矛盾が生じた状態**がいわゆる**異常**です。

リレーションの設計が常識的におかしい

図3.1のリレーションを見て、次のように考える方がいるかもしれません。「そもそも学生と授業の履修関係を表すリレーションに、学年という属性を含めるのは、おかしい」と。まったくもってその通りで、これは不自然なDB設計だと言えます。よくよく考えると、こういったリレーションの不自然さは、実はDB設計に問題がある兆候でもあります。リレーションの設計を間違えた結果、データに矛盾が生じることになるのです。

決して、「常識的に考えて設計すれば、おかしな設計にならないから大丈夫だ」などと油断しないでください。もちろん、たいていの場合は間違いは起きないでしょう。しかし、DBの規模が大きく、かつ複雑になればなるほど、あるいは、要件が追加されてアプリケーションの改良を重ねるほど、このような間違いが起きる可能性は高くなります。

たとえば、図3.1のリレーションは、当初は学年という属性はなかったが、「授業によって履修できる学年に制限があるから」などの理由で、あとから追加したのかもしれません。大規模なアプリケーションにおいて、このような変更が何百何千とあるリレーションの中で行われた結果、見落としが生じることは少なくないでしょう。

なぜ異常が起きるのか

先ほどのリレーションでは、そもそもなぜ異常が生じたのでしょうか。リレーションが異常を来たすことになる原因を知っていれば、それを回避することで、異常を起こさないようにできるかもしれません。果たして、それは可能でしょうか？

異常を起こす原因は重複

実は、リレーショナルモデルでは、異常を起こす犯人は明確にわかっています。それは**重複**です。重複とは読んで字のごとく、1つのリレーションに同じデータが複数回含まれていることです。図3.1では、それぞれの学生の学年が同じであるにもかかわらず、複数回登場していました。そのような重複があると、異常が発生する可能性があるのです。

重複があると、些細な更新のミスで矛盾が生じます。たとえば、これがSQLのテーブルならば、桂小五郎さんの学年を1つの行だけ3に更新すると、どうなるでしょうか。この場合もやはり矛盾が生じ、桂小五郎さんの学年が2年生なのか3年生なのかがわからなくなってしまいます。

このように、**矛盾の原因は重複**です。したがって、矛盾が生じないようにするには、重複を排除すればよいのです。そのような重複を排除する作業を行ううえで役立つのが本章のテーマである**正規化理論**です。

3.3 正規形

正規化の主旨を理解したところで、具体的な作業の説明に入ります。正規化にはいくつかの段階があり、より高い段階へ進んだほうがより良い状態(つまり先ほど述べた重複が少ない状態)になります。正規化における各々の段階は、**正規形**(*Normal Form*、NF)と呼びます。

正規形の種類

正規形には、次の種類が存在します。

- **第1正規形(以下1NF)**
- **第2正規形(以下2NF)**
- **第3正規形(以下3NF)**
- **ボイスコッド正規形(以下BCNF)**
- **第4正規形(以下4NF)**
- **第5正規形(以下5NF)**

- **第6正規形(以下6NF)**

正規形の重要な特徴の一つは、よりレベルの高い正規形は自動的にその前の正規形の条件を満たすことです。たとえば、BCNFのリレーションは1NF〜3NFの条件を満たし、5NFのリレーションは1NF〜4NFの条件をすべて満たします。

DBの設計において、重要なものはBCNFと5NFです。そのほかの正規形は歴史的な経緯から残っているだけで、それらを目指した正規化は、ほとんどありません。一般化された従属性という概念を用いて、正規化を行うことで、BCNFと5NF以外の正規化については、考えなくて済むのです。

第1正規形(1NF)

1NFは正規化のスタート地点です。1NFになるための要件は、「リレーションであること」です。これはリレーショナルモデルではなく、SQLに適用される条件だということです。リレーショナルモデルでは、すべてのリレーションが1NFの要件を満たすため、自明の原則となっています。

第1章では、SQLとリレーショナルモデルの乖離(かいり)について説明しました。SQLでは、テーブルが1NFであるために満たすべきいくつかの要件があります。つまり、**SQLにおいて、テーブルがリレーションであることとはどういうことか**が1NFのテーマです。

テーブルが1NFになるための要件とは、次のようなものです。

❶行が上から下に順序付けされていない

❷列が左から右に順序付けされていない

❸重複する行は存在しない

❹それぞれの行と列の交差点(つまり列の値)は、ドメイン(データ型)に属する要素の値をちょうど1つだけ含んでいる

❺すべての列の値は定義されたものだけであり、かつそれぞれの行において常に存在する

これらの要件について詳しく見ていきましょう。

カラムや行の順序

実は、SQLでは仕様としてテーブル内のカラムに順序が存在します。したがって、厳密に言えばテーブルは、1NFの条件を満たすことすらできません[注2]。しかしながら、この点は実際には問題にならないようにできます。そのために必要なのは、カラムや行の位置に依存したクエリを記述しないことです。仕様としてテーブル内のカラムや行に順序が存在しても、その順序に依存した処理を使わなければ問題にはならない、というわけです。

カラムの順序に依存した処理とは、たとえば、次のようなものです。

- **SELECT * によってすべてのカラムの値を取り出し、アプリケーションがカラムの位置によってデータにアクセスする**
- **ORDER BY 句の引数として、select list内におけるカラムの位置を指定する(例:ORDER BY 1)**

また、製品によってはカラムだけではなく、行に順序があるものもあります。たとえば、ROWIDやObject IDなどがその例です。1NFの要件を満たしたければ、それらの機能を使ってはいけません。

以上の点に注意することで、1NFの要件❶および❷はクリアできます。

重複する行をなくす

❸の条件はいたってシンプルです。単に、まったく同じ値の行が最大で1つ以上含まれていなければよい、ということです。テーブルに主キーやユニークキーといった、一意性制約をつけるとよいでしょう。

ただし、重要なのは制約そのものではなく、実際に格納されている値が重複していないことだという点に留意してください。実際に重複がなければ、制約があろうがなかろうが、リレーショナルモデルは成立します。運用を続ける中、刻々と中身が変化するテーブルにおいて、値が重複していないことを保証するために制約が役に立つのです。

ところで、よくある誤解の中に「行が重複していなければ、それで正規化はできている」というものがあります。一意性制約をつけて話が終わりなら簡単ですが、正規化はそこまで単純ではありません。テーブルに含まれて

注2 よって、自動的に2NF以降の条件も満たせないことになります。

いる行が行全体としてすべて異なる値であっても、データに重複が生じることがあるのです。図3.1もその一例です。とはいえ、重複する行をなくす必要があることは間違いありません。

NULLが含まれてはいけない

第1章でも触れましたが、NULLが含まれていると、リレーショナルモデルが破綻します。したがって、テーブル内のすべての行、すべてのカラムは具体的な値を持たなければなりません。

とはいえ、テーブルにNULLが含まれないようにするには、単にNOT NULL制約をつければよいというわけではありません。今現在、NULLになっているカラムに対しNOT NULL制約をつけたところで、アプリケーションがそのカラムの値が未知である、と判定するためのデフォルト値が代入されるだけです。

たとえば、年齢を表すカラムであれば、NULLの代わりに本来あり得ない-1や、1000などを入れれば良いと思うかもしれません。もちろん、そのような設計は誤りです。このような場当たり的な対応は、NULLの弊害を取り除くどころか、かえって、アプリケーションのロジックをさらに複雑にするだけです。別の値で代用するぐらいであれば、NOT NULL制約をつけないほうがましです。

それでは、どのようにすれば良いでしょうか。最も好ましい対策は、テーブルを分割することです。

アプリケーションは処理の内容に応じて、必要なときに必要なテーブルへデータを格納します。カラムの値がNULLであるということは、アプリケーションがまだ、そのデータを必要としていないからで、別の段階に必要となるデータと言えます。そのため、まだそのテーブルにはそのカラムを含めるべきではないからです。

NULL対策については、**第7章**で詳しく説明します。ここでは、テーブルにNULLが含まれないようにできたとして読み進んで(つまり、❺を満たすことができたと仮定して)ください。

値のアトミック性

残った❹ですが、これは少し厄介です。

リレーショナルモデルの父E.F.Coddは、当初1NFの要件として、要素の原子性[注3]を挙げていました。今では、❹は、この原子性として広く知られています。しかし、これは後にC.J.Dateらによって、「定義があいまいである」として批判されています。「値はアトミックであるべきだ」という主張は、主旨としては間違っていませんが、解釈にあいまいさが残り、余計な混乱をもたらしてしまうからです。

アトミックな値、すなわち、それ以上分離できない値とは、いったいどのようなものを指すのでしょうか？ たとえば、文字列は文字ごとに分解できますが、アトミックとは言えないのでしょうか？これはとても難しい問題です。

見方によって、文字列はそれぞれの文字に、2つの数値からなる座標はそれぞれの数値に分解できますし、さらに、フルネームは名と姓、場合によっては、ミドルネームにも分解できます。

もっと厄介な例が住所です。住所は国名、州や都道府県、市、町、通り、ビル、マンション、階、部屋番号といった、**意味を持ったパーツ**に分けることができます。それらはアトミックではない、と考えるべきでしょうか？

どうです？ 混乱してきたでしょう？ しかし、ご安心ください。リレーショナルモデルには、明確な答えがあります。

リレーショナルモデルでは、意味を持つ、ひとまとまりのデータを、単位として扱わなければなりません。たとえば、メールアドレスを途中で分割しても、その部分文字列から意味は消失してしまいます。その結果、分割された部分文字列を宛先としてメールを送信しても、メールは届きません。このように、値がより細かい単位に分割されることなく、全体がアプリケーションにとって、意味のあるものでなければ、属性の値としてはいけない、ということです。

意味を持つ、ひとまとまりのデータとは、いったいどのようなものでしょうか。これを考えるうえで重要なコンセプトが**ドメイン**です。**第1章**ですでに説明しましたが、ドメインとは属性が取り得る値の集合です。**集合の要素はそれ以上分解できないからアトミック**なのです。文字列のように、分解できるコンセプトを持ったオブジェクトでも分解すると、集合の要素

注3　それ以上分解できないことです。

としての意味を持ちません。集合の要素はアトミックですから、ドメインの要素の一つになっていればアトミックである、という要件も満たすことができます。つまり、意味のあるデータとは、**ドメインの要素の一つである**と言い換えることができます。

このように、「値がアトミックであるべき」という定義には、どうしてもあいまいさが残ってしまいます。一方、値は**列の値になる可能性のある集合、すなわち、ドメインの中から選び出した要素の一つである**という定義であれば、混乱はありません。列の値としてふさわしいのはどのようなものかを定義するのは、アプリケーションの役割です。アプリケーションが扱う可能性のあるデータ型がどのようなものであるかを考えること、つまり、ドメインの設計はまさにDB設計における、はじめの第一歩です。

ところで、SQLにおいては、INTやCHARなどのデータ型が存在しますが、それらは汎用的に利用できるもので、ドメインからSQLのデータ型へ、あるいは、その逆のマッピングが必要になります。SQLに対応するデータ型が存在しない場合、RDB上でそれを扱うことはできないので考慮が必要です。

SUBSTRINGのように、列の値を分割する関数の使用についても、細心の注意を払いましょう。SELECT内にそのような関数を見つけた場合は、1NFの要件を満たしていない可能性が濃厚です。

カラム（属性）の値がドメインの要素の一つでなければならないことは、逆説的にはそうなるようにドメインを設計しなければならない、ということです。ドメインの設計はまた奥が深いテーマですので、**第6章**で改めて解説します。ここではドメインが適切に設計されているものとして、読み進めてください。

Column

列の値はスカラであるべき？

1NFに対する誤解の中に、「1NFの要件は列の値がスカラであること」があります。リレーショナルモデルでは、属性のデータ型、つまり、ドメインに含まれるデータの種類には、特に制限がありません。集合の要素として定義できるものであれば何でも良いのです。そのため、データ型は数学的なスカラに限定されません。リレーショナルモデルでは、ベクトルでも配列でも集合でもドメインの要素にできます。

それどころか、リレーションをドメインの要素として定義することも可能です。そのような、データ型としてリレーションを持つ属性をRVA（*Relation Valued Attribute*）と呼びます。RVAは、リレーショナルモデル上許容されるデータ構造ですが、SQLでサポートされておらず、必ずしも扱いやすくはないため、実際のアプリケーションで使うことはないでしょう。

スカラであることと、アトミックであることは異なる概念です。混同しないように注意しましょう。それ以前に、アトミックであるという定義すらもあいまいですので、ドメインを前提とした設計を心がけるようにしましょう。

繰り返しグループ

1NFの条件を満たしていないよくあるテーブルの例として、**繰り返しグループ**（*Repeating Group*）があります。これは、先ほどの❹の条件が満たされないもので、典型的な例は、1つの列（ないしは属性）に複数の値をカンマ区切りなどの形式で割り当てるなどです。そのようなデータ形式では、中の値を分解して演算を行う必要が生じるため、リレーショナルモデルに基づいて、ロジックを組み立てられません。

その結果、クエリは複雑になり、データの整合性は危機に瀕し、アプリケーションで実装しなければいけないロジックは膨れ上がり、開発コストは跳ね上がってしまうでしょう。これではせっかくのRDBが台なしです。

それでは、繰り返しグループはどうやって解消すべきでしょうか？ **図3.2**を見てください。

図3.2は、とあるIT系の学校における、生徒の学科を示すテーブルです。先ほどの❶〜❺の条件はすべて満たしていますので、1NFになっています。

ところが、このテーブルは1人1つの学科しか持っていないため、今のところ問題ありませんが、「さまざまな分野において横断的な知識を持った人材が求められる」などの理由で、複数の学科に所属できるとどうなるでしょうか？ そこで、**図3.3**のテーブルで考えてみましょう。

図3.3では、学科カラムに2つ以上の値が詰め込まれてしまいました。これがいわゆる繰り返しグループです。このような問題を回避する目的で、**図3.4**のような設計のテーブルを用いているのを見かけることがあります。

図3.2 シンプルなテーブルの例

氏名	学科
桂小五郎	コンピュータアーキテクチャ
勝海舟	コンパイラ
坂本龍馬	データベース
西郷隆盛	データベース
高杉晋作	コンパイラ

図3.3 繰り返しグループの例

氏名	学科
桂小五郎	コンピュータアーキテクチャ
勝海舟	コンパイラ
坂本龍馬	データベース コンパイラ
西郷隆盛	データベース
高杉晋作	コンパイラ コンピュータアーキテクチャ

図3.4 列単位の繰り返しグループの例

氏名	学科1	学科2
桂小五郎	コンピュータアーキテクチャ	NULL
勝海舟	コンパイラ	NULL
坂本龍馬	データベース	コンパイラ
西郷隆盛	データベース	NULL
高杉晋作	コンパイラ	コンピュータアーキテクチャ

学科カラムに複数の値が詰め込まれる状況は解消しましたが、今度はNULLが登場して状況がさらに悪化したようにも見えます。これはカラムを増やすことで、1つのカラムに複数の値が格納されるのを防いでいますが、学科が1つしかない学生の行にはNULLが出現しており、なおかつ、カラムの名前にも1、2という順序がついているため、これは1NFではありません。このような設計のテーブルも、繰り返しグループの変種であると見なされます。

それでは、繰り返しグループはどのように取り除けばよいのでしょうか？解決法は明確で、繰り返しグループの代わりに、複数の行にデータを登録すればよいのです(**図3.5**)。

このように、複数の行に分けて異なるデータを登録することで、行のデータが重複することはなく、NULLも排除できます。

というわけで、アプリケーションの新たな要件に応えつつ、テーブルを再び1NFにできました。このテーブル(≒リレーション)に対応する述語はおそらく「xという生徒は、yという学科に属している」という意味になるでしょう。

「坂本龍馬という生徒は、データベースという学科に属している」
「坂本龍馬という生徒は、コンパイラという学科に属している」

このように、複数の学科があるのなら、複数回その事実を述べればよいというわけです。

ただし、このようにテーブルを変更すると、キーが変わってしまうとい

図3.5 繰り返しグループを排除した例

氏名	学科
桂小五郎	コンピュータアーキテクチャ
勝海舟	コンパイラ
坂本龍馬	データベース
坂本龍馬	コンパイラ
西郷隆盛	データベース
高杉晋作	コンパイラ
高杉晋作	コンピュータアーキテクチャ

う点には注意が必要です。図3.4までのテーブルは、同じ生徒が繰り返し1つのテーブルに登場することはありませんでした。ところが、図3.5では生徒の氏名は一意ではないため、キーとして使用できません。このテーブルでは、{氏名, 学科}が新たなキーとなります。

候補キーとスーパーキー

1NFから正規化を進めるにあたり、その基本的な考え方となる2つの概念について説明しましょう。まずはキーについてです。ここでは、候補キーとスーパーキーについて説明します。

候補キー(あるいは単にキー)とは、そのリレーションに含まれるタプルの値を一意に決められる属性の集合で、なおかつ、既約(*Irreducible*)であるものを言います。既約とは、それ以上属性を減らすことができないことで、すなわち、余分な属性がない状態を表します。なぜ、「候補」キーと呼ばれているのかと言うと、そのようにタプルの値を一意に求められる属性の集合が1種類しか存在しないとは限らないからです。

SQLではテーブルに主キー(*Primery Key*)が存在しますが、リレーショナルモデルには主キーという概念は特にありません。なぜならば、リレーションに複数の候補キーがある場合、それらはいずれも意味的・機能的には違いはなく、どの候補キーを主キーと呼ぶかは主観の問題だからです。

したがって、正規化を正しく語ろうとすると、主キーという単語は出てこないのです。ちなみに、リレーションを図式化したとき、候補キーにアンダースコアが引かれます。図3.2と図3.5を見比べてみてください。繰り返しグループを排除したことで、候補キーに変化が生じたことがわかると思います。また、候補キーに含まれない属性は、非キー属性(*Non-prime Attribute*)と呼びます。

候補キーは余分な属性を含まない属性の集合でしたが、候補キーのスーパーセット、つまり、余分な属性を含むものを**スーパーキー**と呼びます。スーパーキーもタプルの値を一意的に決められるという性質は、候補キーと一緒です。単に余分な(一意な値を求めるのに貢献しない)属性が含まれているというだけです。見方を変えると、候補キーはスーパーキーの一種であり、なおかつ、含まれる属性の数が最小のものであると言えるでしょう。

リレーションには、重複したタプルが含まれないため、最低でも1つの候補キーが存在します。見出しの全体には、すべての属性が含まれることから、それは、必ずスーパーキーになるでしょう。

これら「キー」の概念は、正規化理論を理解するうえで必須ですので、覚えておいてください。

関数従属性(FD)

次に、もう一つの正規化において、重要な概念である、**関数従属性**(*Functional Dependency*、FD)について説明します。実は、2NF〜BCNFは関数従属性に関する定義であり、それらはいずれも、関数従属性を用いて説明できます。そして、リレーション内の関数従属性を、可能な限り排除したものがBCNFです。したがって、2NFと3NFは、まだ関数従属性をリレーションから排除する余地があり、最適な状態とは言えません。BCNFになるまで、正規化を行うように心がけましょう。

それでは、関数従属性とは、どのようなものでしょうか。これは正規化の鍵となる概念ですが、何も難しいことはありません。定義は次のとおりです。

> (定義)あるリレーションRの見出しの2つの部分集合をA、Bとする。Rの要素のすべてのタプルにおいて、Aの値が同じならばBの値も同じである場合かつその場合だけに限り、BはAに関数従属すると言う。このような関係性をA→Bと記述する。

言葉を変えると**Aの値がわかれば、Bの値が求められる**ということです。異なるAの値に対して、同じBの値があってもOKです。Bは重複が許されます。

鋭い方はお気づきかもしれませんが、リレーションの任意の属性は、そのスーパーキーに関数従属します。すなわち、SKをあるリレーションのスーパーキー、Xをそのリレーションの任意の属性とすると、SK→Xです。もちろん、既約なキーである候補キーRKにも任意の属性が関数従属します(RK→X)。

また、任意の見出しの組み合わせがあったとき、その部分集合は、元の見出しに関数従属します。たとえば、x、yという2つの属性があったとき、{x,y}→{x}または{x,y}→{y}が成り立ちます[注4]。

これらの関数従属性は、関数従属性の定義から必然的に導き出されるものであるため、**自明な関数従属性**と呼ばれます。自明な関数従属性はどうやっても、リレーションから取り除くことはできません。問題となるのは、そうではない関数従属性、つまり、**自明ではない関数従属性**ということになります。

関数従属性とは、キーの性質を定義したものであると言えます。一般的に、キーの値が決まれば、同じタプルに含まれる任意の属性の値が求まります。リレーションに自明ではない関数従属性、たとえばA→Bという関数従属性が含まれていると、Aはそのリレーションのキーではないため、繰り返し登場します。そのため、定義にあるような、**Aの値が同じならば、Bの値も同じである**ということが、隠れたキー(自明ではない関数従属性)の性質を表すのです。2NF〜BCNFにおける正規化は、このような自明ではない関数従属性を取り除く作業になります。

第2正規形(2NF)

2NFは、候補キーの真部分集合から非キー属性(*Non-prime Attribute*)への関数従属性を取り除く作業です。真部分集合とは、部分集合のうち、もとの集合自身以外のものを指します。そのような関数従属性を、部分関数従属性(*Partial Functional Dependency*)と呼びます(**図3.6**)。

リレーションが1NFで、かつ部分関数従属性が含まれない場合、そのリレーションは2NFとなります。キーに含まれる属性が1つしかない場合は、空集合以外にキーの真部分集合は存在しません。したがって、1NFかつ候補キーが、1つの属性でできているリレーションは、自動的に2NFとなります。

図3.7に、部分関数従属性が含まれるリレーションの例を示します。図

注4　従属性は、属性の集合間の関係性を示す性質です。SKやRK、Xは、属性の集合を表しています。xおよびyは、個々の属性を表していますので、その集合であることを示すために{}で囲んでいます。

3.1のリレーションと同じ属性で、内容を修正したものです。

実は、図3.1で紹介したリレーションは、部分関数従属性という重複がリレーションに内包されていたために、矛盾が生じていたというわけです。言うまでもなく、このリレーションでは、{氏名}→{学年}という関数従属性が存在します。そのため、同じ生徒に対して学年が繰り返し登場することになります。

このように、タプル全体として見れば値が重複していなくても、その一部に重複がある状況が問題になります。これが、自明ではない関数従属性と呼ばれるものの正体です。自明ではない関数従属性は重複であり、更新異常が発生する原因となります。重複している値を、一度にすべて更新するのではなく、一部だけを更新すると、異常が生じることになります。

無損失分解

関数従属性を解決するには、1つのリレーションを複数のリレーション

図3.6 部分関数従属性

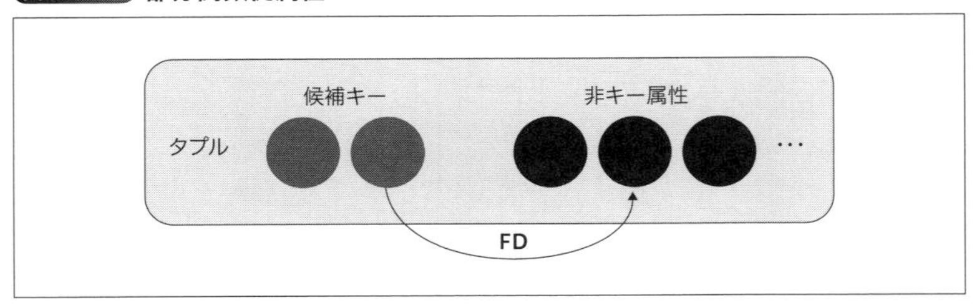

図3.7 部分関数従属性の例

氏名	学科	学年
桂小五郎	リレーショナルモデル	2
桂小五郎	Javaプログラミング	2
勝海舟	リレーショナルモデル	3
勝海舟	Ruby on Rails	3
勝海舟	コンピュータアーキテクチャ	3
坂本龍馬	リレーショナルモデル	1
坂本龍馬	コンピュータアーキテクチャ	1

へと分解する、という作業を行います。分解を行うときに必要な操作が**射影**です。1つのリレーションに対し、異なる2つのパターンの射影を実行することで、2つのリレーションが生成されます。このとき、元の情報を失わないように、ちょうど2つのリレーションへ分解できるため、そのような操作を**無損失分解**(*Non-loss Decomposition*)と呼びます。

ところで、無作為の組み合わせで射影を取っても、無損失分解ができるわけではありません。きちんと分解しないと、「情報が損失する」という問題が生じます。

無損失分解とは、**分解後のリレーションに含まれる情報を使って、元のリレーションを再構築できる**ことです。再構築する際に用いられる操作は、結合(*Join*)です。そのような無損失分解ができるかどうかの基準が関数従属性などの従属性なのです[注5]。

関数従属性が存在する場合、その従属関係がある属性だけの射影を取り、1つのリレーションとします。先ほどの例では、{氏名,学年}による射影を行います。また、従属している属性を除いたほかのすべての属性による射影を取り、もう一つのリレーションとします。先ほどの例では、{学年}を除く属性{氏名,学科}による射影です。このようなリレーションの分解は無損失となります(**図3.8**)。

ほかのパターンで射影を実行してリレーションを分解すると、情報が損失します。たとえば、{氏名,学科}と{学科,年齢}による射影で分解した

図3.8 無損失分解の例

氏名	学科
桂小五郎	リレーショナルモデル
桂小五郎	Javaプログラミング
勝海舟	リレーショナルモデル
勝海舟	Ruby on Rails
勝海舟	コンピュータアーキテクチャ
坂本龍馬	リレーショナルモデル
坂本龍馬	コンピュータアーキテクチャ

氏名	学年
桂小五郎	2
勝海舟	3
坂本龍馬	1

注5　従属性には、もう一つ結合従属性があります。これについては**第4章**で説明します。

場合について考えてみてください。結合（*Join*）で元に戻らない（情報が損失する）ことがわかるでしょう。

第3正規形（3NF）

3NFは、推移関数従属性（*Transitive Dependency*）と呼ばれる、関数従属性を取り除く作業です。推移関数従属性は、非キー属性間の関数従属性のことで、**図3.9**のように表すことができます。

なぜ、推移関数従属性と呼ばれているかと言うと、たとえば、2つの非キー属性の集合X、Yに関数従属性X→Yが存在するとします。Xの値は、スーパーキーの値がわかれば決まり、そして、Xの値が決まれば、Yの値も決まります。このように、段階的な関数従属性を、推移（*Transitive*）と表現しているのです。

ただ、実際のところ、スーパーキーからYへの関数従属性も成り立ちますので、推移という表現は、しっくりこないかもしれません。単に、非キー属性間の関数従属性として考えて、差し支えないでしょう。このような従属性が含まれるリレーションとは、どのようなものでしょうか？

図3.10は図3.2のリレーションに対して、学科の代表番号を追加したものです。

学科の代表番号は1つだけです[注6]。そのため、{学科}→{代表番号}という関数従属性が存在します。

3NFの場合も2NFと同様、重複を解消して、より上位の正規形にするに

図3.9 推移関数従属性

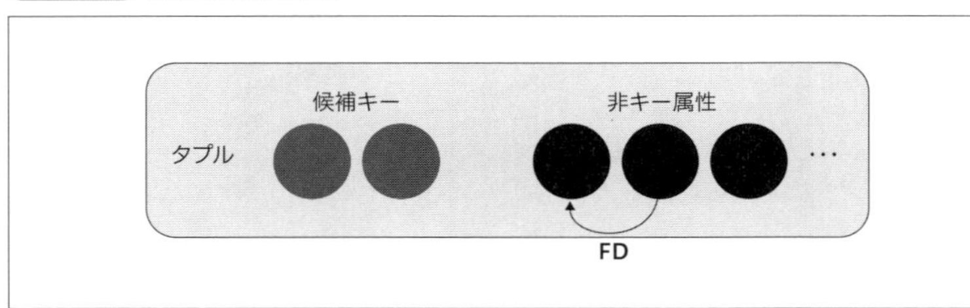

注6　そのように定義したという前提で話を進めます。

は、無損失分解を行います。3NFの無損失分解は、2NFの場合とほぼ同じです。とても簡単な例ですが、ぜひみなさんの手で、無損失分解をしてみてください。

ボイスコッド正規形(BCNF)

BCNFは、自明ではない関数従属性がすべて取り除かれた状態の正規形です。したがって、これ以上は関数従属性による無損失分解はできない、ことを意味します。3NFであって、BCNFではない正規形とは、どのようなものでしょうか？ 言葉を変えると、3NFであるリレーションに含まれる関数従属性とは、どのようなものでしょうか？

2NFでは、候補キーの真部分集合から、非キー属性への関数従属性を取り除きました。3NFでは、非キー属性から、別の非キー属性への関数従属性を取り除きました。残るパターンは、非キー属性から候補キーの真部分集合への関数従属性です。**図3.11**は、そのような関数従属性を模式的に表したものです。

図3.10 推移関数従属性の例

氏名	学科	代表番号
桂小五郎	コンピュータアーキテクチャ	xx-xxxx-xxxx
勝海舟	コンパイラ	yy-yyyy-yyyy
坂本龍馬	データベース	zz-zzzz-zzzz
西郷隆盛	データベース	zz-zzzz-zzzz
高杉晋作	コンパイラ	yy-yyyy-yyyy

図3.11 BCNFで取り除かれる関数従属性

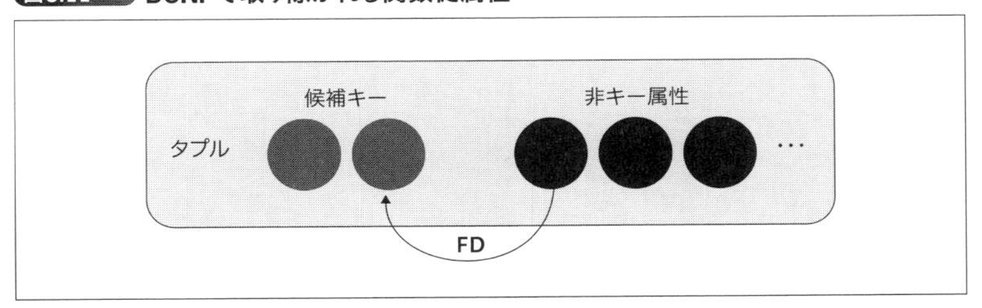

3NFではあるが、BCNFではない例について紹介します。**図3.12**は、図3.5のリレーションにおいて、学科だけでなく、所属している研究室の属性を追加したものです。

問題は、このリレーションでは研究室のほうが、学科よりも詳細な情報だという点です。研究室がわかれば、学科がわかるという関係性になっています。つまり、{研究室}→{学科}という関数従属性が存在します。このようなリレーションを見ると、疑問に思われるかもしれません。「だったら、{氏名,研究室}を候補キーにすればよいのではないのか」と。その疑問は間違いではありません。{氏名,研究室}は候補キーに成り得ます。ところが、図3.5と同じように、{氏名,学科}という属性の集合もまた、候補キーになり得るのです。

このように、3NFでもあるけれど、BCNFになっていないリレーションは、候補キーになり得る属性の組み合わせが複数存在します。関数従属性の関係性を考えると、{研究室}→{学科}という関数従属性が存在しますので、{氏名,研究室}の値がわかれば、{学科}の値もわかるため、{氏名,研究室}のほうがキーとして使用するのに都合が良いかもしれません。

そこで、{氏名,研究室}という候補キーに注目すると、今度は、候補キーの真部分集合から、非キー属性への関数従属性が存在することになりますので、これは2NFの解説のところで登場した部分関数従属性です。候補キーを変更したことで、2NFではなくなってしまったのです。したがって、このリレーションは、2NFにする場合と同様、{氏名,研究室}、{研究室,学科}という射影によって、無損失分解が可能です。このように、3NFで

図3.12 BCNFではないリレーション

氏名	学科	研究室
桂小五郎	コンピュータアーキテクチャ	デバイスドライバ
勝海舟	コンパイラ	最適化
坂本龍馬	データベース	リレーショナルデータベース
坂本龍馬	コンパイラ	最適化
西郷隆盛	データベース	分散データベース
高杉晋作	コンパイラ	並列化コンパイラ
高杉晋作	コンピュータアーキテクチャ	割り込み処理

あるけれど、BCNFではないという場合は、候補キーがほかにないか、ということから検討するとよいでしょう。

BCNFの条件を満たすリレーションには、自明ではない関数従属性が存在しません。存在するのは、自明な関数従属性だけですが、それは、スーパーキーから、任意の属性への従属性です。BCNFは、キーだけに関数従属したリレーションなのです。

Column

候補キー内部に自明ではない関数従属性は存在しないのか

本章では、次の3つのパターンの自明ではない関数従属性について紹介しました。

- **候補キーの真部分集合→非キー属性**
- **非キー属性→非キー属性**
- **非キー属性→候補キーの真部分集合**

組み合わせとしては、もう一つのパターンがあるように思えます。それは、**候補キーの真部分集合→候補キーの真部分集合**という関数従属性です。なぜそのような関数従属性は、正規化では扱わないのでしょうか？

単刀直入に答えを言うと、そのような関数従属性は、存在しないからです。

候補キーK_1の2つの互いに同じ属性を含まない真部分集合A、Bを考えます。A→Bという関数従属性が存在すると仮定すると、Bの値はAがわかれば決定しますので、Bがなくても、キーとしての機能を有することになり、K_1は、既約ではなかったことになります。これは、K_1が候補キーであるという仮定に反します。したがって、候補キーの内部には自明に関数従属性は含まれないことになります。

3.4 まとめ

今回は、1NF～BCNFまでの正規形について解説しました。実は、正規化を行ってBCNFまで到達すると、自動的に5NFの条件を満たしている場合が多く、実践的には、BCNFまでの知識だけでも十分に威力を発揮します。BCNFには、自明ではない関数従属性は存在しませんので、関数従属性による重複は、完全に取り除かれた状態です。これで、正規化を用いた重複との戦いは終わりでしょうか？ いいえ、そうではありません。

本章で紹介した通り、正規形は6NFまで存在しますので、まだ先があります。さらに正規化を行い、重複のない理想的なリレーションに近づくには、関数従属性ではもう限界だということです。そこで新たに用いるのが結合従属性(JD)という概念です。次章では、結合従属性について、そして4NF～6NFに関する解説を行います。

第4章

正規化理論（その2）
——結合従属性——

前章までで、BCNFに到達し、自明ではない関数従属性は、すべて排除されるに至りました。さらにこの先、重複を排除するために登場するのが、結合従属性と呼ばれる概念です。本章では、結合従属性を解決することで、到達できる正規形について説明します。

4.1 結合従属性(JD)

繰り返しになりますが、2NF～BCNFは関数従属性に関する正規化です。関数従属性を用いた正規化はいわば、候補キーとなる属性を洗い出す作業と言えます。そして、そのような隠れた候補キーが見つかった場合は、リレーションを無損失分解することで、リレーションの内部から冗長化を排除してきました。

BCNFにおいて、リレーション内に候補キーとなる属性の組み合わせは、その候補キー以外にありません。BCNFはすでに十分なほど、冗長性を排除できているように思えますが、果たして完全に排除できたのでしょうか?

いえいえ、冗長性排除の戦いはまだまだ終わりません。そこで登場するのが**結合従属性**(*Join Dependency*、JD)です。4NF以降は、結合従属性に関する正規化です。単刀直入に言えば、結合従属性は、キー自身に冗長性が含まれている場合に生じる重複を指します。前章では、候補キーの内部に関数従属性は含まれていないことを説明しましたが、候補キーの内部に結合従属性が含まれている可能性は、大いにあります。

> (定義)A,B,...,Cをリレーションの見出しの部分集合であるとします。もしA,B,...,Cの射影に対応するリレーションを結合した結果と、Rが同じ場合かつその場合に限り、Rは次の結合従属性を満たすこととします。
>
> ☆{A,B,...,C}

A,B,...,Cの中の見出しのうちの1つが、Rの見出し全体と同じである場合は、その**結合従属性は自明である**と言います注1。言い換えると、リレーション内に**自明ではない結合従属性**が存在すると、そのリレーションは4NF～6NFによる正規化の対象となるわけです注2。

このような結合従属性の定義から、いくつかの帰結が必然的に導かれます。

結合従属性は無損失分解が可能

これは、循環定義のようなものです。結合従属性は、射影を取って、リレーションを分割したリレーションを再度結合すると、元のリレーションに戻る、という性質のことです。それはつまり、無損失分解のことです。無損失分解できるものを、結合従属性と言っているのですから、無損失分解ができるのは当然のことです。

関数従属性は結合従属性の一種である

無損失分解ができるものを結合従属性と呼んでいるのですから、関数従属性も当然結合従属性の一種になります。関数従属性は、特徴があるので見つけやすいというのが、一般的な結合従属性との違いだと言えるでしょう。

関数従属性は特徴がある結合従属性であるということは、言い換えると、4NF以降の結合従属性は特徴がなく、見つけにくいということになります。

暗黙的な結合従属性

リレーションRの見出しの部分集合A,B,...,Cが、すべてRのスーパーキーになっている場合も必然的に☆{A,B,...,C}という結合従属性が存在し

注1　リレーションRそのものと、Rの任意の射影を結合するとRになるからです。
注2　ただし実際に正規化を行うのは5NFまでです。定義として6NFは存在しますが、通常は6NFにすることはありません。理由は後述します。

ます。A,B,...,Cには、共通の候補キーが含まれるため、A,B,...,Cを結合すると、同じ候補キーの値を持つタプル同士が結合され、元のリレーションRと同じタプルになるからです。このような結合従属性は、**スーパーキーによって、暗黙に定義される**(*Implied by Superkeys*)と言います。日本語には標準的な呼び方はありませんが、日本語として自然な呼び方をすると、**暗黙的な結合従属性**と呼ぶのが良いのではないかと思います。

本書では、特に断りがなければ、すべてスーパーキーに分解されるような結合従属性、つまり、共通の候補キーを含むような結合従属性を、暗黙的な結合従属性と呼ぶことにします。**図4.1**は暗黙的な結合従属性の例です。

{氏名}という、共通の候補キーを含む2つのリレーションに分けることで、タプルの数が同じで、かつ非キー属性だけが異なるリレーションが2つ作成されます。結合することで、元のリレーションと同じになることは、直感的にわかるかと思います。

非キー属性と結合従属性

実は、4NF以降の正規化を行うシーンはあまりありません。というのも、

図4.1 暗黙的な結合従属性の例

氏名	年齢	学年
桂小五郎	20	2
勝海舟	23	3
坂本龍馬	19	1
西郷隆盛	22	2
高杉晋作	18	1

氏名	年齢
桂小五郎	20
勝海舟	23
坂本龍馬	19
西郷隆盛	22
高杉晋作	18

氏名	学年
桂小五郎	2
勝海舟	3
坂本龍馬	1
西郷隆盛	2
高杉晋作	1

BCNFまで正規化を行うと、自動的に5NFの条件を満たすことが多いからです。4NF以降の正規化を行う必要があるかどうかを見極めるうえで重要なのが、非キー属性の有無です。

非キー属性が存在すると、そこにはRK→{非キー属性}という、明示的な関数従属性が存在します。射影によって候補キーをバラバラにすると、この関数従属性が消失するため、無損失分解はできないのです。

このことを言い換えると、**4NF、5NFになるように正規化する作業は、非キー属性が存在しないリレーションだけが対象**となります。さらに、非キー属性が存在しないリレーションだけが対象であることから、**4NF、5NFへの正規化は、候補キーに複数の属性が含まれる場合だけ、つまり、複合キーである場合だけ、必要な作業**であると言えます。なぜならば、候補キーが1つだけでは、それ以上射影によって分解ができないからです[注3]。

まとめると、次のようなケースでは、BCNFは自動的に5NFの要件を満たしていることになります。

- **非キー属性が存在する**
- **キーに含まれる属性は1つだけである**

リレーショナルモデルをわかりにくくするものとして、サロゲート(代理)キーと呼ばれるものがあります。サロゲートキーは、通常1つの整数値を表すカラムとして設計されますが、サロゲートキーがあれば5NFになっているわけではないので、注意してください。

サロゲートキーはその名が示す通り、代理のキーです。正規化は本来そのテーブル[注4]に存在するナチュラルキーを対象として考えなければならない作業です。DB設計を行う際には、サロゲートキーの存在は、いったん無視して進めるのがよいでしょう。

注3　よく複合キーではなく、単一キーを用いるべきだ、という議論を見かけますが、そのようなことは、リレーショナルモデルでは不可能です。どの属性とどの属性が同時に出現するか、候補キーになる得るかというのは、リレーショナルモデルが表現するものだからです。

注4　サロゲートキーを使うのは、リレーショナルモデル的な設計ではないので、あえてリレーションではなく、SQL用語であるテーブルを使用しています。

Column

なぜ非キー属性があると、候補キーを無損失分解可能な結合従属性が存在しないのか

ここで、BCNFまで正規化された{a,b,c,x}という属性で構成されるリレーションがあり、{a,b,c}が候補キーだと仮定してください[注a]。なぜ、このリレーションには、自明でも暗黙的でもない結合従属性が存在しないのでしょうか？

先ほども述べましたが、答えは至極明快で、{a,b,c} → {x}という関数従属性が存在しているからです。関数従属性が存在していることは、つまりxの値は候補キーであるa、b、cの値によって導き出されるということです。

ここで注意すべき点は、{a,b,c}は候補キーなので、その値の組み合わせは、リレーション内で重複しておらず、なおかつ、xの値は、a、b、cすべての値がわかってはじめて、導き出されるということです。a、b、cのうち、1つでも不明な値があれば、xの値はわかりません。したがって、{a,b,c}を分解すると、関数従属性が消滅するため、このリレーションは、これ以上、無損失分解できないことになります。

仮に、a、bという2つの属性の値から、xの値が導き出せたとします。すると、そのようなリレーションには{a,b} → {x}という、関数従属性が存在することになります。{a,b}は、{a,b,c}の真部分集合ですから、部分関数従属性が存在することになり、2NFの条件を満たしていません。まずは2NF、3NF、BCNFになるよう、正規化を行う必要があります。

このように、非キー属性が存在する場合は、結合従属性について考慮する必要はないのです。非キー属性があるリレーションがBCNFまで到達すれば、自動的に5NFの条件も満たすことになります。

ちなみに、もし{a,b} → {x}という関数従属性がある場合、これを取り除くには、{a,b,c}と{a,b,x}という属性からなる、2つのリレーションへ無損失分解をすることになります。すると、{a,b,c}には非キー属性が含まれていませんので、この段階になってから、改めて自明でも暗黙的でもない、結合従属性が存在するかどうかを吟味するとよいでしょう。

注a　a、b、c、xは、属性の集合ではなく、属性を表しています。

4.2 結合従属性による正規化（4NF〜6NF）

結合従属性の性質を理解できたところで、4NF〜6NFでは、どのような結合従属性が対象になるかを見ていきましょう。

第4正規形（4NF）

4NFは、一般的には**多値従属性**（*MultiValued Dependency*、以下MVD）による正規化だ、と解説されています。あまり知られていないことですが、実は、MVDは結合従属性の特殊なパターンで、結合従属性を用いて説明することが可能です。逆に、結合従属性を使わない説明は難解です。一般的なMVDという概念で、4NFを理解するのではなく、結合従属性によるMVDの定義を覚えることをお勧めします。

> （定義）A、B、Cをリレーション Rの見出しの部分集合であるとします。A、B、Cが次の結合従属性を満たす場合かつその場合に限り、BおよびCはAに多値従属する（*B is multidependent on A, C is multidependent on A*）と言います。
>
> ☆{AB,AC}

MVDは次のような記号を用いて表現します。

```
A →→ B
A →→ C
```

リレーションがBCNFであり、なおかつMVDが排除された状態が4NFです。MVDは見方を変えると、上記のような結合従属性を見つけやすくするための道具と言えます。しかしながら、MVDは結合従属性の特殊なケースの1つに過ぎません。**非キー属性を含まないリレーションを、結合従属性によって共通の属性を含む、2つのリレーションに無損失分解でき**

るものがMVDなのです。

2つ以上のケースは、5NFにおいて扱われます。リレーションにMVDが存在するかどうかよりも、結合従属性が存在するかどうかという判断基準のほうが、より一般化されていて汎用的に適用可能です。そのため、正規化に取り組む際は、あまり4NF/MVDを意識せず、結合従属性に的を絞ってリレーションを吟味するとよいでしょう。

図4.2はMVDを含むリレーションの例です。自明ではない結合従属性を解消するのは、射影による無損失分解です。図4.2では、{氏名,学科}と{氏名,授業}という見出しを持つ2つのリレーションに分解することが可能です。

第5正規形(5NF)

5NFは、C.J.Date曰く、最後の正規形です。これ以上リレーションを分解しても価値はありません。5NFで自明ではない、あるいは、暗黙的ではないすべての結合従属性が取り除かれた状態のことを表します。先に6NFの話を出してしまうと、暗黙的な結合従属性を含めて、限界まで無損失分解を行うのが6NFです。

4NFは、MVDという一種の結合従属性が取り除かれた正規形ですが、それ以外の自明でも暗黙的でもない結合従属性を取り除くのが、5NFの条件を満たすために必要な作業です。4NFであって5NFではないリレーション

図4.2 MVDを含むリレーションの例

氏名	学科	授業
桂小五郎	コンピュータアーキテクチャ	リレーショナルモデル
桂小五郎	コンピュータアーキテクチャ	Javaプログラミング
勝海舟	コンパイラ	リレーショナルモデル
勝海舟	コンパイラ	Ruby on Rails
勝海舟	コンパイラ	コンピュータアーキテクチャ原理
坂本龍馬	データベース	リレーショナルモデル
坂本龍馬	データベース	コンピュータアーキテクチャ原理
坂本龍馬	コンパイラ	リレーショナルモデル
坂本龍馬	コンパイラ	コンピュータアーキテクチャ原理

に含まれる結合従属性とは、どのようなものでしょうか？ これはもう組み合わせの問題ですが、たとえば、リレーションRの部分集合A、B、Cがあるとき、5NFでは次のような結合従属性が取り除かれます。

☆{AB,BC,CA}

図4.3は上記のような結合従属性を含むリレーションの例です。

図4.3のリレーションは、図4.2のリレーションと同じ属性を持っています。違うのは、個々の属性の値だけです。構造が同じでも、その値によって、どのように無損失分解するべきかが異なるという点が、4NFと5NFを区別するうえで、厄介な点だと思います。

ちなみに、図4.2と図4.3の意味の違いを考えると、たとえば、図4.2では学生はどの授業を受講してもかまわなかったのが、図4.3では、「○○という授業は、○○という学科に属している者だけに受講が許される」というような規則があったと考えられます。そのような事実を表現するには、{学科,授業}というリレーションが必要でしょう。もし、BCNFのリレーションにおいて、MVD、つまり結合従属性☆{AB,AC}を発見した場合、念のため結合従属性☆{AB,BC,CA}の可能性についても、確かめておくとよいでしょう。

図4.3 結合従属性を含むリレーションの例

氏名	学科	授業
勝海舟	コンパイラ	C++プログラミング
勝海舟	コンパイラ	Javaプログラミング
坂本龍馬	コンパイラ	C++プログラミング
坂本龍馬	コンパイラ	Ruby on Rails
坂本龍馬	データベース	Ruby on Rails
坂本龍馬	データベース	リレーショナルモデル
桂小五郎	コンパイラ	Javaプログラミング
桂小五郎	コンピュータアーキテクチャ	Javaプログラミング
桂小五郎	コンピュータアーキテクチャ	オペレーティングシステム
桂小五郎	コンピュータアーキテクチャ	コンピュータアーキテクチャ原理

接続の罠

図4.3では、1つのリレーションが結合従属性によって、3つに分解されています。このように、3つ以上のリレーションに分解される結合従属性を、**接続の罠**(*Connection Trap*)と呼ぶことがあります。これはどういうことかと言うと、一見すると、分解後の3つのリレーションは、元のリレーションと同じ「事実」を表しているようには見えないからです。

ここでは、接続の罠について、詳しく見て見ることにしましょう。リレーションが真の命題の集合であることを思い出してください。無損失分解後の3つのリレーションは、たとえば、次のような命題が真である、ということを表しています。

❶坂本龍馬はデータベース学科に所属しており、「ある授業」を受講する

❷坂本龍馬は「ある学科」に所属しており、リレーショナルモデルの授業を受講する

❸「ある生徒」はデータベース学科に所属しており、リレーショナルモデルの授業を受講する

元のリレーションでは、この3つの命題に対応する次の命題が真であることになっています。

❹坂本龍馬はデータベース学科に所属しており、リレーショナルモデルの授業を受講する

通常、論理学では❶～❸の3つの命題が真であっても、❹の命題が導き出されることはありません。言葉を変えると、

❶ ∧ ❷ ∧ ❸ ⇒ ❹

という命題は成り立たないのです。このように、分解後のリレーションが、元のリレーションと同じ事実を表しているように見えない現象を接続の罠と言います。

しかしながら、これは一見「罠」のようになっているだけで、実際には、何の罠も存在していません。なぜかと言うと、元のリレーションに結合従属性が存在しているからです。そのため、分解後の複数のリレーションを結合すれば、元のリレーションが得られ、その結果、命題❹が真であると

いうことが言えるのです。

直積と結合従属性

5NFでは、MVDでも暗黙的でもない結合従属性を扱いますが、そのような結合従属性のうち、最もシンプルなものは、それぞれ1つの属性しか持たない2つのリレーションの直積でしょう。2つの属性しか含まず、非キー属性のないリレーションが無損失分解できる可能性があるのは、1つの属性しか持たないリレーション同士の直積になっている場合だけです。**図4.4**は、シンプルな直積の例です。

このようなリレーションは、めったにないと思いますので、通常は、正規化をするうえで考慮する必要はないでしょう。万が一、このようなリレーションに遭遇することがあれば、無損失分解をしておきましょう。

結合従属性を発見するのは難しい？

関数従属性の場合、無損失分解を行う場合は、必ず非キー属性が含まれるという特徴があります。非キー属性は候補キーに関数従属していますので、非対称な関係性であると言えます。そのような非対称性は、人間の目にもとどまりやすく、関数従属性は、比較的発見が容易であると言えます。

ところが、4NF、5NFで扱う結合従属性は、いずれも2つの非キー属性を持たないリレーション同士を、結合（Join）した状態のものになっています。そのため、無損失分解をした場合、関数従属性のように非キー属性を含んだリレーションが生成されることはなく、リレーションに含まれる属性は対称な関係性になっています。

図4.4 直積の例

犬	猫
ポチ	ミケ
ポチ	トラ
ツン	ミケ
ツン	トラ
ハチ公	ミケ
ハチ公	トラ

関数従属性のように、特徴がないため暗黙的ではない、結合従属性の発見は、少し難易度が高くなっていると言えるでしょう。その代わり、4NF、5NFの対象となるリレーションは、非キー属性を持たず、なおかつ、属性が複数(直積でなければ3つ以上)ある場合だけに限られますので、対象を見つけるのは、きわめて容易であると言えます。

結合従属性が存在するかどうかを見極める方法として、実際に射影を取ってみて、それらを再び結合するという方法があります。結合後のリレーションが、元のリレーションと同じになれば、結合従属性が存在している可能性があります[注5]。

SQLで射影を取る方法は、SELECT DISTINCTを使うことです。FROM句のサブクエリを使っても良いですし、INSERT ... SELECT文を使って、別のテーブルへデータを格納しておいてから、改めてJOINをしても良いでしょう。

第6正規形(6NF)

6NFは、自明な結合従属性(つまり、そのリレーション自身を含む結合従属性)しか存在しないようになるまで、可能な限り、すべての結合従属性を排除した状態の正規形です。6NFで排除される結合従属性には、暗黙的な結合従属性も含まれます。

5NFであって6NFではないリレーションとは、非キー属性が複数存在するリレーションです。任意の数の非キー属性を持つリレーションは、同じ候補キーを含んでいる限り、暗黙的な結合従属性によって、無損失分解できます。

たとえば、{A,B,C}という属性からなるリレーションRにおいて{A}が候補キーであるとき、☆{AB,AC}という結合従属性が存在することになります。

このようにして極限まで、つまり、非キー属性の個数が、0または1個になるまで、無損失分解された状態が6NFです。暗黙的な結合従属性を無損失分解している例が**図4.5**(図4.1を再掲)です。

注5　これは結合従属性の一種である、関数従属性にも当てはまります。

結合は、リレーショナルモデルにおける基本的な演算であり、結合を忌避するのは誤りです。しかし、だからと言って、無闇に無駄な結合を増やしてもよいというわけではありません。

同様に、6NFまで分解したリレーションは無駄な結合が多く、実用的ではありませんので、実際のDB設計では6NFを目指して、リレーションの正規化を行うことはありません。

DB設計としては、通常は5NFまでにとどめます。これが、5NFが最後の正規形であると言われる所以（ゆえん）です。ただし、次章で説明するリレーションの直交性を理解するうえで、6NFの概念はとても重要です。

図4.5　暗黙的な結合従属性の例

氏名	年齢	学年
桂小五郎	20	2
勝海舟	23	3
坂本龍馬	19	1
西郷隆盛	22	2
高杉晋作	18	1

氏名	年齢
桂小五郎	20
勝海舟	23
坂本龍馬	19
西郷隆盛	22
高杉晋作	18

氏名	学年
桂小五郎	2
勝海舟	3
坂本龍馬	1
西郷隆盛	2
高杉晋作	1

4.3 まとめ

本章では、「無損失分解できるような状況」を表す結合従属性という概念について、説明しました。関数従属性は結合従属性の一種です。関数従属性以外の自明でも暗黙的でもない、結合従属性を取り除くのが4NF、5NFにおける正規化に必要な作業です。BCNFまで到達したリレーションは、候補キーが単一の属性で構成されているか、あるいは、非キー属性が存在しない場合、自動的に5NFの要件までを満たすことになります。よって、意図的に4NF、5NFへの正規化をする機会は、あまりないでしょう。

5NFまで到達すれば、そのリレーションには、重複がないと言えます。さらに、それ以上正規化して6NFまで到達してしまうと、無駄な結合が多発することになるため、DB設計における正規化の作業としては、5NFまでにとどめておきましょう。

第5章
リレーションの直交性

DB設計において、正規化と同じぐらい重要であるにもかかわらず、見過ごされがちなのが、**リレーションの直交性**(*Orthogonality*)です。これまで解説した正規化は、いわば、1つのリレーションの内部から、重複をなくすことに焦点を絞った作業です。

一方、直交性とは、複数のリレーションの間の重複に関する概念です。いわば、DB全体から重複を取り除く作業のことです。個々のリレーションから重複が解消されても、DB全体で見たときに重複が残っていれば、やはり不整合の原因になります。リレーションは真の命題の集合ですから、あるリレーションと別のリレーションに、矛盾する事実が含まれていてはいけないのです。

5.1 リレーションの直交性と重複

リレーションの直交性とは一言で言うと、**同じ値を含まない**ということです。それでは、同じ値を含まないとはどのような状態でしょうか？ 2つのリレーションに同じ属性が現れないということでしょうか？

いいえ、違います。これまで見てきたように、関数従属性や結合従属性は、共通する属性を持った複数のリレーションへと分解を行う作業であり、複数に共通する属性を排除できません。そもそも、リレーションに同じ属性が現れない場合は、そのDBに含まれるリレーション同士の結合は、常に直積になります。そのようなDBは役に立たないでしょう。

それでは、簡単な例を挙げながら、**同じ値を含むリレーションはどのようなものか**、そして、どのように対策すれば良いかを理解していきましょう。

レプリカ

最も シンプルでわかりやすい、直交化していないリレーションの例は、まったく同じ構造、同じデータを持つリレーションが複数存在する場合です。同じデータをわざわざ複数のリレーションに書き込むことは、まったくの無駄であり、しかも、矛盾が生じる原因になります。これは極端な例ですので、そのようなDB設計が良くないことはすぐにわかります。そのため、現実的にそのような設計を含んだDBに遭遇する機会はめったにないでしょう。もちろん、このような場合は、いずれか一方だけを使うようにすべきです。

一からDBを設計した場合、レプリカが生じることはほとんどないでしょう。そうではない場合、つまり、長年データベースアプリケーションを運用した結果、システム統合などによる度重なるリファクタリングを経て、それぞれのシステムに同じような機能を持つリレーションが存在した場合、統合後にも同じような機能を持つリレーションができてしまう、ということが考えられます。

同じ型のリレーション

直交とは、2つ以上のリレーションに同じ値が含まれない状態のことです。極端な話、たとえば、注文データを記録するリレーションにおいて、2000〜2014年のデータを1年ごとに別のリレーションに格納するケースを考えてみてください。その場合、おそらく個々のリレーションは同じ型(見出し)を持つでしょう。このようなDB設計が良いかどうかは置いておいて、それらのリレーションに重複するタプルはありませんので、2つのリレーションは、直交していると言えます。

このような見出しがまったく同じリレーション同士であれば、同じ値を含んでいるかどうかは、タプルの値を比較すれば簡単に調べられます。見出しがまったく同じリレーションは、おそらく、意味も近いものになっていると考えられるため、同じ値が含まれているかもしれません。もし、同じ値が含まれていれば、それは重複ですので、矛盾が生じる原因になります。

同じ見出しを持つ2つのリレーションに、同じ値が含まれているかどうかを確認するには、2つのリレーションを結合してみると良いでしょう[注1]。同じ値が含まれていなければ、結合した結果は空集合になります。結合ならば、SQLでも簡単に試せますので、現場でも怪しいと思うテーブルがあれば、試しに結合してみると、良いでしょう。

2つ(あるいは複数)のテーブルが同じデータを含まないことを保証できる制約をSQLで簡単に表現できれば良いのですが、残念ながら、そのような機能はありません[注2]。現実的な解としては、トリガーの使用が挙げられます。トリガーは手間はかかりますが、柔軟にさまざまな制約を表現することが可能です。

見出しの一部だけが同じリレーション

同じ見出しを持つリレーション同士であれば、同じ値が含まれているかどうかを調べるのは簡単ですが、見出しが完全に同じではないが一部が共通である場合は、どうすれば良いでしょうか。そのような共通の属性が同じ値を持つとき、それは即座に重複であると判断すべきでしょうか。タプル全体が同じ値でなくても、直交していないと言うべきでしょうか。

ここが、直交性を考えるうえでの難しいポイントです。部分的にだけ値が一致している場合でも直交していない、と判断せざるを得ない場合があります。そのような「部分的に値が同じタプル」については、どのように判断すれば良いのでしょうか？完全に一致していなければ、直交していると考えるべきでしょうか？

実は、この問いには明確な答えがあります。リレーションに自明ではない関数従属性や、暗黙的でない結合従属性が存在すると、リレーションを直接比較しただけでは、直交しているかどうかはわかりません。そこで登場するのが、前章で解説した6NFです。

6NFまで分解されたリレーションには、自明ではない関数従属性や、暗黙的な結合従属性が存在しません。6NFのリレーションは無損失分解できませんので、タプルの部分集合について考える必要はないというわけです。

注1　ここで必要な操作は、厳密には積集合ですが、積集合は結合の特殊なケースですので、代用が可能です。

注2　外部キーは、2つのテーブルに同じデータが含まれることを保証する制約です。

そのため、すべてのリレーションを6NFになるまで無損失分解してから、タプルを比較して、重複がないことを確認すれば、直交性を保証できるのです。

図5.1は、直交していないリレーションの例です。リレーションが直交していない場合は、適宜リレーションの統合（集合和）を行うことになります。図5.1では、{氏名，学年}という属性を持つリレーションが統合されている様子がわかります。

6NFまで分解して、同じ型（見出し）のリレーションになった場合でも、タプルに重複がなければ直交しています。リレーションの見出しが同じ場合でも、それらが直交していれば、無理に統合する必要はありません。あくまでも、値が重複しているかどうか、あるいは、将来的に重複する可能性のある設計かどうかが重要です。何らかの意図があって、リレーションを分けている場合で、かつ、アプリケーションが重複したデータを登録する可能性がなければ、統合しなければならない理由はありません。

図5.1 直交していないリレーションの例

氏名	学年	クラブ
坂本龍馬	1	剣道部
桂小五郎	2	柔道部
西郷隆盛	4	柔道部
勝海舟	3	新聞部

氏名	学科	学年
坂本龍馬	データベース	1
相楽総三	コンピュータアーキテクチャ	2
高杉晋作	コンパイラ	3
西郷隆盛	データベース	4
中村半次郎	自然言語処理	4

氏名	クラブ
坂本龍馬	剣道部
桂小五郎	柔道部
西郷隆盛	柔道部
勝海舟	新聞部

氏名	学年
坂本龍馬	1
桂小五郎	2
西郷隆盛	4
勝海舟	3
相楽総三	2
高杉晋作	3
中村半次郎	4

氏名	学科
坂本龍馬	データベース
相楽総三	コンピュータアーキテクチャ
高杉晋作	コンパイラ
西郷隆盛	データベース
中村半次郎	自然言語処理

5.2 リレーション直交化のための戦略

リレーションの直交性について理解したところで、どのように直交性を保証するか、あるいは直交していないリレーションを直交化するかについて、戦略を紹介します。どうやって直交化するかという手法には、明確な理論がないため、ここではあくまでも戦略として紹介します。これらを駆使して、直交化に取り組んでください。

正規化

リレーションの直交性を確かめるには、6NFまで正規化すれば良い、と先ほど述べました。本来、DB設計においては、実際のリレーション(ないしはテーブル)は、5NFまでの正規化で十分です。しかし、6NFを活用するには、5NFまで正規化しておくことが重要です。

リレーションがすべて5NFに正規化されていれば、6NFは、非キー属性だけを対象とした無損失分解、つまり、暗黙的な結合従属性による無損失分解だけになり、直交性の確認は簡単な作業となります。もっと前の段階の正規化がされていない、まったく正規化されていない場合は、直交性を確かめる際に、リレーションの正規化から始めなければなりません。つまり、正規化をしっかりしておくと、単にリレーションそのものを扱いやすくするだけでなく、直交性を確認する際にも役立つのです。

属性(カラム)の名前を統一する

これは直交化をするうえで、ぜひともおすすめしたいプラクティスです。直交化しているかどうかを確認するには、異なるリレーションに現れる属性(SQLで言えば、異なるテーブルに現れるカラム)が、同じものを指しているかどうかを識別する必要があります。もし、同じ意味の属性であるにもかかわらず名前が異なっていると、一見しただけでは、同じかどうかがわからず、見落とす可能性が高くなります。

また反対に、本来は異なる意味であるにもかかわらず、同じ名前が用いられている場合も問題です。同じ名前のものは同じ意味を示す可能性があるため、それらについて逐一検討しなければならないからです。

属性あるいはカラムをどのように命名すれば良いのかは、実に深いテーマです。本書ではあまり深くは掘り下げませんが、特に注意すべきこととして、次の2点を挙げておきます。

命名規則を統一する

たとえば、日本語にするのか、アルファベットにするのか、アルファベットの場合は、ローマ字を用いるか、英単語を用いるか、キャメルケース[注3]にするか、スネークケース[注4]にするかなどは一貫したほうが良いでしょう。

主語を含める

圧倒的によく使われるカラム名としてidが挙げられますが、これはよろしくありません。というのも、何のIDを示すものかがわからないからです。ほかにも、name、email、qtyなどのように、汎用的に使われる単語は、**何の**あるいは**誰の**プロパティなのかを示すために、student_name、sns_user_email、order_item_qtyというように、より限定的な意味を含んだ名前にすべきでしょう。

アプリケーションの整合性

直交していないリレーションは、アプリケーションの設計上の問題が起因していることがほとんどです。異なる2つの機能で同じ意味のデータが必要な場合、共通のコンポーネントを設計する代わりに、独自にそれぞれDBにデータを登録すると、直交しないDBができあがります。そのようなケースに遭遇する可能性は、アプリケーションの規模が大きくなればなるほど、あるいは、機能が増えれば増えるほど、高くなるでしょう。システ

注3　複合語をつなげる場合、要素の最初の文字を大文字にする記法のことです。
注4　複合語をつなげる場合、その間にアンダースコアを入れる記法のことです。

ム統合などでは、そういった機会に恵まれることが多いかもしれません。

共通の意味のデータが必要な場合、アプリケーション側のコードも共有できるよう、リファクタリングを行うべきでしょう。そうすることで、DB設計上の問題が解決するだけでなく、アプリケーションのコードを将来に渡って保守する作業が楽になります。DBとアプリケーションは、密接に関係しています。DBそのものから設計の問題を見出すだけではなく、アプリケーションのロジックからDB側の問題を発見することも必要です。

すべてを直交化する必要はない

直交性はDB設計を考えるうえで重要な概念ですが、必ずしもすべてのリレーションを直交化する必要はない点にも言及しておきます。

たとえば、ユーザがある条件(あるいはステータス)を満たしたことを示すために、Aというテーブルにデータを登録し、ほかの別の条件を満たした場合は、Bというテーブルにデータを登録するケースについて考えてみましょう。この場合、テーブルA、Bそれぞれが表す条件の意味が完全に独立したものであれば、特に設計上の問題はありません。両方のテーブルが示す条件を満たす、ユーザを取得するクエリは、**リスト5.1**のようになるでしょう。

いずれかの条件を満たす、ユーザを取得するクエリは、**リスト5.2**のようになるでしょう。

リレーションは集合ですから、積集合や和集合に基づいた演算を利用したい場合も出てくるでしょう。そのような演算自体は、重複したデータが互いのリレーションに含まれていても問題になりません。

リスト5.1 両方のテーブルが示す条件を満たした場合にユーザを取得するクエリ

```
SELECT user_name FROM A INNER JOIN B USING(user_name)
```

リスト5.2 いずれかの条件を満たした場合にユーザを取得するクエリ

```
SELECT user_name FROM A
UNION DISTINCT
SELECT user_name FROM B
```

5.3 重複を解消することのメリット

第3章～第5章では、正規化と直交性について解説しましたが、リレーションの直交化までたどり着けば、重複との戦いはひとまず完了です。ここで改めて、重複を解消するメリットについてまとめておきます。

異常を防げる

重複を防ぐことで得られる最大のメリットは、異常を防げることです。異常とはDBに含まれる矛盾、すなわち、DB内に相反する事実を表す命題が含まれていることです。

矛盾は述語論理の天敵です。前提に矛盾が含まれていると、論理演算によって導き出される、新たな事実の正しさを保証できません。それどころか、Principle of explosionによって、どのような結論でも導き出すことができます。つまり、問い合わせ結果が正しいということが保証されないのです。正しい結果を返さないDBに何の価値があるでしょうか？ DBから正しい答えを得るには、重複の解消は避けて通れない道だと言えます。

必要なデータがどこにあるかが明確になる

重複が解消されていれば、1つのタプルが表す事実は、ほかのどのタプルにも存在しません。したがって、ある事実について知りたければ、問い合わせなければいけない対象は明確です。

もし、そうでなければ、どの事実を問い合わせたいのか、アプリケーション側で判断しなければなりません。正規化されていないリレーションには、重複した事実が含まれているため、アプリケーションは、それらの中から、どの事実が欲しいのかを決める必要があります。また、そもそも直交化されていないDBでは、どのリレーションを対象に演算を行えば良いのか（どのテーブルに問い合わせれば良いのか）すら、一意に決まらないでしょう。

必要なデータがどこにあるかが明確であることは、データを更新する際にも、どのタプルを更新すれば良いかが明確である、というメリットがあるでしょう。重複がなければ、参照、更新いずれの場合も迷うことなく、クエリを記述できるのです。

クエリの記述が宣言的になる

最低でも、すべてのテーブルが1NFになっていれば、リレーショナルモデルに基づいてクエリを記述できます。これは、クエリが述語として論理的にどのようなデータが必要なのかを定義できることを意味します。また、クエリの記述が「どのようにデータを検索するか」(How)ではなく、「どんなデータが欲しいのか」(What)を記述する作業になることです。宣言的にクエリを記述することによって、プログラミングの生産性は大きく高まります。

不要な無損失分解が必要ない

リレーションが正規化されていないことは、つまり、そのリレーションがある2つ以上のリレーションを結合(Join)した結果になっていることを意味します。もし、あるクエリにおいて、必要とするデータがそのリレーションを結合する前の1つのリレーションだけである場合、最初に必要な操作は無損失分解になるでしょう。そのあとに、ほかのリレーションとの結合など、必要な演算を行うことになります。すると、必然的にFROM句のサブクエリを用いなければならなくなるでしょう。

ここで、**図5.2**(図4.3を再掲)と**図5.3**(図3.10を再掲)を見てください。

これらのテーブルから、「Ruby on Railsの授業を受講している生徒が在籍する学科の代表番号一覧」を得るクエリを記述してみましょう。まず、student_school_classテーブル(t1)から「Ruby on Railsの授業を受講している生徒が在籍する学科の一覧」を抜き出してみましょう(**リスト5.3**)。

次に、student_schoolテーブル(t2)から、「学科ごとの代表番号一覧」を作成します(**リスト5.4**)。

そして、この2つのクエリの結果を結合すれば、「Ruby on Railsの授業を受講している生徒が在籍する学科の代表番号一覧」が得られます(**リスト5.5**)。

どうでしょうか? 無損失分解が含まれるとクエリは複雑なうえ、効率的ではないことがわかると思います。現場では、このような非効率なクエリ

図5.2 student_school_classテーブル

氏名	学科	授業
勝海舟	コンパイラ	C++プログラミング
勝海舟	コンパイラ	Javaプログラミング
坂本龍馬	コンパイラ	C++プログラミング
坂本龍馬	コンパイラ	Ruby on Rails
坂本龍馬	データベース	Ruby on Rails
坂本龍馬	データベース	リレーショナルモデル
桂小五郎	コンパイラ	Javaプログラミング
桂小五郎	コンピュータアーキテクチャ	Javaプログラミング
桂小五郎	コンピュータアーキテクチャ	オペレーティングシステム
桂小五郎	コンピュータアーキテクチャ	コンピュータアーキテクチャ原理

図5.3 student_schoolテーブル

氏名	学科	代表番号
桂小五郎	コンピュータアーキテクチャ	xx-xxxx-xxxx
勝海舟	コンパイラ	yy-yyyy-yyyy
坂本龍馬	データベース	zz-zzzz-zzzz
西郷隆盛	データベース	zz-zzzz-zzzz
高杉晋作	コンパイラ	yy-yyyy-yyyy

リスト5.3 Ruby on Railsの授業を受講している生徒が在籍する学科の一覧を抜き出す

```
SELECT DISTINCT `学科` FROM t2
WHERE `授業` = 'Ruby on Rails'
```

リスト5.4 学科ごとの代表番号一覧を作成する

```
SELECT DISTINCT `学科`, `代表番号` FROM t1
```

を出発点として、より高速に実行されるクエリへと書き換える作業が日夜行われていることでしょう。そのような書き換えは、優秀なエンジニアでなければできないことも多いです。しかし、そのような作業自体もまったくの無駄です。クエリを複雑にしている根本の問題は、個々のリレーション(テーブル)が正規化されていないことだからです。

もし、先ほどの2つのテーブルの代わりに、正規化されたテーブルがあれば、student_schoolテーブルを無損失分解して、{学科,代表番号}を含んだschoolsテーブル(t3)と、student_school_classテーブルを無損失分解して、{学科,授業}を含んだschool_classesテーブル(t4)があれば、リスト5.5は、**リスト5.6**のように記述できます。

SELECTの基本形にすっぽりと収まっており、クエリが何を表すのかを理解するのも容易です。このように、DBに含まれる個々のリレーションが正規化されていれば、サブクエリの使用機会が減り、クエリをシンプルに表現することが可能になります。

複雑な制約が必要ない

正規化および直交化が完了していない場合、更新時に異常が生じないようにするには、制約をつける必要があります。ところが、そのような制約はシンプルに記述できません。

たとえば、あるテーブルに自明ではない関数従属性が含まれている場合、

リスト5.5 リスト5.3とリスト5.4を結合する

```
SELECT `学科`, `代表番号` FROM
(SELECT DISTINCT `学科` FROM t1
WHERE `授業` = 'Ruby on Rails') ft1
INNER JOIN
(SELECT DISTINCT `学科`, `代表番号` FROM t2) ft2
USING(`学科`)
```

リスト5.6 リスト5.5を書き換えた例

```
SELECT `学科`, `代表番号`
FROM t3 INNER JOIN t4 USING(`学科`)
WHERE `授業` = 'Ruby on Rails'
```

矛盾が生じないようにするには、関数従属性が壊れないようにしなければなりません。X→Yという関数従属性があれば、同じXとYを含む行は、すべて一度に同じ値へと、更新しなければならないでしょう。たとえば、図5.2(t1)の場合、**リスト5.7**のUPDATEは矛盾を生じません。ところが、**リスト5.8**のUPDATEは関数従属性を破壊し、異常が生じてしまいます。

このような異常が起きないようにするには、制約をつけておくべきですが、SQLにそのような制約はなく、トリガーを使う必要があります。ただし、このような制約を表現するには、行ごとではなく、クエリごとに実行されるトリガーが必要になります[注5]。

直交していない2つのテーブルを更新する際、異常が生じないためには、どうすれば良いでしょうか？ たとえば、両方のテーブルにトリガーを仕掛け、「更新したデータと同じ値がもう片方のテーブルに存在する場合はそちらも更新する」という処理を行う必要があるでしょう[注6]。これなら、行単位のトリガーで何とかなりそうです。

それでは、正規化が完了しておらず、なおかつ、ほかのテーブルと直交もしていないようなケースで、異常が生じないようにするには、どうすれば良いでしょうか？ 筆者は、そんな課題に巡りあわせたら、ひとまず白旗を挙げると思います。そんなことに無駄な時間を費やすぐらいなら、重複がなくなるよう、DB設計を変更したほうが良いからです。

リスト5.7 矛盾がない例

```
UPDATE t1 SET `代表番号` = 'ww-wwww-wwww'
WHERE `学科` = 'データベース'
```

リスト5.8 異常が生じる例

```
UPDATE t1 SET `代表番号` = 'ww-wwww-wwww'
WHERE `氏名` = '坂本龍馬'
```

注5　トリガー内部では、GROUP BYを用いて集計を行う必要があるでしょう。

注6　外部キーを使えば良いと思うかもしれませんが、それぞれのテーブルに、もう1つのテーブルに存在しないデータが含まれている可能性があるため、外部キーは使えません。外部キーが使えるのは、子テーブルのキーのデータがすべて親テーブルに含まれている場合だけです。言い換えると、共通の行は存在するが、そうではない行が互いのテーブルに含まれる場合は、外部キーは使えません。

アプリケーションのコードに無駄がなくなる

重複を解消しないまま、DBを運用する場合、先ほどのような制約をつける代わりに、アプリケーション側で異常のチェックを行うことを検討することもあるでしょう。しかし、それは想像以上に大変な作業になるはずです。まず、異常をチェックするためのロジックだけでなく、異常が生じていた場合はどうするのか、についても考えなければならないからです。

また、アプリケーション側に新たなロジックを組み込むと、コードがその分増えるだけでなく、そのコードに対するテストも必要になります。DB設計上の問題をアプリケーションに持ち込んだときのコストは、想像以上に大きくなるので注意しましょう。

性能が向上する

アプリケーションにおいて、どの程度複雑な処理を必要とするかによりますが、重複を解消したほうが性能が良くなる傾向にあります。参照系では結合が増えるかもしれませんが、その分無駄な無損失分解は抑えられます。更新系では、異常が生じないことを保証する制約をつける必要もなく、アプリケーション側でも異常を確認するためのロジックを実装する必要もありません。

総合的に見た場合、しっかりと重複を解消したほうが無駄が少なくなるのです。単にデータサイズの無駄だけでなく、データの操作に対する無駄にこそ、大きな違いが出てきます。

たまに「性能を向上するために非正規化する」ということを耳にしますが、それは一般論ではありません。非正規化したほうが性能が良くなるケースがあるかもしれませんが、それは特殊なケースだと考えたほうが無難です[注7]。あくまでも、一般的には重複があることで、DBの負担は飛躍的に上昇します。

注7　非正規化したテーブルを利用するケースについては、**第12章**で扱います。

5.4 まとめ

これまで、DB設計における正規化と直交性について、解説しました。RDBでは、しっかりと重複を解消して使用しなければ、正しい答えを得られないばかりでなく、本来の性能を引き出せなくなります。

DBの重複を解消せずにRDBを使うことは、その本来の性能を引き出せていないということです。それは道具としての使い方を間違っており、まるでテニスのラケットで卓球をするようなものです。そのような状況は、とても非効率なことです。クエリの効率という観点からも、プログラミングの効率という観点からも、重複を解消しないことは、賢くない選択だと言えるでしょう。

第6章

ドメインの設計戦略

DB設計で最も難しいのはどこかと聞かれれば、筆者は迷うことなく、ドメインの設計だと答えるでしょう。確かに、正規化や直交化といったDB設計理論も慣れるまでは難しいと思いますが、特に、正規化はしっかりとした理論が打ち立てられており、その作業は正規化理論に則って機械的な操作を繰り返すだけです。

最大の難関はそこに至るまでの道のりです。アプリケーションにはどのようなリレーションが必要であり、それぞれのリレーションにはどのような属性が含まれるべきか、個々の属性のデータ型は何か、といったことは、人間が恣意(しい)的に判断しなければならない分野であり、けっして自動化することはできません。もし、そのような作業を自動化しようと試みれば、必ずやフレーム問題にぶち当たってしまうことでしょう[注1]。

本章のテーマはドメインの設計です。どんな属性が必要なのかを考えるとき、決めなければいけないことは2点です。一つは名称、もう一つはデータ型、すなわちドメインです。名前は単なるラベルですから、属性を特徴づけるのはドメインです。そのため、ドメインの設計は避けては通れない作業です。ドメインの設計は、DB設計における最初で最も大きな第一歩なのです。

6.1 ドメイン

本書では、すでに何度かドメインとは何かについて説明してきましたが、ここで改めて、ドメインについて復習しておきましょう。

注1　有限の処理能力しか持たないコンピュータでは、現実に起こりうる問題すべてに対処することはできないという問題があります。

ドメインとは

ドメインとは、リレーショナルモデルにおける**データ型**のことにほかなりません。そして、ドメインは集合として定義されます。つまり、ドメインとは、**属性が取り得る値の集合**です。**第2章**で説明した、述語論理におけるドメイン(**議論領域**)に相当するものと考えて差し支えありません。

ただし、リレーショナルモデルの場合、コンピュータが扱うデータは、有限個のものに限られますので、ドメインも必然的に有限集合になります。

ドメインの要素にどんな構造を持ったデータが割り当てられるかは、リレーショナルモデル上は制限がありません[注2]。数値でも、文字列でも、配列でも、コンピュータが表現できるものであれば、何でもかまいません。

集合の要素

どのような構造を持つデータでも構わないとは言え、集合の要素として定義できる必要があるため、明確な値を持ったものに限ります。**NULLやポインタは、集合の要素として利用することはできない**ため、ドメインの要素としても使えません。

ドメインは有限集合ですが、ドメインに含まれる可能性のある値をすべて列挙する必要はありません。その要素になる可能性のある値は無数に存在します。人間の手には負えないほどの個数の要素が存在するため、要素を数え上げようとしても実質的に不可能です。

ドメイン自身が集合だということは、対応する何らかの述語が存在する、と考えられます。そのような述語がどのような意味を持つかを想定しておけば十分でしょう。

注2　SQLには、データ型の制限があります。

6.2 ドメインの設計戦略の概要

ドメイン設計をどのように行うべきでしょうか。一見すると簡単に思えるかもしれませんが、実は、これが一筋縄ではいきません。なぜならば、設計という作業はノウハウや経験に基づくものであり、論理的に導き出される、絶対的な正解や筋道はないからです。

そのような場合、必要とされるのは論理ではなく、**戦略**や**哲学**といった類のものです。ここでは、どのようなアプローチでドメインを設計すればよいかについて説明します。

すべては恣意的な選択

繰り返しとなりますが、ドメインは属性が取り得る値の集合です。ある用途でドメインとして使うべき集合が**宇宙の摂理として、この世に初めから存在するわけではない**点に注意してください。個々の属性にどのような値が相応しいかを考えるのは、**設計者の仕事**です。

ある一つのドメインを表す方法は、1通りだけではありません。おそらく、無数に存在する可能性の中から1つを選択することになります。

なぜ、そのような設計を選択したか、数学的にはその選択肢がベストだということを証明できないでしょう。それらの選択は、設計者の主観に基づいて行われます。常識であったり、これまでの経験であったり、勢いで決めたりすることもあるでしょう。筆者は、そのような決め方が悪い、と言っているのではありません。むしろ、ドメインの設計は、そのような主観に基づいて決定する以外に方法がないのです。

最終的には、ドメインをSQL上で表現することになります。リレーショナルモデルに適合するようにSQLを使うことは、カラムの値が常に何らかの集合(ドメイン)の要素となるように、カラムを設計しなければならないことを意味します。SQLのデータ型の定義には表れない設計として、ドメインがカラムのデータ型の背後に存在することになります。

アプリケーションの要求から生まれる

属性がどのような値を取り得るかを決めるのは、アプリケーションです。アプリケーションにとって、どのようなデータが必要かを認識することが、まず最初に必要になります。

必要なデータがどのようなものか、という目標がわからなければ、ドメインの設計はできません。つまり、アプリケーションが必要とするデータを洗い出す必要があります。これは、個々のドメインの設計だけでなく、DB全体の設計にも言えることです。

必要なデータが何かを見極める作業は、DBの機能やアーキテクチャについて、いろいろ学んでできるものではありません。なぜかと言うと、それはアプリケーション側の作業だからです。

DB側の設計を行うよりも先に、アプリケーションの設計、つまり、アプリケーションでは何を行って、どのようなデータが入出力され、そのためにどのようなデータを永続化すべきかを洗い出す必要があります。

適切なDB設計に必要なこと

本書はDBについての書籍ですので、アプリケーションの設計について深くは踏み込みません。ただし、1点だけ主張しておきます。それは、**適切なDB設計は、アプリケーションに対する理解なくしてはあり得ない**ということです。

アプリケーションの要件や、実装されるロジックについて深い洞察があって初めて、それに適したDB設計ができるのです。

筆者は常々、DB設計はDBA(*DataBase Administrator*、データベース管理者)や上流工程の担当者ではなく、開発者が受け持つべき作業だと思っています。少なくとも、開発者が設計に関与できる権限や体制を持つべきでしょう。

優れたDB設計にとって、アプリケーションに対する深い理解が必要だということは、裏を返せば、アプリケーションに対する理解があいまいであったり、アプリケーションの設計が欠陥だらけだと、DB設計も悲惨なものにならざるを得ないことを指します。つまり、まずはしっかりと、アプリケーションを設計できるスキルを身につけることがDB設計を成功させる前提条件である、と言えます。

ドメイン駆動設計

どうやって優れたアプリケーションを設計するか、というテーマは、どうやって優れたDB設計をするか、と同じぐらい、深いテーマです。優れたアプリケーション設計を行うには、少なくとも、何かしらのアプリケーションの設計手法を身につけておくべきです。筆者がおすすめする設計手法は、**ドメイン駆動設計**（*Domain-Driven Design*、DDD）です。ドメインという単語が含まれていますが、リレーショナルモデルのドメインと関係はありません。単語は同じですが、意味が異なるので注意してください。

ドメイン駆動設計は、アプリケーションの本質が何なのか、ということに迫るための設計手法です。アプリケーションに、どのようなデータやロジックが必要になるのか、ということを見極めるのは、DBにどのようなリレーションや属性が必要になるのか、というテーマに直結します。ドメイン駆動設計では、何度もリファクタリングをしながら、そのようなアプリケーションの本質を、見極めることになります。

DBのリファクタリング

ドメイン駆動設計に限らず、アプリケーション開発では、何度もリファクタリングを実施します。ところが、アプリケーションのコードは、何度リファクタリングしても、DBの設計は金科玉条（きんかぎょくじょう）[注3]のように、いつまでも同じものを使い続けることがあります。

もちろん、そのような使い方が良いはずがありません。先ほども述べましたが、DB設計はアプリケーションの要求によって決まります。つまり、リファクタリングによって、アプリケーションに構造的な変化がある場合は、DB設計もそれに合わせて変える必要があります。つまり、アプリケーションだけでなく、**DBもリファクタリングが必要**なのです。DBもアプリケーションの一部だと考えれば、これは当然のことでしょう。

DBのリファクタリングについては、**第13章**で解説します。

注3　絶対的なものとして重要視するもののことです。

データの本質を見極める

数値に文字列カラムを割り当てる過ちの例

世間では何らかのIDを表す手段として、たとえば、学籍番号などの数値が用いられます。そのようなIDのドメインは、正の整数値になるはずです。

ところが、IDが数値であるにもかかわらず、現実的には文字列のカラムが割り当てられていることがあります。数値ならば、数値型のカラムとして、RDB上で表現すれば良さそうですが、不幸にも文字列を用いた設計は、ポピュラーな手法であったりします。

そのような設計に対する言い訳の代表として挙げられるのは、桁数が決まっているからというものです。たとえば、学籍番号は8桁の数値だからCHAR(8)が相応しいというわけです。

果たして、このような設計に説得力はあるでしょうか？ 残念ながら、筆者にはそうは思えません。

DBは本質的なデータを扱うようにする

よく考えてみてください。なぜ、学籍番号を桁数で縛らなければならないのでしょうか。たとえば、8桁という選択は、それが当面の間、全生徒を表すのに十分だからだと思われます。将来性を考えれば、もっと多くの桁数を準備してもかまいませんが、不要な桁は用いたくない、あるいは印字したくない、というニーズはあるかと思います。

人間にとっての利便性、つまり、**紙の上に印刷することや印刷されたものを視認しやすいかどうかといったこと**が桁数を決定する背景にあるのです。端的に言えば、**桁数とは表示上の問題**です。この場合、本質的な意味を持つデータは、あくまでも数値です。

MVC（*Model View Controller*）のように、アプリケーションを機能ごとに分けたデザインパターンが登場してから、ずいぶん経ちます。MVCのパラダイムを理解されている方であれば、本質的なデータと表示は分けて設計すべき、ということも理解していると思います。この考えに基づけば、DBに表示上の問題である桁数を持ち込むことが間違った考えであるのは、疑いようがありません。

ドメインを設計する際は、桁数などの表示上の問題や、ユーザの利便性などと、本質的なデータをきっちりと区別しましょう。DBが引き受けるのは本質的なデータだけです。ほかのことはアプリケーションに任せましょう。

属性(カラム)の名前

前章では、直交性についての観点から、属性の名称に「命名規則を統一する」「主語を含める」というノウハウを紹介しました。ただし、良い属性の名称をつけるには、それだけでは不十分です。

最も重要な点は、属性が示すデータの本質を表す名前を用いるということです。つまり、「名は体を表す」属性名でなければなりません。個々の属性の意味が正確でなければ、その属性自身についてはもちろん、属性の集合である見出し(リレーション)が示す意味について、正しく理解することは不可能でしょう。

このようなデータの本質を表す名称をつけるべきだというノウハウは、プログラミングでも同様です。クラス名や変数名、関数・メソッド名は、そのデータの意味や機能を正しく表すものでなければなりません。多くの場合、リレーション(テーブル)は、アプリケーション内で何らかのクラスと1:1の対応になっています。O/Rマッパを使っている場合は、特にそうです。

そのような場合、アプリケーションで用いられているクラス名や変数名と同じ名前を用いるようにしましょう。もし、アプリケーション側でクラス名や変数名をリファクタリングしたら、DB側も同期するようにしましょう。

6.3

IDを設計するという考え方

DBに格納されるデータで、最もポピュラーなものがIDです。RDBを上手に使いこなすには、IDとは何か、あるいは、どのように表現すべきかをよく理解しておかなければなりません。少し小難しい話になりますが、IDとは何か、その本質に迫ってみましょう。

現実世界の物体や概念を表す手段

DBに格納するIDは、現実世界の物体や概念を表すものです[注4]。そのような**物体や概念を集合で表現する**のがリレーショナルモデルの基本的な考え方です。当然ながら、1つの属性が1つの物や概念を表すことになります。**図6.1**は、現実世界に存在する物の名称を表す集合をイメージ化したものです。

図6.1は、現実世界の物と属性が1:1で対応した様子を示しています。1:1の関係は集合論の用語で**全単射**と呼ばれます。IDとは、何らかの対象を一意的に特定するためのものです。そのため、現実の物や概念とは全単射、

図6.1 現実世界の物を表す集合

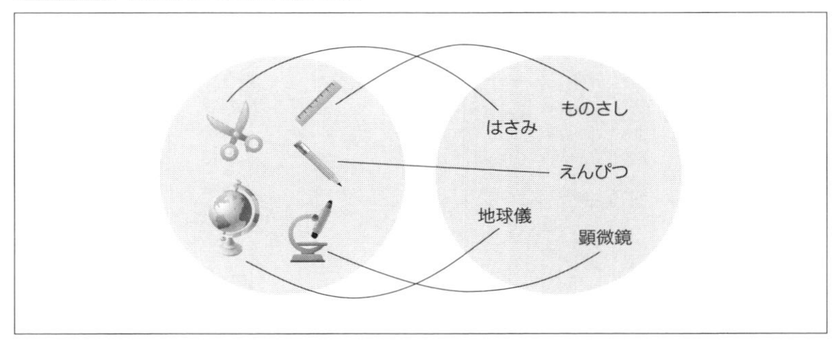

注4　ゲームなど、仮想的な世界のために使われるDBであれば、仮想的な世界の中の物体や概念を表すことになります。

つまり、ちょうど1:1で対応する関係になっていなければ、IDとしては機能しないのです。

ところで、図6.1の集合はIDとしてきちんと機能するものでしょうか？図6.1には、物の名前である「はさみ」や「えんぴつ」などが登場しています。ただ、よく考えてみてください。世の中にはたくさんの種類の「はさみ」や「えんぴつ」がありますし、同じ種類の個体も多数存在するでしょう。したがって、図6.1は現実の物を表す全単射にはなっておらず、現実世界におけるIDとして用いるのは不適切であると言えます。

しかし、見方を変えると、IDとして利用できるケースもいくつかあります。図6.1に登場するそれぞれの物は、個体としてユニークではありませんが、たとえば、「はさみ」という概念に対するラベルだと考えると、一意性を保証できるかもしれません。概念とは、はさみとはどういった道具で、どんな特徴があり、どのように使われるかなどです。そのような特徴を持つ物体の総称として、「はさみ」というラベルを使うという考え方です。

別の設計では、はさみの製品型番ごとにラベルをつけることもあるでしょう。このように、**IDを設計する場合はそれが個体に対するものか、あるいは集団に対するものか、集団であればどの粒度で集団を識別するか、といった考慮が必要**になります。

もう一つ別の見方をすると、図6.1の集合は非常に限られた世界の中だけの話なのかもしれません。たとえば、「ある机の上に存在する物」や、「ある推理ゲームに登場するアイテム」という設定がある場合です。そのような非常に限られた世界の中で、ごくわずかな物しか存在しない場合であれば、それぞれの物は一意的に識別できるでしょう。つまり、**議題領域が限定されている場合なら、世界全体では一意性を持たないようなラベルでも、IDとして機能することができる**のです。

IDが一意性を持ったラベルとして利用できるかどうかは、設計次第です。人間が一意になるような設計をすることによって、IDはIDとして機能するのです。

ナチュラルキーとサロゲートキー

RDBで何らかのIDを設計する場合、そのIDは、**ナチュラルキー(自然キー)にすべきか、サロゲートキー(代理キー)にすべきか**、という議論をしばしば見かけます。そして残念なことに、どちらか一方だけを使うべきだ、という乱暴な意見も見られます。筆者の意見は、**いずれもRDBにとっては必要なものであり、状況によって使い分けるべき**だというものです。

ナチュラルキーやサロゲートキーとは、いったいどのようなものでしょうか。それらを使い分けるには、ナチュラルキーやサロゲートキーが何であるかを理解しなければなりません。

ナチュラルキー(自然キー)とは、すでにこの世界に存在する何らかの言葉やラベルをキーとして使うというものです。一方、サロゲートキーとは、この世界には存在せず、DBあるいはそれを利用するアプリケーションの内部だけで通用するIDのことです。すでにこの世界にある=自然に存在するキー、という考えが背後にあるわけです。

どちらを使うべきか

一般的に、ナチュラルキーは好ましいけれども重複する可能性があるのが欠点だと言われています。それを説明するために、よく例として登場するのが人名です。名前は人を特定するために用いられるラベルであり、DBの外側の世界にすでに存在します。したがって、これを属性として用いればナチュラルキーになります。

小さな集落のような場所であれば、名前はその人物を特定するのに十分機能するかもしれません。ところが、集落の規模が大きくなって人数が増えれば、同じ名前の人物が出てくる確率は高くなるでしょう。名前が被っていると、名前はもはや人物を特定するためのIDとして使用する、という機能は失われます。

ここで、ナチュラルキーは重複するから役に立たない、すべてのリレーションにサロゲートキーを導入すべきだと言うのは暴論です。名前のような例は、単にIDとして機能しないものをキーとして使用すると失敗するという例に過ぎません。IDとして使用できる、つまり、**現実の世界の物や概念と1:1で対応した集合であれば、ナチュラルキーとして利用しても何の問題はありません。**そのようになっているかどうかを見極めることが重要なのです。

ところで、ナチュラルキーという言葉は**自然**という名前からすると、いかにも、この宇宙に最初から存在しているような印象を受けます。しかし、それは誤解です。自然界に最初から宇宙の摂理として存在する、ラベルなどというものは存在しません。物や概念の名称や番号などのラベルは、すべて人間が勝手につけたものです。歴史的経緯に差はあれど、すべて人工物であるということは、認識しておいたほうがよいでしょう。

そういう観点で見れば、ナチュラルキーもサロゲートキーも本質的な違いはありません。過去にほかの誰かが割り当てたIDを用いるか、自分でIDを割り当てるかというだけの違いなのです。

ナチュラルキーの使いどころと問題点

DB設計上、ナチュラルキーを用いることに何の問題もありません。問題は**用いる値がIDとして機能し得るものかどうか**、という点に尽きます。すでに誰かが運用し、何かを識別でき、そして長期に渡り値に変更がなく信頼できると考えられるものは、ナチュラルキーとして用いても問題ないでしょう。たとえば、米国の社会保障番号であったり、日本の基礎年金番号であったりするかもしれません。そのようなIDをナチュラルキーとして採用する場合、その**IDのライフサイクル**をきちんと吟味しましょう。

ただし、IDを発行した機関が少なくとも、システムのライフサイクルよりも十分に長く運用を継続してくれることが前提となります。たとえば、同じ会社の社内システムなどで、ほかのシステムで発行したIDを用いる場合は、同じ社内なのでライフサイクルが十分に長いかどうかの判断がしやすいでしょう。

そのように権威があるように見えるIDであっても実際には運用が失敗して重複が発生するケースもあります。たとえば、書籍のISBN(*International Standard Book Number*)です。残念なことに、書籍の旧版と新版に同じISBNを割り振ってしまう出版社などがあり、実は、一部の書籍ではISBNが重複しているのです。重複が生じている場合は、IDとしての機能が破綻していますので、ナチュラルキーとしてそのような値を用いるのは危険です。

また、IDは何を特定するものなのか、という視点も重要です。ポピュラーな間違いとして、e-mailアドレスを人を識別するIDとして使用するケースがあります。確かに、個々のe-mailアドレスは世界で唯一のものですので、重複はありません。

ところが、e-mailアドレスは、あくまでもe-mailアドレス自身を識別するものであり、人を特定するものではありません。言い換えると、人と1:1で(全単射で)対応していないのです。そのため、何らかのシステムのユーザIDを表現するために、e-mailアドレスをナチュラルキーとして用いるのは危険です。**その値は、何を特定するものかということを考える**必要があります。

サロゲートキーの使いどころと問題点

識別したい対象の物や概念を表すIDがいまだこの世界に存在しない、というケースは多々あります。たとえば、あるECサイトを新規開発する場合、個々のオーダーを識別するためのIDは、この世界に存在しないでしょう。なぜなら、そのようなIDはこれから開発するシステム専用のものだからです。そのような場合、新たにシステムがIDを割り振ることに、何ら問題はありません。ほかに用いることのできるIDは存在しないからです。

問題は、**すでにナチュラルキーが存在するにもかかわらず、サロゲートキーを新たに作成する**ことです。そのようなサロゲートキーはまったくの無駄です。

新たにサロゲートキーを作成しても、本来のナチュラルキーにユニークキー制約が必要になるでしょう。SQLの場合、そのテーブルを更新すると、ユニークキーを更新するためのオーバーヘッドが生じます。インデックス更新のオーバーヘッドは高くなるため、無駄なインデックスはできるだけ作成したくありません[注5]。

もし仮に、更新のオーバーヘッドを嫌って、本来のナチュラルキーからユニークキー制約を外した場合、ナチュラルキーに重複が生じる可能性があり、DBに異常が生じるでしょう。このように、**すでに適切なナチュラルキーが存在する場合、本質的にサロゲートキーは不要**なのです。

ほかのポピュラーな間違いとして、複合主キー(複数のカラムを含んだ主キー)を嫌って新たにサロゲートキーを追加する、というケースがあります。本書をこれまで読んできた方には、意味不明な動機だと感じるのではないでしょうか。

注5　インデックスがないテーブルと、そのテーブルに1つのインデックスを作成したテーブルの行を、それぞれ更新した場合、更新処理のコストは、後者がほぼ倍になります。

リレーショナルモデルでは、候補キーが複数の属性で構成されるのは、ごくごく自然なことです。**図6.2**は、ある大学の生徒、授業、履修をそれぞれ表すリレーションです。

履修を表すリレーションの候補キーは、2つの属性で構成されています。SQLであれば、{生徒ID, 授業ID}というカラムの組み合わせが主キーになるでしょう。このリレーションは、この設計で何の問題もありません。新たに履修IDのようなものを付け加える必要性はまったくないのです[注6]。

この生徒IDと授業IDはサロゲートキーです。2つのサロゲートキーから構成される主キーは、ナチュラルキーではありません。すでに適切なナチュラルキーが存在する場合であっても、本質的にサロゲートキーは不要なのです。すでに適切なサロゲートキーが用いられている場合はなおさら、新たな別のサロゲートキーを加える必要性はないでしょう。

不要なサロゲートキーを追加すると、本来のキー→サロゲートキー、あるいは、サロゲートキー→本来のキーという関数従属性が生じてしまいま

図6.2 サロゲートキーの例

生徒ID	氏名	学年
1	桂小五郎	2
2	勝海舟	3
3	坂本龍馬	1
4	西郷隆盛	4

授業ID	授業名
1	リレーショナルモデル
2	Javaプログラミング
3	Ruby on Rails
4	コンピュータアーキテクチャ
5	C++プログラミング

生徒ID	授業ID
1	1
1	2
2	1
2	3
2	5
3	1
3	4

注6　単位を取得できなかった場合は、次年以降も、同じ授業を履修することもありえます。それを考慮すると、図6.2は、今期の履修状況を表すリレーションを示しており、過去のものまでデータを含める場合は、新たに年度、学期などの属性を追加する必要があります。

す[注7]。両者は1:1で対応しているため、いずれもキーとしての機能を持っています。そのようなリレーションは、果たして無損失分解すべきでしょうか？ 不要なサロゲートキーは、DB設計を無駄に複雑化します。DBの規模が大きくなればなるほど、その弊害は大きくなるでしょう。

リレーショナルモデルにおけるキー

実は、ナチュラルキーやサロゲートキーは、リレーショナルモデルの概念ではありません。リレーショナルモデルにあるのは候補キーとスーパーキーだけであり、キーと呼ばれる機能は、単にタプルに含まれる属性の値を一意に決定できる（キーの値がわかればほかの属性の値もわかる）というものに過ぎません。

さらに、スーパーキーのうち既約のものが候補キーというだけのことです。そのためキーがナチュラルキーだろうが、サロゲートキーだろうが、同様にリレーショナルモデルに基づいた設計理論を適用することが可能です。ナチュラルキーとサロゲートキーは、ドメイン設計にとってのテーマであり、リレーショナルモデルそのもののテーマではありません。混同しないように注意しましょう。

意味を含んだID

IDのパーツに意味を持たせるという設計をよく見かけます。たとえば、製品コードに製品のカテゴリや色などの特徴を盛り込み、複数の値をハイフンでつなぎ合わせたものなどです。そのようなIDは、現実の物と1:1で対応していれば、IDとしての機能を持っています。ところが、DB上で単一の属性として取り扱うのは問題があります。

特に問題になるのは、そのようなIDの一部に依存した処理が生じてしまうことです。たとえば、ある電気製品のメーカーが青いサイクロン式の掃除機に対し、「CLN-CYC-0123-BL」という製品コードを割り当てたとしま

注7　ここで、ナチュラルキーという単語を用いる代わりに、本来のキーと表現したのは、候補キーが複数のサロゲートキーから構成されるケースを想定しているからです。

す。そのような場合、製品目録のテーブルから青い掃除機を抽出するには、**リスト6.1**のようなクエリを書きます。

このようなクエリになるのは、このIDが1NFの要件を満たしていないためです。属性の値を複数のパーツに分割できる設計は1NFとは言えません。

このように、その一部に意味を含むIDは、1NFの要件を満たせないため、キーとして用いるのは不適切です。そもそも、単一の属性として用いることすら問題です。そのIDがパーツに分解できるなら、個々のパーツを個々の属性として定義すべきでしょう。

DB側にはパーツごとにバラバラにして値を格納し、製品コードとして表示する場合は、値をつなぎ合わせてコード化するとよいでしょう。アプリケーションでは、DB上の表現と表示上の表現を相互に変換するロジックを持つべきです。それにより、本質的なデータと表示上の問題を分けることができます。

ところで、製品コードの例のように、複数のパーツでキーが成立している場合、改めてサロゲートキーを導入するのは、悪い選択肢ではありません。なぜならば、製品コードは製品の種類を特定するIDであるにもかかわらず、製品コードを各パーツごとに別のカラムに格納した場合は、製品と1:1で対応するIDとなる属性が、そのリレーションには存在しないからです。

たとえば、「CLN-CYC-0123-BL」という製品コードには番号が含まれています。製品カテゴリ内ではユニークな値かもしれませんが、すべての製品の中から、個々の製品を識別する際には役に立ちません。つまり、このようなケースでは、元々のIDの設計が悪いために、真のIDとなり得る属性が不在なのです。このような状況を避けるためにもIDの一部に意味を持たせる設計は避けるべきです。

リスト6.1 製品目録のテーブルから青い掃除機を抽出する

```
SELECT * FROM product_list WHERE product_id LIKE 'CLN%' AND product_id LIKE
'%BL'
```

Column

紙の呪縛

日本のITシステムでは、紙に印刷することを意識したIDの設計が散見されます。「帳票に印刷したときに見やすい」、「ITシステムが止まっても、紙を使って、業務を遂行できる」ことを理由に、人間が視認しやすいIDが用いられています。これははっきり言って、由々しき事態です。

ITを導入する理由として、紙を使った業務プロセスからの脱却というものがありますが、人間が理解しやすいID、帳票に印刷しやすいID、などに囚われていると、せっかくのITシステムが台なしです。紙の文化から脱却するどころか、紙の文化がITシステムを侵食し、DB設計まで歪めてしまいます。このようなことでは、日本のITに明るい未来はありません！ せっかく、ITシステムを導入したところで、わざわざ紙も併用するようであれば、それは大いなる無駄というものです。

より良いDB設計で、リレーショナルモデルを実践したいのであれば、一刻も早く、**紙にとらわれたITシステム**は捨て去ってしまいましょう。

IDの欠陥は波及する

もし、適切ではないIDを選択した場合、その問題の影響範囲は、そのIDをキーとして持つリレーションだけにとどまりません。図6.2では、生徒ID、授業IDという、2つのサロゲートキーが導入されていますが、そのサロゲートキーが履修を表すリレーションでも用いられています。

このように、あるリレーションのキーが別のリレーションにも登場するのは、ごく自然なことです。図6.2はきわめてシンプルな例ですが、より複雑なケースでは、あるリレーションのキーが別の多数のリレーションに含まれることもあります。そのため、不適切なIDを選択した場合、ありとあらゆるリレーションに影響を及ぼしてしまうことになるでしょう。

色、長さ、重さなどの性質を表す属性

現実世界の個体についてのIDを表す属性と、色や長さ、重さなどの性質

を表す属性の違いは何でしょうか。黒という色を例に挙げて考えてみましょう。

黒いという性質は、人間が恣意的に判断したものです。この世界には、黒い物体が多数存在します。その「黒い」という性質を表すために、Black(c)という述語を用いてはどうでしょうか。この場合、変数cが黒い物体ならBlack(c)は真、そうでなければ偽となります。述語は、集合と1:1で対応しますので、Black(c)という述語は、黒い物体の総体をなす集合に対応すると言えます。

それでは、色という属性を含んだリレーションは、どのような意味になるのでしょうか。たとえば、{製品ID,製品カテゴリ,製品カラー}という属性を持つリレーションで考えてみましょう。このリレーションに対応する述語をP(x,y,z)とします。zが製品カラー属性だとすると、黒い製品を表す場合、zにはBlack(c)という述語が代入されるはずです。すると、P(x,y,z)は、述語に対する述語になりますが、そのような述語を扱えるのは、二階述語論理だけです。リレーショナルモデルは、一階述語論理に基づくデータモデルですので、二階述語論理は扱えません。

リレーショナルモデルに適合するには、集合にラベルをつけたのだ、と考えてみます。たとえば、色の場合は、それぞれの色を表す集合に色の名前をつけるといった具合です。そのようにすることによって、色の名前の集合があると仮定できます。

Black(c)という述語の代わりに、黒という色の名称、つまり、ラベルであれば、属性の値として扱ううえで問題になりません。これは、明らかに恣意的な発想の転換です。物や概念をどのように表現するかは解釈次第です。リレーショナルモデルに適合するには、一階述語論理に適合する解釈が必要になります。

色だけでなく、たとえば、長さであれば「10cmの長さを持つものの集合に対するラベル」を考えれば、長さを表すラベルの集合がある、という解釈が可能となります。重さの場合も同様です。個々のラベルに重複がなければ、それは性質という概念を識別する機能を持つIDとして使用できます。

このように性質を表すものであっても、ドメインはIDの集合であると考えることができます。このように集合を定義することがドメイン設計の本質なのです。

6.4 SQLによるドメインの表現

それぞれのドメインがどういうものかという特定ができれば、その次の段階として、実際にRDBで表現することになります。つまり、SQLで表現する、あるいは具現化する段階に入ります。ここでは、ドメインをSQLで表現する際のノウハウについて解説します。

適切なデータ型を選ぶ

まず重要なのが、適切なSQLのデータ型を選択するということです。ドメインそのものとSQLの各種データ型は、必ずしも1:1で対応しませんが、少なくともドメインの持つであろう値をすべてカバーできるデータ型を選択しなければなりません。集合論的に言えば、ドメインからSQLのデータ型への写像が全射でなければならない、ということです。数値であれば十分な桁数があるか、文字列であれば十分な長さを持っているか、などを考慮する必要があります。

よくある間違いとして、数値型のIDを文字列型のカラムで定義しているテーブルを見かけます。そのようなカラム設計では、問題点が多数あります。たとえば、無駄にデータサイズが大きくなる、数値以外の文字も格納できる、数値としての演算ができない、などの理由が挙げられます。このようなケースでは、最もよくそのドメインの特徴を表すデータ型を用いることが重要です。

述語を制約で表現する

カラムがドメインの特徴をよく表現するためには、ドメインと、そのカラムのデータ型が1:1の関係、つまり、全単射になっていることが望ましいです。全射だけでは、そのカラムにドメインに含まれない値も格納できるためです。ドメインとカラムの対応を単射に近づける方法としては、

CHECK制約が挙げられます。

ドメインの述語の意味を数式などで表現できる場合は、CHECK制約を用いて、そのカラムに格納できるデータを制限します。それによって、ドメインに含まれない値をある程度除外できるでしょう。たとえば、数値を要素に持つドメインがあり、その数値の範囲がわかっている場合は、そのドメインを十分に格納できるSQLの数値型を選択することで全射とし、CHECK制約でドメインの述語を表現することで単射にできます。また、文字列であればCHECK制約で正規表現を使用する、という手法も考えられます。

ドメインとカラムが全単射になるのが理想ですが、すべてのカラムにそのような制約をつけるのは現実的ではありません。制約をつける手間もかかり、制約が増えればオーバーヘッドも大きくなります。あまりやり過ぎるのも現実的とは言えないので注意しましょう。

ドメインをテーブルとして表現する

ドメインに含まれるであろう値の種類(カーディナリティ)が少なく、かつCHECK制約で表現するのが難しい場合、つまり、ドメインが列挙型のようになっている場合は、ほかのテーブルにあらかじめ、ドメインに含まれるすべての値を格納しておく、という手法があります。一般的に、このようなテーブルをマスタテーブルと呼びます。ドメインは集合ですので、述語として定義するのではなく、マスタテーブル内に実データを列挙する形で定義してもかまいません。

DB製品によっては、データ型として、ENUM型(列挙型)をサポートしているものがあります。マスタテーブルよりデータサイズがコンパクトになり、オーバーヘッドも少ないので、もし、適合する場面があれば、マスタテーブルの代わりに使ってみてはいかがでしょうか。

6.5 まとめ

ドメインの設計は、現実世界とリレーショナルモデルの世界をつなぐ架け橋となる作業です。現実世界を表現する方法は無数にあり、絶対的な正解もありません。すべては設計者による恣意的な選択で進められる作業です。設計とは、無数の可能性の中から恣意的に選択していく作業と言っても過言ではありません。ドメインの設計は、DB設計の中でも最も難しいパートであると言えるでしょう。

設計が恣意的な選択であるからと言って、ただ闇雲な設計を行って良いわけではありません。どのような設計が望ましいか、それをよく理解したうえで、より良い選択を行う必要があります。

そのために重要なのは、データの本質を理解するということです。データが何を意味するかを理解し、本質的なデータだけをDBに格納するようにしなければなりません。特に、データに表示上の問題が入り込んでしまっていないかどうかを注意深く見極めるべきです。また、どのようなデータが必要になるかを洗い出すために、アプリケーション側の設計についても、よく理解しておくべきでしょう。

ドメインを適切に設計するためには、リレーショナルモデルについての理解も不可欠です。リレーショナルモデルをよく理解していれば、IDに意味を持たせたり、無理にナチュラルキーにこだわったり、無闇にサロゲートキーを追加する、といった設計はしなくなるはずです。

第7章

NULLとの戦い

本書では、これまでリレーショナルモデルとはどういうものか、SQLとどのような違いがあるか、そして、リレーショナルモデル上でどのようにDB設計を行うべきか、などについて説明しました。リレーショナルモデルが豊富な表現力を持っており、乖離(かいり)はあるものの、SQLで表現する方法についても理解できたかと思います。

強固なデータモデルであるリレーショナルモデルですが、SQLにはそれをいとも簡単にぶち壊してしまうものが存在します。それがNULLです。

本章では、NULLとは何か、どれだけリレーショナルモデルにとって危険なものであるか、そして、どのように対策すればよいか、ということについて説明します。

7.1 NULL

RDBではNULLを避けるべき、とよく言われます。その理由としてまず最初に挙げられるのは、「リレーションにNULLという概念は存在しない」というものです。NULLはリレーショナルモデルに存在せず、SQLのテーブルにだけ存在します。NULLが含まれているテーブルは、1NFの要件を満たしません。なぜ、NULLは避けるべきなのでしょうか。NULLを使ってはいけない理由をこれから順に見ていきましょう。

NULLとは

NULLとはいかなるものなのか、それを理解するには、まずNULLの意味を知る必要があります。NULLは、カラムの値がわからないときに使うマーカー(しるし)で、**値が存在しない**、または**値が不明**ということを示します。

たまに「NULL値」と言う表現を見かけますが、そのような言葉の用法は誤りです。なぜなら、NULLとなっているカラムの値は、実際には存在しないことになっており、NULLは値ですらないからです。あくまでもマーカーです。よって、NULL値という表現は誤解を招いてしまうため不適切です。単にNULLと表現するのがよいでしょう。

「値が存在しない」となると、空集合を思い浮かべる人がいるかもしれませんが、NULLは空集合とも異なります。空集合は要素が0個の集合です。空集合は「存在しない集合」ではなく、「要素が0個の実在する集合」だと見なされます。値が存在しないことを示すNULLとは異なる概念ですので、注意してください。

また、SQLのNULLは、C言語などのNULLポインタとも異なります。ちなみに、リレーショナルモデルには、ポインタという概念はありません。属性に格納できるのは、実体を伴った値だけです。C言語のポインタは、`ptr == NULL`などと、`==`演算子で比較することが可能です。一方、SQLでは、NULLかどうかの判定を`IS NULL`あるいは`IS NOT NULL`で行います。**NULLは値ではないから、値と同じように比較することはできない**のです。

3値論理(3VL)

NULLの弊害は、NULLになる可能性があるカラムに対して、演算する場合に顕在化します。クエリでテーブルから行をフェッチする際、カラムの値を比較したり、演算によって加工することは多いと思います。

NULLは、そのような比較や演算において、大きな問題を引き起こすのです。カラムの値がNULLだということは、値がわからないということです。わからない値に対する比較や演算の結果は、どのようなものでしょうか。

NULLは演算を台無しにする

たとえば、次のような式があるとします。

```
NULL + 1
```

計算結果は何になるでしょうか？ 知っている人にとってはあまりにも初歩的な質問ですが、答えはNULLです。NULL(不明な値)に何を足しても、答えはNULL(不明)です。数値演算だけでなく、文字列の操作でも同様です。たとえば、**リスト7.1**の結果もNULLになります。

さらに、比較でもNULLの扱いは厄介です。たとえば、次の比較の結果は、何になるでしょうか？

```
NULL > 100
```

答えはTRUEでもFALSEでもなく、NULL（Unknown）です。未知の値をどれだけ比較しても結果はわかりません。**リスト7.2**のように、一見するとTRUEになりそうな式も、NULLが含まれているために、結果はNULLになります。

'ABC'に何を連結しても、その文字列は'ABC'で始まるので、人間が見ると、「この式が真である」と推理するかもしれません。しかし、それは人間が演算の結果を予測できるからそういった推理が可能なだけであり、式の評価を順に行うだけのSQLでは、そのような推理は行われません。

SQLではまず最初に、CONCAT('ABC', NULL)が評価された結果がNULLとなるため、最終的に評価される式はNULL LIKE 'ABC%'となり、その結果はNULLとなります。

検索結果が意図しないものになる可能性

次にテーブルにNULLが含まれる場合、SELECTにどのような影響が出るのか、について考えてみましょう。カラムがNULLになることを意識せずに特別な措置をしていない場合、WHERE句でもNULLとの比較が行われます。SELECTが行を返すのは、WHERE句の条件がTRUEになったときだけです。

NULLの場合は、条件にヒットしていないと判定され、行はフェッチされません。たとえば、**リスト7.3**では、ageにNULLが含まれる場合にどの

リスト7.1 NULLになる例（その1）

```
CONCAT('ABC', NULL)
```

リスト7.2 NULLになる例（その2）

```
CONCAT('ABC', NULL) LIKE 'ABC%'
```

リスト7.3 値にNULLが含まれる場合

```
SELECT * FROM users WHERE age <> 20
```

ようなことが起きるでしょうか？

このクエリは、「年齢が20歳ではないすべてのユーザ」という意味で書かれたものかもしれません。しかし、この条件では、年齢がNULLとなっている人は、すべて該当しません。実際の意味としては、「年齢が判明していて、なおかつ、年齢が20歳ではない人」にならないといけないはずです。

もし、「年齢が20歳だと判明している人以外のすべての人」という条件で問い合わせる場合は、**リスト7.4**のようにクエリを記述しなければなりません。

NULLによる第3の論理値

このように、カラムにNULLが含まれる（もしくはNULLになる可能性がある）とNULLの場合にどう対処するか、というロジックが必要になります。そのようなロジックが必要なことによって、式の意味が「否定」になる場合に見落としがちになります。

NULLを特別扱いしなければいけない理由は、NULLがTRUEでもFALSEでもない、第三の存在だからです。SELECTが結果を返すのは、WHERE句の条件がTRUEになったときだけです。FALSEまたはNULLの場合は、条件を満たさない、という判定になります。

繰り返しになりますが、NULLは値が存在しないことを示すマーカーです。その値は「Unknown」（未知の値）であると言えます。Unknownが含まれる式を評価する場合は結果もUnknownになってしまいます。つまり、NULLが含まれる式は、NULLになってしまうのです。NULLがあるおかげで、あたかも、論理値が3つ存在するかのように見えるのです。

このように、TRUE、FALSE、Unknownという3つの論理値によって判定を行う論理システムを3値論理（以下3VL）と言います[注1]。

想像以上に厄介な3VL

NULLの最大の問題は、3VLを扱わなければいけなくなることです。言

リスト7.4 リスト7.3を正しく書き換えた例

```
SELECT * FROM user WHERE age <> 20 OR age IS NULL
```

注1　英語では、Three Valued Logicまたは3VLと呼びます。

わずもがな、3VLは通常のTRUEまたはFALSEだけで判定する、2値論理(以下2VL)よりも複雑です。C言語やJavaのような、手続き型プログラミング言語に慣れ親しんだプログラマの方にとって、3VLは、想像以上に厄介です。

3VLは数値演算や文字列操作だけでなく、ANDやORなどの論理演算にも適用されます。ある評価式において、その要素に1つでもNULLになるカラムが存在すると、式全体が3VLになります。**表7.1**は、3VLにおける論理演算についてまとめたものです[注2]。

このように、複雑な論理体系が適用されるクエリが意図した結果を生成してくれるかどうかを判断するのは、骨の折れる作業だと思いませんか？評価式が3VLになるか2VLになるかで、SQLの開発効率は大きく変わってきます。

3値論理の限界

3VLは、2VLよりも複雑だとはいえ、論理学的に何か誤りがあるわけではありません。それでも、SQLにおいて3VLを使うことに問題があるのは、3VLが現実を適切に表現できないからです。リレーショナルモデルは、現実の世界を適切に表現するためのモデルです。3VLを導入することで、モデルの意義が失われては元の木阿弥です。

表7.1　3VLにおける論理演算

A	B	A AND B	A OR B	NOT A	NOT B	NOT (A AND B)	(NOT A) OR (NOT B)
T	T	T	T	F	F	F	F
T	F	F	T	F	T	T	T
T	U	U	T	F	U	U	U
F	T	F	T	T	F	T	T
F	F	F	F	T	T	T	T
F	U	F	U	T	U	T	T
U	T	U	T	U	F	U	U
U	F	F	U	U	T	T	T
U	U	U	U	U	U	U	U

※T＝TRUE、F＝FALSE、U＝Unknown

注2　右の2つはド・モルガンです。3VLでも成立します。

Unknownと曖昧さ

ところで、Unknownとはいったい何でしょうか？ 日常生活で私たちが未知の事柄について考えるとき、それをUnknownというラベルを付けて推論することはあるでしょうか？ 多くの場合、未知の事柄があっても、そのほかの情報から推論を行っているはずです。

たとえば、目の前にいる人の年齢がわからない場合、具体的な年齢はわからなくても、その人の風貌などから「30歳前後だろうか？」といった予想を立てるかと思います。目の前の人でなくとも、日本人という情報があれば、人口分布図から年齢が何歳なのかを示す、確率分布が得られるでしょう。しかし、Unknownは、そのような情報を一切切り捨てて、「Unknown」という、ラベルの中に押し込めてしまったものです。

そのように、情報が不自然に丸められた、Unknownという値を用いたクエリは果たして、どのような結果を生み出すでしょうか？ 演算を重ねれば重ねるほど、切り捨てられた情報による誤差は大きくなるはずです。3VLが論理的に正しくても値が正確ではないのであれば、クエリの結果に何の意味があるでしょうか。

Column

量子コンピュータとNULL

ここで少し空想の話をしましょう。

みなさんは、量子コンピュータがどういうものか、ご存じでしょうか。

通常のコンピュータでは、データを0か1の値を取るビットを単位として表現します。

量子コンピュータでは、0か1のどちらかの値ではなく、0と1の状態の量子力学的重ね合わせ状態を取ることが可能です。そのような性質を持つビットを**量子ビット**と言います。量子ビットを用い、0の可能性も1の可能性も残したまま、演算を行うわけです。このような量子ビットを用いれば、現在のコンピュータでは解決できないさまざまな問題が解決できるようになる、と言われていますが、今のところ、量子コンピュータは開発途上であり、実用までには、まだ程遠い状況であると言えます。

ここからが空想です。NULLとは、未知の値を示すマーカーです。ただ、値が未知なだけで、実際には、その属性のドメインの要素のうち、いずれかの値になるのでしょう。もし、量子コンピュータが実用化されれば、量子ビットならぬ量子カラムを用いることで、NULLをドメインに含まれる要素の量子力学的重ね合わせ状態として、表現できるかもしれません。

量子カラムの重ね合わせ状態が収束すれば、具体的な値が求められるでしょう。もし、そんなことができるとすれば、とてもクールですね！！量子コンピュータがあれば、NULLなんて怖くありません！

しかし、量子コンピュータはまだこの世に存在しませんし、もし、量子コンピュータが登場しても、そのような量子カラムの値を収束させるアルゴリズムの開発に成功する保証はありません。NULLを放置することは諦め、NULLを含まないDB設計を心がけましょう。

NULLは閉世界仮説に反する

NULLを用いてはいけない最大の理由は、それがリレーショナルモデルを根底から覆す存在だからです。リレーショナルモデルは、閉世界仮説という、仮説の上で成り立っています。この仮説があるおかげで、判明している事実は、ちょうどリレーションに含まれるものだけであり、リレーション同士を組み合わせて演算した結果のリレーションにも、事実がちょうどすべて過不足なく含まれることになります。すると、すべての問いがリレーションの演算だけで解決するというわけです。

ところが、NULLはこの前提を覆します。NULLは、現時点では不明な値です。2つのテーブルを結合するとき、3VLの定義に従って機械的に演算を処理すれば、キーがNULLである場合は、その行は結果に含まれないでしょう。

しかし、それは意味的に正確ではありません。NULLは、現時点では判明していない事実ですが、もしかすると、結合すればある行にマッチするかもしれないし、やはり実際にマッチしないかもしれません。そのような可能性があるにもかかわらず、NULLを使った演算の結果は、NULLに丸められてしまいます。

NULLが含まれていると、閉世界仮説、つまりすべての問いがリレーションの演算だけで解決する、という前提が崩れてしまうのです。これは、リレーショナルモデルにとって大事件であることは言うまでもありません。

そもそも、リレーショナルモデルの元になっている述語論理は、2VLです。命題が持つ値は、真と偽の2つしかあってはならないのです。3VLを持ち込むと、述語論理や集合論のさまざまな法則も適用できなくなります。NULLは、リレーショナルモデルを根本から破壊する劇薬なのです。

オプティマイザへの弊害

NULLの存在が悪影響を持つのは、データモデルという論理的な側面だけではありません。クエリの実行計画、つまり、オプティマイザ[注3]の実装にも大きな悪影響があります。

オプティマイザの最大の役割は、クエリの実行が最適なパフォーマンスになるように書き換えることです。オプティマイザによる内部的なクエリの書き換えは当然ながら、クエリの結果が等価になると、数学的に証明できる組み合わせの中から選択しなければなりません。クエリのパフォーマンスが改善しても結果が異なれば意味がないのです。

ところが、NULLが存在した場合、等価になると、数学的に証明できる組み合わせは激減します。その結果、オプティマイザは大した仕事もできず、結局、人間が頑張ってクエリのチューニングを行う必要に迫られます。これでは、せっかくのリレーショナルモデルの利点が台無しになります。

NULLがオプティマイザの判断を鈍らせるのは、クエリの書き換えだけではありません。クエリのコスト見積りにも影響があります。NULLになっているインデックスエントリは、インデックス上ではそのインデックスの先頭、あるいは最後尾にまとめて配置されます。

IS NULLを解決するには、そのようなインデックスの先頭部分、あるいは最後尾部分をスキャンする必要が生じます。いくらNULLではない値がまばらに分散しても(カーディナリティが高くても)、インデックス上のカラムがNULLになっている行は、すべて同列に(物理的な実装上は同じ値である、と判定されるものとして)扱われます。そのような行が増えれば増えるほど、IS NULLのためのスキャンに時間がかかります。

このようなテーブルに含まれるNULLの多少によるクエリの実行コスト

注3　問い合わせに応えられる実行計画の中から最適なものを選択する機能です。

の変化は、オプティマイザのコスト見積りにも混乱を引き起こします。

オプティマイザによるコスト見積りは完璧ではありません。完璧にコストを計算していては、いくら時間があっても足りないからです。そのため、通常はヒューリスティックな判定により、最適なコストを持つ実行計画を採用しています。しかし、NULLが存在すると、コストの見積りはより複雑なものになってしまうのです。

このように、NULLによってオプティマイザが最適な実行計画を選択する機会が失われてしまう、という問題があります。

7.2 NULL対策

RDBにとって劇薬となるNULLですが、私たちはどのようにその問題を回避すればよいのでしょうか。単にすべてのカラムをNOT NULLとして定義すれば十分でしょうか？ また、果たしてそんなことが可能なのでしょうか？これから、NULLについての対策を詳しく見ていきましょう。

テーブルを正規化する

NULLを排除するための最も正統派な対策は、テーブルを適切に正規化することです。テーブルが1NFの要件を満たすには、NULLが含まれてはいけません。これは卵が先か、ニワトリが先か、という議論になりますが、**第3章**で解説したように、NULLが生じる最大の要因である繰り返しグループをまずは排除すべきでしょう。**第3章**をよく見なおして、繰り返しグループを排除する方法をマスタしてください。また、繰り返しグループを排除した結果、候補キーの構造が変化する、という点にも注意してください。

アプリケーションは処理内容に応じて、必要なときに必要なテーブルへデータを格納します。カラムの値がNULLになるのは、アプリケーションがまだそのデータを必要としていないからかもしれません。また、異なる機能が要求するデータを同じテーブルに格納しており、機能ごとに、別々のデータが必要なのかもしれません。

図7.1は、ある学校における生徒の学年と所属するクラブを表したものです。

その学校に学生として所属する以上、すべての学生はいずれかの学年に所属しているはずですが、クラブへの加入は任意かもしれません。そのような場合、学年とクラブを別々のテーブルに格納してしまえば、クラブがNULLになるのを防ぐことができます。学年とクラブという情報は極端な例ですが、おそらく、その情報を必要とするアプリケーションの機能は、まったく異なるでしょう。

誤ったNULL対策

よくある過ちとして知られるのが、カラムをNOT NULLとして定義する代わりに、デフォルト値にNULLと同じような意味を持たせることです。たとえば、**リスト7.5**のような定義のカラムで考えてみましょう。

図7.1 テーブルを分割する

氏名	学年	クラブ
坂本龍馬	1	剣道部
桂小五郎	2	柔道部
西郷隆盛	4	NULL
勝海舟	3	NULL
高杉晋作	3	柔道部

氏名	学年
坂本龍馬	1
桂小五郎	2
西郷隆盛	4
勝海舟	3
高杉晋作	3

氏名	クラブ
坂本龍馬	剣道部
桂小五郎	柔道部
高杉晋作	柔道部

ここでは、年齢がわからない場合は、便宜的に-1を使うことを想定しています。なぜなら、年齢が負の値になることはないからです。一見すると、問題がない前提に思うかもしれませんが、もちろん落とし穴が存在します。

リスト7.6では、年齢が20ではない人の情報を抽出していますが、この場合は-1が数値ですので、NULLのような特別扱いは必要ありません。

-1というデフォルト値を用いることで、式の意味が「否定」の場合は、うまくロジックを扱えるようです。しかし、「未成年」を抽出するために**リスト7.7**のようなクエリを書いた場合は、どうなるでしょうか？

すでにおわかりだと思いますが、リスト7.7では、`age = -1`という値を持つ行も抽出されます。ここでは、-1を年齢がわからない場合のマーカーとして代用しています。ただ、それはリレーショナルモデルの演算規則ではなく、ユーザが独自に決めたルールです。そのため、ルールを見落としてしまうと、ユーザの意図に反してまったく関係のない意味の問い合わせでもヒットしてしまう、という問題が生じます。

また、「年齢が不明である」という行を抽出するには、`age = -1`という条件で問い合わせを行いますが、-1という特別な値を導入することは、IS NULLを用いてカラムがNULLかどうかを判定することと、本質的にどのような違いがあるでしょうか？

このように、上記のような前提条件では、整数の比較において-1という特別な値がヒットしないように注意を払う必要があるため、事態はNULLを使った場合と同等か、さらに悪化することになります。また、-1が特別な意味を持つことは、便宜的に決めたローカルルールですので、テーブル定義には現れません。

リスト7.5 デフォルト値にNULLの意味を持たせた例

```
CREATE TABLE table_name(...
    age INT NOT NULL DEFAULT -1
...);
```

リスト7.6 デフォルト値による影響がない例

```
SELECT * FROM t WHERE age <> 20
```

リスト7.7 デフォルト値による影響がある例

```
SELECT * FROM t WHERE age < 20
```

そのようなローカルルールを採用する場合は、ドキュメントなどを通じて、ユーザに周知する必要があります。それでは、開発・運用の負担が増大するうえ、間違いの元にもなりがちです。これはまさに、**技術的負債**です。

NULLを避けるために、便宜上NULLではないが、NULLと同じ意味を持つ、デフォルト値を用いるのは、テーブル設計の質を向上させるどころか、さらに、状況を悪化させるだけだ、ということを覚えておいてください。

COALESCE関数

正規化をすることで、すべてのカラムをNOT NULLとすることは重要ですが、厄介なことに、それだけではNULLの発生を完全に抑えることはできません。実は、SQLに含まれる式を評価した結果、NULLになってしまうことがあるからです。たとえば、次のような場合です。

- **行数0の行に対して、SUMやAVGなどの集計関数を実行した場合(ただしCOUNTは除く)**
- **スカラまたは行サブクエリを実行した結果、該当する行がなかった場合**
- **OUTER JOIN 実行時に、マッチする行がなかった場合**
- **CASE式において、ELSEを省略しているときに、どの条件にも該当しなかった場合**
- **NULLIF式を評価した結果NULLになった場合**

SQLにおいて正しい結果を得るには、これらのケースで生じるNULLについても、適切に処置するようなロジックを考える必要があります。一見しただけでは、NULLになるのかがわからないのが厄介です。

NULLを撲滅するには、SQLのどのような操作によって、NULLが発生する可能性があるかを、事前にかつすべて知っておかなければなりません。少なくとも、上記に挙げたケースの場合は、すべて把握しておきましょう。

NULLになる可能性のある個所の特定ができれば、その後の対策として使えるのがCOALESCE関数です。COALESCE関数は引数のうち、一番初めに現れたNULLでないものを返します。たとえば、**リスト7.8**のように使用します。

COALESCE関数は、式を評価した結果がNULLになる場合のデフォルト値を設定する際に便利です。このようなCOALESCE関数の使い方は、**ダイナミックデフォルト**と呼ばれます。どのようなデフォルト値が最適なのかは、式の意味次第です。アプリケーションのロジックに従って、判断する必要があるでしょう。上記の例では、SUMですので、デフォルト値は0としています。SUM関数は、テーブルが空の場合や、すべての行がNULLの場合は、NULLとなります。

一方、NULLが含まれるカラムに対し、COALESCE関数でデフォルト値を定義する、という使い方はおすすめできません。単に、カラムのデフォルト値(NULLだった場合に代用される値)を定義するだけであれば、先ほど「誤ったNULL対策」として紹介したケースと、同じ問題を抱えることになるからです。COALESCE関数は、SQLの仕様上、どうしてもNULLになる可能性が生じる集計関数や、スカラサブクエリのデフォルト値として利用する場合に、価値があります。

COALESCE関数と同じような機能を持つ、IFNULL関数をサポートする製品もありますが、こちらは、SQL標準ではないため、移植性を考えると、COALESCE関数を使用するのがおすすめです。

また、LEFT(RIGHT) JOINで、「マッチしない行を探す」というような用途では、依然としてIS NULLを使った評価が必要になります。COALESCE関数だけで解決できない場合があることを覚えておいてください。

NULLを排除できるCOALESCE関数とは反対に、意図的にNULLを作り出す、NULLIFという関数がありますが、これは絶対に使用しないようにしましょう。リレーショナルモデルにおいて、わざわざNULLを作り出す根拠や必要性は皆無だからです。

空文字列の扱い

ソフトウェアの中には、空文字列(長さが0の文字列)とNULLが同じ意味である、と見なすものが存在します。もちろん、両者は論理的に異なる概念です。空集合が「存在しない集合」ではなく、「要素が0個の実在する集合」

リスト7.8 COALESCE関数の利用例

```
SELECT continent, COALESCE(SUM(population), 0)
FROM countries GROUP BY continent
```

であるのと同様、空文字列は長さが0であるだけで、実在する文字列であると考えられます。空文字列とNULLは、本来明確に区別するべきものです。

空文字列とNULLが同じ意味であると判定する場合は、どのように対処すればよいのでしょうか。残念ながら、筆者はその答えを持ちあわせていません。打つ手なしです。ただし、アプリケーションが空文字列を必要としない設計であれば、実質的に問題にならないでしょう。

アプリケーション側が空文字列をDBに格納したい場合はどうでしょうか。アプリケーションがこれから挿入しようとしている文字列の値が空文字列であると検知した場合、1つの空白に置き換える、という回避策について考えてみましょう。これであれば確かにカラムがNULLになるのは防げますが、空文字列自体を表現できませんし、そもそも空文字列と1文字の空白は異なる値です。

CONCATなどで文字列を結合すると、余分な文字が増えてしまいます。このようないい加減な回避策でかまわないのであれば、一応の対策は可能ですが、厳密な値が必要な場合は、どうするべきでしょうか(誰か知っていたら教えてください)。

NULLを使っても良いケース

NULLは、リレーショナルモデルにとって危険な存在ですが、実はDBからNULLを完全に撲滅することは不可能ですし、そうすべきでもありません。それはなぜでしょうか？

幸か不幸か、SQLは、リレーショナルモデルをベースにしつつ、リレーショナルモデル以外のデータも扱える表現力があります。現実の世界をリレーショナルモデルだけで表現するのは不可能ですから、SQLのそのような性質がSQLをあらゆる状況に対応できる言語にしています。

NULLは、リレーショナルモデルを根底から覆してしまいますが、あくまでも、リレーショナルモデルに沿ってテーブルを使用する場合に当てはまることです。リレーショナルモデルに適合しないデータをテーブルを用いて格納する場合は、リレーショナルモデルの原理原則に従う必要はまるでありません。そのようなテーブルでは、NULLを用いてもかまいませんし、正規化をする必要すらないでしょう。

反対に、リレーショナルモデルに沿って設計したテーブルについては、例外なくすべてNULLを排除するべきでしょう。リレーショナルモデルでは、NULLが許容できないからです。

NULLが許容できるかどうかを判断するには、**対象のテーブルが、リレーショナルモデルに沿って設計されたものかどうか**を、明確に理解する必要があります。

これまでリレーショナルモデルを中心に解説をしてきましたが、**第9章**からは、リレーショナルモデルに適合しないデータをどう扱うべきか、について解説をしています。現実的には両方のケースをきちんと理解することが重要です。

7.3 まとめ

本章では、NULLとはいったい何を意味するのか、NULLが、いかにリレーショナルモデルにとって害悪であるか、について説明しました。NULLは、クエリに登場する式の評価を2VLから3VLへと変質させ、閉世界仮説を成り立たせなくすることで、リレーショナルモデルを崩壊させ、オプティマイザにも悪影響を及ぼします。NULLは、リレーショナルモデルにとって許されざる存在なのです。

また、NULLをどのように扱うべきかについて、代表的な対策を紹介しました。さらに、RDB(SQL)では、NULLを完全に排除できない場合があることも紹介しました。その理由は、SQLはリレーショナルモデルを超えた表現力があるからです。

これによって、SQLを実用的なものにしていますが、リレーショナルモデルを実践するうえで、扱いを難しくしているとも言えます。SQLを用いてリレーショナルモデルを実践するには、**第1章**で扱った、「リレーショナルモデルとは何か」について、きちんと理解しておく必要があるでしょう。

第8章

SELECTを攻略する

本書はSQLの文法解説書ではありませんので、SQLの文法の詳細には触れません。本書のテーマはあくまでも、どのようにすれば、上手にRDBを使いこなせるかです。本章では、SELECTの厄介な性質について感じ取ってもらいたいと思います。

「SELECTが厄介だなんて!?」と驚かれる方がいるかもしれません。SQLと言えばSELECTです。多くのDBエンジニアの方が日々SELECTを記述していると思います。SELECTを使わない日はない、と言っても過言ではないでしょう。日々慣れ親しんでいることから、SELECTはSQLにおける基本中の基本だと思われているかもしれません。

しかし、それはとんでもない誤解です。SELECTを理解することには、SQLそのものを理解することに等しい価値があります。みなさんは知らず知らずのうちに、日々とんでもない強大な敵に立ち向かっているのです。SELECTがいかに厄介な存在であるかということを思い出してもらいたいと思います。

8.1 SELECTはSQLの心臓部

SELECTの本質

SELECTの強大さ

筆者のお気に入りの書籍の一つに、『SQLアンチパターン』[注1]があります。SQL(RDB)を使ううえで、よく陥りがちな罠=アンチパターンについて、とてもわかりやすく、そしてユーモアたっぷりに解説している良書です。

この書籍では、著者のBill Karwinが冒頭で大学卒業後に出身大学の職員

注1 Bill Karwin著/ 和田卓人、和田省二監訳/児島修訳『SQLアンチパターン』オライリージャパン、2013年

から仕事を持ちかけられたときのエピソードを語っています。

その仕事とは「SELECTのパーサの開発」であり、依頼者から「フルセットのRDBを作る必要はない」と言われたそうです。その当時[注2]、SQLについての知識を持ちあわせていなかったBill Karwinは、SQLの仕様を調査しました。そしてすぐに気づいたそうです。「**これはSQLそのものだ。**SELECTのパーサなんて開発したら、RDBそのものを開発することになる！」と。

実際には、RDBではインデックスやトランザクション管理などの機能も必要となるため、この表現はオーバーだと感じるかもしれません。しかし、SQLの中におけるSELECTの位置づけを考えると、あながちオーバーではないことがわかります。

データを取得する唯一の手段

さて、みなさんに質問です。RDBにおいて、テーブルからデータを取得するには、どうすればよいでしょうか？ もちろん、答えはSELECTですね。では、それ以外にも何か方法があるでしょうか？

改めて考えればわかると思いますが、SELECT以外にはデータを取得する方法がありません。つまり、データの取得は、すべてSELECTに頼ることになります。

リレーショナルモデルでは、リレーションが演算の単位であり、1つ、あるいは、複数のリレーションを組み合わせて演算を行います。その結果、リレーションを得ることになります。

SQLにおいて、リレーションに対応するものはテーブルです。そのテーブルからデータを参照できるのはSELECTだけです。つまり、RDBでは、リレーションの演算に相当する操作をすべてSELECTによって行います。SELECTは、そのための膨大なロジックが詰め込まれた万能なAPI（*Application Program Interface*）なのです。

このように、まさにSELECTは、SQLにおける心臓部であると言えるでしょう。

注2　MySQLやPostgreSQLなどのOSS製品がまだ登場していないころです。

SELECTの基本構造

SELECTの深みに入り込む前に、まずはSELECTの基本形について、おさらいをしましょう。最もシンプルなSELECTは、**リスト8.1**のような構造になっています。

カラムのリストは射影(*Projection*)、テーブルのリストは直積(*Product*)[注3]、検索条件は制限(*Restrict*)に相当する操作です。SELECTは、このような3つのリレーションの演算を同時に行う操作になっています。そして、論理的な評価の順序は次の通りです。

❶テーブルのリスト(直積)
❷検索条件(制限)
❸カラムのリスト(射影)

ここでの評価の順序とは、必ずしも実行順序のことではありません。評価の順序は論理的な意味であり、実際にどのような順序で評価が実行されるのか、という物理的な意味ではありません。

RDBは、内部的にさまざまな最適化を行って結果を算出しますので、実行順序が必ずしも論理的な評価の順序と同じにならない点に注意してください。

普段、SELECTの実行計画やインデックスの付け方などに工夫を凝らしてばかりいると、その点を忘れがちです。実行計画やインデックスなどは、RDBがSQLをどのように実行するか、という**実装**の話です。SQLが何を意味するか、という**論理的な意味**とは、区別しなければなりません。SELECTがどのような結果を得るものかを論理的な意味とすると、実装とは物理的な意味であると言えます。この2つを混同すると、SQL文が何を表すかが

リスト8.1 SELECTの基本構造

```
SELECT カラムのリスト
FROM テーブルのリスト
WHERE 検索条件
```

注3　テーブルリストにONやUSINGなどの条件があれば、直積ではなく、結合と言ったほうが適切かもしれません。しかし、リレーショナルモデルにおいて結合と呼べるのはNatural Joinだけであり、SQLのJOINとは異なります。また、JOINに伴うON句の条件は、WHERE句に移動しても検索結果の内容には影響を与えません。そのため混同を避けるため、ここでは、直積という表現を用いています。

ぼやけてしまいます。

まずは、最もシンプルなSELECTの構造とその操作の意味について、しっかりと把握しておきましょう。

8.2 SELECT七変化

SELECTは、データを参照するために必要なすべてが詰まった、非常に強力なAPIです。ただし、強力さの裏側には複雑さがあります。それゆえ、SELECTには、厄介な落とし穴もたくさん潜んでいます。すべてをSELECTに詰め込んだゆえのトレードオフだと言えるでしょう。

先の説明で、SELECTの意味が少しクリアになったのに、改めて奈落の底に突き落とすようなことを言うようで申し訳ないのですが、SELECTはやはり手強い相手です。その最大の理由は、SELECTが文脈や用法によって、意味が変化するところです。つまり、一見同じように見えるSELECTでも、出力が意味するものがまったく異なるのです。

それでは、基本形でない、さまざまな種類のSELECTについて、その驚きの柔軟性を見ていきましょう。

集約関数

まず、最初に紹介するのは集約関数です。集約関数はポピュラーな機能ですが、厄介な性質を備えており、取り扱いに注意が必要です。

関数の有無だけで意味が変わる

構文的に一切同じものであっても、SELECTにおけるカラムのリスト(以下、SQL用語にしたがってselect listと呼びます)の中に、集約関数が含まれていると、SELECTの結果全体が集計結果になります。何気なく、感覚的に使用していると、見落としがちですが、構文ではなく、関数の有無によって、出力の形式が変化するのは非常に厄介です。

たとえば、**リスト8.2**は、ある学校でリレーショナルモデルを専攻している生徒の名前と専攻をコロン(:)で区切った、1つの文字列として出力するクエリです。

このクエリはselect listで関数[注4]が用いられていますが、それ以外はとてもシンプルです。ところが、**リスト8.3**のように、クエリに集約関数が含まれていると、結果は大きく変わります。

どうでしょうか。先ほどのクエリでは、結果セットに含まれる行は、生徒の数だけ存在します。ところが、COUNT()を用いたクエリでは、結果セットに含まれる行は1つになります。

このように、**集約関数の有無だけの違いによって、結果行の意味に大きな変化が生じる**のです！ しかも質(たち)が悪いことに、関数の種類が結果にも影響を与えます。

これら2つのクエリでは、いずれも関数が使われています。ただ、関数の種類が違うだけなのです。これはパッと見ただけでは、違いに気づきにくいため、主にすでにあるSELECT文を解読するうえで、厄介な点であると言えます。

COUNTの特殊性

集約関数の厄介な点は、前述の点だけではありません。WHERE句の条件にマッチする行がなかった場合、つまり、空集合に対する集約を行った結果が実は、COUNTとそれ以外で異なります。

リスト8.2 コロン(:)で区切って、1つの文字列として出力する

```
SELECT CONCAT(name, ':', department)
    FROM students
    WHERE department = 'リレーショナルモデル'
```

リスト8.3 クエリに集約関数が含まれている例

```
SELECT COUNT(*)
    FROM students
    WHERE department = 'リレーショナルモデル'
```

注4　リレーショナルモデルの操作で言うと拡張です。

COUNT()は、マッチする行が存在しない場合、結果は0になります。存在しないから個数は0、というのはとても自然な振る舞いです。では、たとえば、**リスト8.4**のように、「5年生の平均年齢を求める」というクエリの結果はどうなるでしょうか？ 言うまでもなく、大学は4年までですので5年生は存在しません。

この場合、AVG(age)の値はNULLになります。このような振る舞いはほかの集約関数でも同じですが、COUNT()だけ、空集合に対する評価の結果が0になるという動作になります。**それ以外の集計関数は、空集合に対する評価はNULL**です。

COUNT()はおそらく最もよく使われる集約関数だと思います。COUNT()は、NULLになる可能性を考慮しなくてもかまいませんが、それに慣れるとほかの集約関数を使う際、NULLになる可能性を見落としがちになるので注意が必要です。NULL対策を怠らないようにしましょう。

GROUP BYによる集約の書式

先ほどの集約関数のクエリにGROUP BY句はありませんでした。GROUP BY句がない場合、集約関数はテーブル全体のデータを対象に集計しますが、何か特定の項目ごとの集計を取りたい場合は、GROUP BY句を使う必要があります。

GROUP BY句が用いられていれば、そのSELECTが集約を表すものだ、ということがわかりやすくなり、迷う必要がありません。しかし、このGROUP BY句もなかなかの曲者です。

リスト8.5は、GROUP BY句とCOUNT()関数を組み合わせたクエリです。

このクエリは、学科ごとの生徒の数を集計しています。たとえば、ここ

リスト8.4 5年生の平均年齢を求める

```
SELECT AVG(age)
    FROM students
    WHERE grade = 5;
```

リスト8.5 GROUP BY句とCOUNT()関数を組み合わせる

```
SELECT department, COUNT(*)
    FROM students
    GROUP BY department
```

で学科を再編するなどの理由により、所属する人数が30名以下の学科の一覧が欲しくなったとします。

そのような場合に必要になるのがHAVING句です(**リスト8.6**)。

HAVING句の役割について知らないと、なぜ、WHERE句ではダメなのかと思うかもしれません。それを理解するために、WHERE句とHAVING句を組み合わせた例を見てみましょう。

リスト8.7は、所属する1〜2年生の人数が30名以下の学科の一覧を取得するクエリです。WHERE句は、集計の対象になる行の条件を指定します。平たく言うと、WHERE句は、集計前のそれぞれの行に作用する条件を指定するものです。

一方、HAVING句は、集計結果についての条件を指定するものです。WHERE句では、集計結果に対する条件を指定できません。両者の違いは、明確に区別しておきましょう。

SQL標準では、HAVING句で条件を指定する対象にできるのは、GROUP BY句で指定したカラムと、集計関数の結果だけです。製品によっては、HAVING句でそれ以外のカラムを指定できるものもありますが、移植性の高いSQLを記述するには、そのような使い方をすべきではありません。

もう一つのGROUP BY句が厄介な点は、WHERE句の条件に該当するものがなかった場合、その項目については結果が表示されないことです。先ほどのクエリは、「1、2年生の人数が30名以下の学科の一覧を取得する」ことを目的としていますが、1、2年生の人数が0だった場合、その学科はクエリの結果に含まれません!

リスト8.6 HAVING句の使用例

```
SELECT department, COUNT(*)
    FROM students
    GROUP BY department
    HAVING COUNT(*) <= 30
```

リスト8.7 学科の一覧を取得する

```
SELECT department, COUNT(*)
    FROM students
    WHERE grade IN (1,2)
    GROUP BY department
    HAVING COUNT(*) <= 30
```

0は30以下ですので、クエリの目的からすると、結果に含まれていて欲しいと考えるのが自然でしょう。しかし、そのようなケースは、GROUP BYでは解決できないのです。

該当する行がない項目についても集計を行う方法として、相関サブクエリを用いる方法があります。**リスト8.8**のようなクエリであれば、1、2年生のいない学科についても表示されるでしょう[注5]。

このように、WHERE句の検索条件にマッチしない行についての集計(つまり0)も必要な場合は、GROUP BYを使えないのは厄介です。GROUP BYの制限についてもきちんと把握しておきましょう。また、COUNT()以外の集計関数はNULL対策も必要になりますので、忘れず対策しましょう。

GROUP BYを使う前提でさらに話を進めましょう。所属する生徒が30名以下の学科でも、特に人数が少ない学科がどれか、ということに興味がある場合、結果をソートしたいと考えるでしょう。そう、ORDER BY句の登場です(**リスト8.9**)。

なお、ORDER BY句のデフォルトのソート順は、昇順ですので、ASCは省

リスト8.8 相関サブクエリを用いた例

```
SELECT department, (
    SELECT COUNT(*)
        FROM students
        WHERE department = t1.department
        AND grade in (1,2)
    ) AS COUNT
    FROM (
        SELECT DISTINCT department
            FROM students) t1
    WHERE COUNT <= 30
```

リスト8.9 ORDER BYの使用例

```
SELECT department, COUNT(*)
    FROM students
    GROUP BY department
    HAVING COUNT(*) <= 30
    ORDER BY COUNT(*) ASC
```

注5　このクエリでは、学科をSELECT DISTINCTで取得していますが、学科テーブルが存在すれば、そちらを用いたほうが良いでしょう。また、このクエリには、GROUP BYと外部結合を用いた別解、CASE式を用いた別解もありますので、考えてみてください。

略可能です。

GROUP BY、HAVING、ORDER BYという3つの句は、GROUP BY、HAVING、ORDER BYの順番に書かなければいけません。これは、それぞれの句の論理的な評価の順序になっています[注6]。つまり、これら3つの句が表す意味は、「GROUP BY句で指定されたカラムの値ごとに集計し、その結果をHAVING句の条件でフィルタリングし、さらにORDER BY句の条件でソートする」というものです。この点はわかりやすいですね。この3つの句は、セットで覚えておくとよいでしょう。

サブクエリ

SELECTの意味が突然変異するという点では、サブクエリ(副問い合わせ)の右に出るものはありません。

サブクエリの厄介な点は、**見た目がどれも**SELECTだという点です。見た目は同じながら、サブクエリの出力はスカラ、行、テーブルという具合に変化します。変幻自在ですね。どのタイプのサブクエリになるかは、サブクエリの結果に含まれる列の数、行の数で決まります。つまり、どのような文脈でサブクエリが用いられるかによって、意味が異なります。

それでは、サブクエリの3つのタイプについて、それぞれ詳しく見ていきましょう。

テーブルサブクエリ

テーブルサブクエリは、サブクエリの結果がテーブルの体をなしており、3つの種類があります。

一つは、IN、ANY(SOME)、ALL句に伴って利用されるものです。IN句などは、圧倒的にサブクエリの結果が1列だけになる場合が多いのですが、複数のカラムを一度に比較することも可能です。そのため、サブクエリの結果は、その構造上はテーブルとなります(**リスト8.10**)。

もう一つのテーブルサブクエリは、別名FROM句のサブクエリ(*Subquery in the FROM Clause*)と呼ばれるタイプのものです。サブクエリの結果をFROM

注6　もちろん、論理的な評価の順序と実行計画は、異なります。

句内で通常のテーブルのように扱い、SELECTによって追加の演算を行ったり、ほかのテーブルとJOINするなどの使い方をします。テーブルサブクエリと言うと、多くの人は最初にこちらのほうを思い浮かべるかもしれませんね。

リスト8.11は、学科ごとに所属する学生の平均人数を表すクエリです。

集計結果に対してさらに別の集約をする場合は、このようにFROM句のサブクエリを用いるのが一般的です。

EXISTSサブクエリは、IN、ANY、ALLなどと同じような用途で用いられますが、評価されるのは、サブクエリを評価した結果、行が1つでも存在するかどうかです。サブクエリの結果が1行以上存在すれば、EXISTSは真になります。

サブクエリが返した結果の中身については、何ら問われることはありませんが、サブクエリの結果に、行とカラムがいくつ含まれていてもかまいませんので、構造上はテーブルとなります。WHERE句の中で用いられることが多いですが、select listやHAVING句でも利用することも可能です(**リスト8.12**)。

ちなみに、このクエリでは、授業を履修していない学生を探しています。

スカラサブクエリ

スカラサブクエリでは、サブクエリの結果は、スカラ(1行1列)でなければ

リスト8.10 テーブルサブクエリの例

```
SELECT COUNT(*)
    FROM course_registration
    WHERE (department, course) IN (
    SELECT department, course
        FROM courses
        WHERE minimum_grade >= 2)
```

リスト8.11 平均人数を表す

```
SELECT AVG(c)
    FROM (
    SELECT COUNT(*) AS c
        FROM students
        GROUP BY department)
```

ばなりません。そのようにならない結果が返された場合は、サブクエリはエラーになります。

スカラサブクエリは、スカラ値が登場するさまざまな場所で利用可能です。たとえば、スカラサブクエリは、WHERE句やHAVING句などでスカラ値と比較する場合や、select list内でスカラ値を得る、といった目的で使用します。

リスト8.13の3つのサブクエリは、それぞれ、WHERE句のサブクエリ、

リスト8.12 NOT EXISTSサブクエリの例

```
SELECT name, department
FROM students
WHERE NOT EXISTS (
    SELECT *
        FROM course_registration
        WHERE student_name
        = students.name)
```

リスト8.13 スカラサブクエリの例

```
WHERE句のサブクエリ
SELECT name, age
    FROM students s1
    WHERE age = (
        SELECT max(age)
        FROM students s2)

HAVING句のサブクエリ
SELECT course, COUNT(*) AS COUNT
    FROM course_registration
    GROUP BY course
    HAVING COUNT(*) >  (
        SELECT AVG(c)
        FROM (
            SELECT COUNT(*) AS c
                FROM course_registration
                GROUP BY course) AS t)

select list内のサブクエリ
SELECT (
    SELECT AVG(age) FROM students s
    WHERE s.department = d.department) AS age
    FROM department d
```

HAVING句のサブクエリ、select list内のサブクエリの例です。

行サブクエリ

行サブクエリは、サブクエリを評価した結果が1行で、かつ列が複数ある場合です。スカラサブクエリと似ていますが、値が複数返ってくるところが異なります。

たとえば、WHERE句では複数のカラムを括弧でくくって、(col1, col2) = (val1, val2)というように比較できますが、このような比較において、行サブクエリを用いることができます。人名を表すカラムがfirst_nameとlast_nameに分かれている場合などに便利でしょう。

ただし、select list内で行サブクエリは利用できません。select list内では、個々の値がスカラでなければいけないからです。これは少し不便ですね。

スカラサブクエリ、行サブクエリのいずれも、サブクエリの評価結果が複数行ある場合は、エラーになります。したがって、スカラおよび行サブクエリは、確実に1行だけ返されることがわかっているときだけしか、利用できません。

また、結果が空の場合はNULLとして扱われますが、これも厄介な点です。NULLが登場することで、真偽値が3VLになるからです。スカラサブクエリはCOALESCE()関数で対策が可能ですが、行サブクエリではCOALESCE()関数は使えませんので、NULLになる可能性を考慮しておく必要があります。

ビュー

本書ではビューについて詳しい説明はしませんが、ビューを用いるときの注意点について少し触れておきます。

ビューを使う目的の一つに複雑さを隠蔽(いんぺい)することがあります。リレーショナルモデルでは、ビューと通常のテーブル(ベーステーブル)の区別はありません。いずれもリレーションを表すものであり、同じリレーショナルな演算の対象として扱えるため、複雑なクエリをビューとして定義すれば、ビューに対するクエリをすっきりと表現できます。

クエリの見た目がすっきりすることで、そのクエリが何を意味するものなのかが、わかりやすくなるでしょう。しかし、その反面、実際に水面下でどのような処理が行われているかは、見えにくくなります。その結果、「一見すると、とてもシンプルなクエリなのに、いつまでたっても終わらない。蓋を空けてみれば、とても複雑なビューだった」ということが起こります。特に、ビューの中にサブクエリやUNION、集約関数などが含まれている場合は、特に性能の問題が出やすいので注意しましょう。

複雑なビューが必要になるのは、DB設計がうまくできていない兆候かもしれません。テーブル正規化や統合をする必要がないか、DB設計を見直しましょう。

UNION

SQLでは、その仕様上、結果セットに含まれるカラム数が同じであれば、2つのSELECTをUNIONで**足す**ことができます。UNION自体は、見た目通りの意味を持っていますので、難しい操作ではありません。

ただし、注意すべき点として、UNIONによって互いに足された2つのSELECTは、異なるテーブルを参照していたり、まったく異なる実行計画を持っていることです。2つのSELECTに共通するのは、出力の見た目が似ていることだけです。SELECTの中身は似ても似つかないものかもしれません。

組み合わせは自由

本章では、柔軟に意味が変化するSELECTの各種機能について見てきましたが、さらに厄介なことは、それらの個々の機能が同時に組み合わせて用いることができる点です。組み合わせの可能性は無限です。たった1つのSELECTであっても、恐ろしく複雑なものになる可能性があるのです。これは、SELECTに参照に関するすべての機能が詰まっているからこそ、なせる業です。

8.3 リレーショナルではない操作

さらにSELECTを深く理解するために、別の側面からSELECTを見つめなおしてみたいと思います。それは、処理がリレーショナルかどうか、ということです。

SELECTの基本形は直積、制限、射影というリレーション演算で成り立っていますが[注7]、SELECTはリレーショナルモデルに則さない種々の操作もサポートしており、それが先ほど述べた注意すべき点となっています。

SELECTの振る舞いを理解するには、リレーショナルではない操作についても、きちんと理解しておく必要があります。

リレーショナルな操作のおさらい

表8.1では、リレーショナルモデルの代表的な操作を、SELECTでどのように表現するかについてまとめています。ほとんどの操作は、SELECTの基本形で対応できることがわかるはずです。

ところで、表8.1では、本章で解説したサブクエリがNOT EXISTSしか登場しません。ほかのサブクエリには、どのような意味があるのでしょうか。

実は、IN、ANY、EXISTSサブクエリは、JOIN(結合)とDISTINCTを用いて、書き直せることが知られています。これらのサブクエリは、結合の中で人間がより理解しやすいバージョンと言えるでしょう。

そのほかのサブクエリは、SELECTによる表現力を飛躍的に高める効果があります。FROM句のサブクエリが集約になっているケースのように、サブクエリは、必ずしもリレーションの演算に対応しているわけではありません。

注7　**第1章**を参照してください。

ソート

ORDER BY句による結果セットの並べ替えは、リレーショナルモデル上の演算ではありません。

リレーショナルモデルは集合理論に基づいたモデルであり、リレーションは集合です。重要なポイントですが、数学的には集合の各要素に順序がありません。したがって、行をソートして順列をつけたものは、集合ではありません。SQLでは、ORDER BYはSELECT自身ではなく、カーソルの操作であるとされています。ややこしいですね。

ソートがリレーショナルモデルから外れるからといって、まったく役に立たないものだ、と言うつもりはありません。むしろ、アプリケーション開発において、ソートは必須の操作です。

RDBでは、任意の行をソートできるため、ソートをRDBに任せることで、開発効率が格段に高まる要素となっています。ポイントは、リレーショナルモデルから逸脱する操作は、危険な要素であり、取り扱いに注意しなければいけない、ということです。

明示的に定義されていないカラム

RDB製品によっては、ROWIDやROWNUMといった暗黙的なカラムを使用できますが、それらのカラムを使用した場合は、リレーショナルモデ

表8.1 SELECTによるリレーショナルな操作

リレーションの演算	SELECTによる表現
制限	基本形：WHERE句
射影	基本形：select list
直積	基本形：FROM句
結合	基本形：FROM句
積	基本形：FROM句
和	UNION
差	NOT EXISTサブクエリ、MINUS
属性名変更	基本形：select list
拡張	基本形：select list

ルから逸脱することになります。なぜなら、リレーションにおいては、タプル間に順序は存在しないからです。ROWIDやROWNUMに頼ったロジックは、リレーショナルモデルを破綻させるので、扱いに注意しましょう。

ストアドファンクション(ユーザ定義関数)

一見すると、任意の操作を値としてSQL内に埋め込めるストアドファンクション(ユーザ定義関数)は、とても柔軟な機能のように見えます。しかし、ストアドファンクションのロジックが手続き型で記述されていることによって、問題が生じます。

一見すると、何の変哲もないSELECTであっても、ストアドファンクションが含まれると、手続き型の処理になります。そのような場合、オプティマイザは、ストアドファンクションの実行にかかるコストを予測できず、最適化できません。つまり、ストアドファンクションが含まれるクエリは、実行のコストが高くなりがちです。

もちろん、ストアドファンクションだけでなく、ストアドプロシージャでロジックの実装もしてはいけません。ストアドファンクションやストアドプロシージャの内部は、手続き型プログラミング言語の記述形式になっている点も問題となり、カーソルをスクロールなどしてしまうと、そこで試合終了です。

SQLは、宣言型プログラミング言語です。よって、手続き型プログラミング言語のようにループを導入していると、ロジックが破綻してしまいます。

Column

集約とGROUP BY

集約(*Aggregate*)は、リレーショナルな演算から少し外れた操作です。リレーショナルモデルにおける、リレーションの演算とは、1つあるいは複数のリレーションから、新たに別のリレーションを値として得る操作です。入力と出力の結果が同じになるのはクロージャという性質で、リレーショナルモデルの表現力において欠かせないものです。

一方、集約による演算結果はリレーションではなく、スカラ値となります。たとえば、タプルの数を数えれば、その結果はリレーションではなく、正の整数値になります。そのため、集約はリレーションの演算ではないのです。厳密には、集約という操作はリレーショナルモデルでも定義されていますが、それは、通常のリレーションの演算と区別されています。

一方、SQLがサポートしている集約関数は、GROUP BY句を伴った場合は、その結果は複数のカラムで構成され、行も複数含まれています。まるで表のような見た目になりますが、これは集約ではないのでしょうか。

実は、SELECT ... GROUP BYによって生成された結果は、リレーションに相当するものになっています。

リレーショナルモデルにおける集約とは、本文で説明したように、リレーションからスカラ値を求める操作です[注a]。

それではなぜ、GROUP BYによる集約がリレーションに相当するものになっているかと言うと、それは正確には集約ではないからです。GROUP BYのような、項目ごとに集計結果を得る操作は、集約ではなく**要約**(*Summarization*)と呼びます。

要約とは何か。その正体を見極めるには、要約は拡張の一種だと考えるとわかりやすいでしょう。

リスト8.aは、学科ごとに所属する学生の人数の一覧を取得するクエリです。

これは、**リスト8.b**のように、サブクエリを用いたクエリと同等の結果になります。

Studentsテーブルから学科のリストをテーブル(≒リレーション)として取り出し、その行に含まれる情報からリレーションの演算以外の方法である集約を用い、新たにカラム(≒属性)を追加、つまり、拡張したものです。このように、要約と集約は意味が異なるので、気をつけましょう。

注a 厳密にはスカラ以外のもの、たとえば、配列を得る集約も定義することが可能です。

リスト8.a 人数の一覧を取得する

```
SELECT department, COUNT(*)
    FROM students
    GROUP BY department
```

リスト8.b リスト8.aにサブクエリを用いた例

```
SELECT department, (
    SELECT COUNT(*)
        FROM students
        WHERE department = t1.department
    ) AS COUNT
    FROM (
        SELECT DISTINCT department
            FROM students) t1
```

リレーショナルではない操作の扱い方

SELECTは、リレーショナルな操作とリレーショナルでない操作の複合体です。SQLがリレーショナルモデルに完全に忠実であれば、問題はもっとシンプルになります。ただ、残念ながら、現実はそう簡単ではありません。

実際にRDBを使ったアプリケーション開発では、リレーショナルモデルに従った操作を基本としつつも、リレーショナルではない操作も必要となります。特にソートなどは、アプリケーションにとって必須の操作と言えるでしょう。したがって、SELECTには、必然的に双方の性質の操作を併せ持つものとなります。

ここで大事なのは、リレーショナルな操作とそうではない操作を明確に区別しておくことです。区別したうえで、次のような指針に従って実装するとよいでしょう。

- **リレーショナルモデルの範疇（はんちゅう）でできることは、けっしてリレーショナルではない操作で実装しない**
- **リレーショナルモデルの範疇でうまく記述できないと思ったら、DB設計を見直す**
- **リレーショナルではない操作がどうしても必要な場合は、リレーショナルな操作に関するロジックを必ず先に行う**

できるだけ、リレーショナルモデルの範疇で処理を記述する、あるいは、リレーショナルモデルに沿った処理を先に行うことは、とても重要です。なぜなら、オプティマイザによる最適化は、リレーショナルモデルの範疇で最大の威力を発揮するからです。

オプティマイザの仕事は、オリジナルのクエリとそっくり同じ結果を得られるクエリの中から最適な実行計画のもの、あるいは、最も実行時間が短いと考えられるものを選択することです。リレーションは集合の一種ですので、リレーショナルモデルの範囲内でなら、オプティマイザは集合の演算と同じような各種法則を適用することが可能です。たとえば、交換法則や結合法則、分配法則、さらにはド・モルガンの法則といったものです。各種法則が書き換えた後のクエリが等価であることを保証してくれるわけです。

ところが、リレーショナルではない演算の要素がクエリに含まれていると、集合の演算に基づいた書き換えができなくなります。その結果、オプティマイザが選択できる実行計画は限られたものとなり、効率的な実行計画を選択できるチャンスは減ります。

DB設計に問題があるにもかかわらず、どうしても変更できないというケースもあります。特に1NFにも達していないテーブルを使ったクエリは、リレーショナルな操作で表現することが難しくなります。そのような場合は、リレーショナルではない操作に頼ることになりますが、それによって、泥沼に足を一歩踏み入れることになるので、覚悟して歩みを進めてください。

8.4 インデントでSELECT文を読みやすくする

とてもシンプルな基本構造を持つSELECTですが、集約関数の有無によって、結果の形式が一変したり、サブクエリとして用いられる場合は、その文脈で意味が変わったりします。体裁は同じSELECTでも意味が異なるのは、SELECTの(SQLの)罠の一つであると言えます。

DBアプリケーションの開発・保守をしていると、自分が書いたものではないSELECTを日々目にすると思います。たとえば、SELECTのロジックの問題(バグ)を解決するためであったり、パフォーマンスの改善のためなどです。

本章で説明したように、SELECTはとても柔軟ですので、複雑なSELECTの構造を把握するのは、骨が折れる作業です。そのような場合に、効果的にSELECTの構造を把握する方法としておすすめなのが、適切にインデントを入れることです。開発環境に付属している整形ツール[注8]などを用いてもかまいませんし、手作業でインデントを入れてもかまいません。いずれにせよ、適切なインデントを行うことで、構造が把握しやすくなるでしょう。

インデントのルール

筆者が手作業でインデントを行う場合は、おおむね次のようなルールを用いています。

- **SELECT句はインデントしない**
- **UNION句はその次のSELECTとまとめて記述する**
- **カラムは1行ごとに記述する**
- **カラムのリストは4つの空白でインデントする**
- **FROM句、WHERE句は2つの空白でインデントする**
- **FROM句のテーブルのリスト、WHERE句の検索条件のリストは、1行ずつ記述する**
- **サブクエリの括弧はそれぞれ1行で記述する**

このルールに従って整形すると、たとえば、**リスト8.14**のように記述できます。少し冗長なので好みが分かれるかもしれません[注9]。みなさんも自分が理解しやすいインデントの形式を用いて、SELECTの構造を把握するようにしてください。時には数百行にわたるSELECTを目にすることもありますが、しっかりとインデントを適用すれば、構造を理解することは難しくありません。

注8　筆者はMySQL Workbenchに付属している整形ツールを日々使用しています。

注9　ちなみに、本書でSELECTを記述するときはもう少しコンパクトな形式にしています。

8.5 まとめ

本章では、SELECTの基本的な構造とSELECTの柔軟性を解説しました。SELECTには、リレーショナルな操作と、リレーショナルではない操作の両方が含まれています。SELECTは、まさに万能な道具です。参照に必要なロジックは、すべてSELECTに含まれています。

SELECTは、万能であるがゆえに、いくらでも複雑なロジックを詰め込んだものとして、記述することが可能です。リレーショナルモデルの垣根を縦横無尽に飛び越えることが可能であり、さらに、SELECTの扱いを難しくしてしまっています。

他人が書いたSELECTのコードを理解するだけでなく、どうやって意図した振る舞いを、SELECTとして表現するかは、一筋縄では行かない作業です。本章で紹介したさまざまなコツが、みなさんの日々の業務で役立てば幸いです。

リスト8.16 インデントを入れた記述例

```
SELECT
    department,
    (
      SELECT
          COUNT(*)
        FROM
          students
        WHERE
          department = t1.department
    ) AS COUNT
  FROM
    (
      SELECT
          DISTINCT department
        FROM students
    )
```

第9章
履歴データとうまく付き合う

本書の前半では、リレーショナルモデルとSQL、そしてDB設計理論である正規化と直交性について、さまざまな角度から解説を試みました。前半のリレーショナルモデルの世界の旅はいかがだったでしょうか。もしかすると、みなさんの中には、リレーショナルモデルについて一通り知ったことで、「もう十分役に立つ知識が得られた」と思った方もいらっしゃるかもしれません。しかし、リレーショナルモデルの知識**だけ**では、RDBの世界を半分しか見ていないことにしかならず、現実のアプリケーションでその知識を活かすことは難しいでしょう。

リレーショナルモデルはとても強力です。その知識をしっかりと身につけることは、言うまでもなく重要です。しかし、それだけでは足りないのです。それはつまり、リレーショナルモデル以外の技術を組み合わせたり、リレーショナルモデルではうまく表現できないデータと、うまく付き合う方法だったりといった知識が必要なのです。RDBはあくまでも道具です。とても応用の効く道具ですが、それだけで現実世界のすべての問題を、解決できるわけではないのです。

本書の後半では、リレーショナルモデルの外側の世界へみなさんを招待します。リレーショナルモデルから逸脱した数々の例をはじめ、テーブルの物理設計であるインデックスについて、長期に渡って運用する中で必要となるリファクタリング、そしてデータベースアプリケーションにとって欠かすことのできないトランザクションについて解説します。後半でも、ぜひデータベースの世界の旅の続きを楽しんでください。

リレーショナルモデルの外側の世界への第一歩として、本章では、履歴データの扱い方についてその問題点の考察と対策について解説します。

9.1 履歴データの問題点

「履歴データはリレーショナルデータベース上でうまく扱うことができない」と言うと、「え、ホント？」と驚かれる人は少なくないのではないかと思います。なぜならば、履歴を表すデータはとてもポピュラーなものであり、現場ではかなり頻繁にリレーショナルデータベース上で取り扱われているからです。履歴データを持たないアプリケーションは存在しないと言っても過言ではないでしょう。

筆者は日常的に遅いクエリを目にするのですが、そのようなクエリの多くは履歴データを扱うことに失敗しているものです。なぜ失敗するのかと言うと、履歴データは本質的にリレーショナルデータベースと相性が良くないからです。もしかすると、それが履歴データであるということを気づかずに、データベースの設計をしてしまっているケースがあるかもしれません。「そこそこ性能は出ているからまあいいか……」と非効率なクエリを放置してしまうと、あとからデータサイズやアクセスが増えた場合に問題が顕在化してしまうことになります。開発が進めば進むほど、そのような問題の解決は難しくなってしまうでしょう。

世界は履歴データで溢れている

アプリケーションがログとしてデータをテーブルに格納する、過去から現在に至るまでのデータを格納するという場合に生成されるのが履歴データです。履歴データは、多くの場合タイムスタンプやバージョン番号と共に格納されることでしょう。ショッピングサイトの購入履歴、価格の履歴、アプリケーションの操作履歴などなど、世の中のデータベースは履歴データであふれています。しかし、実際に履歴データと上手に付き合えているケースは実に少ないのです。みなさんも履歴データに対するクエリで悩んだ経験をお持ちではないでしょうか。それもそのはず。履歴データは本質的にリレーショナルモデルと噛み合わないのですから。履歴データに対するクエリが難しいというのは、ごくありふれた問題なのです。

履歴とリレーショナルモデルの相性問題

履歴データの最大の問題点は、いったい何でしょうか。本書を読んできた方なら気づくかもしれません。履歴はその性質上、リレーションとしての要件を満たすことができないのです。

リレーションは集合です。よって、各要素同士に順序はありません。しかし、**履歴にはどちらが古いのか、新しいのかという順序が存在します。**すなわち、履歴データをRDB上で扱うには、そもそもリレーションとして表現できるかどうか、という本質的な関門が立ちはだかっているのです。

ただし、絶望する必要はありません。リレーションとは、いったい何なのかということを再認識すれば、うまく履歴を扱えるよう、DBを設計する可能性は残されています。

履歴データを扱ううえで、もう一つの悩みのタネとなるのは、テーブルがとても大きくなりやすい、ということです。データが大きくなればなるほど、クエリが効率的でないことの影響が表面化しやすくなります。そのため、データが小さいうちはそれなりに高速で処理できていたものが、徐々に件数が増えて性能が低下し、気づいたときには手遅れになる、という状況が発生します。厄介ですね。

履歴データの具体例

履歴データの代表的な具体例として、ショッピングサイトの価格表を紹介します。価格表がなぜ、履歴データになるのかと言うと、価格が変動するからです。価格は現在、過去のものだけでなく、「ある日時から新しい価格になる」というように、未来の予定価格も考慮する必要があります。ただし、1つの商品ごとに、ある時点で有効な価格は1つだけです。このような要件は、ごくありふれていますが、これをリレーショナルモデルを使って表現するのがとても難しいのです。

図9.1は、ある架空のスポーツ用品を扱うショッピングサイトの価格表の例です。現在の日付は2014年9月とします。ダンベルセットは、過去か

ら現在に至るまで唯一の価格、グリッパーは、2014年4月に一度価格改定が行われたもの、懸垂マシンは過去に価格改定があり、なおかつ、2015年1月から新価格に変更する予定となっているとします。

では、懸垂マシンの現在の価格を調べるクエリを書いてみましょう(**リスト9.1**)。このクエリに何も問題がないように見えるでしょうか？だとしたら、履歴データの恐ろしさに気づいていない証拠ですので、本章をはじめからじっくり読みなおすことをお勧めします。本章の目的は、履歴データに潜む問題を認識できるようになること、そして、そのような問題への具体的な対処法を身につけてもらうことだからです。

履歴データの何が問題になるのか

図9.1のクエリ、およびテーブルの何が問題なのでしょうか。

リレーショナルモデルに照らし合わせると、実にさまざまな点で問題があります。いずれも言われれば気づく問題ですが、リレーショナルモデルに精通していなければ、見過ごすことが多いのです。しかも、それらを見過ごすと、あとから大きな悪影響に見舞われることになります。まずは、問題点を正しく認識することが重要になります。

図9.1 ショッピングサイトの価格表の例

item	price	start_date	end_date
ダンベルセット	10000	2010-01-01	9999-12-31
グリッパー	4000	2013-04-01	2014-03-31
グリッパー	5000	2014-04-01	9999-12-31
懸垂マシン	18000	2010-01-01	2011-12-31
懸垂マシン	20000	2012-01-01	2014-12-31
懸垂マシン	22000	2015-01-01	9999-12-31

リスト9.1 懸垂マシンの現在の価格を調べる

```
SELECT price
    FROM price_list
    WHERE item = '懸垂マシン'
        AND NOW() BETWEEN start_date AND end_date
```

リレーションと時間軸の直交性

最大の問題として、**履歴データは時間軸とリレーションが直交していない**という点です。「直交していない」と言うと難しく感じますが、要は、**時間によってクエリの実行結果が変わる**ということです。

図9.1のテーブルに対して、先ほどの**懸垂マシンの現在の価格を調べるクエリ**を実行した結果は、時間によって変化します。たとえば、2014年9月1日に実行した結果と、2015年6月1日に実行した結果は異なります。同じデータ、同じクエリであっても、時間が違うだけで結果が異なるという点が問題です。これは「時間軸と直交していない」という意味にほかなりません。

時間軸と直交していないものは、そもそもリレーションとは呼べません。リレーションとは、ある時点における事実の集合だからです。リレーションの要件を満たしていないことは、1NFになっていないとも言い換えられます。つまり、そのようなリレーションの要件を満たさない**テーブル**に対するクエリは、リレーショナルモデルから逸脱したものとなります。

NULLの可能性

図9.1のテーブルには、価格の適用開始日と適用終了日が記載されています。最も新しい価格の項目には、end_dateに9999-12-31というものが設定されています。これは実質的に期限が設定されていないのと同じで、設計者の選択によっては、代わりにNULLになる場合もあるでしょう。end_dateがNULLになると、先ほどのクエリの検索条件は、「IS NULL」を使ったものに変更しなければいけません(**リスト9.2**)。

クエリの条件が複雑になりました。NULLは**第7章**でも説明した通り、さまざまな点で問題が生じます。NULLは通常の真偽値(2VL)ではなく、3値論理(3VL)として扱う必要があるため、検索条件が複雑になりがちです。パフォーマンスにも悪影響があります。そもそも、カラムの値にNULLが入る余地があるということは、DB設計に問題がある兆候なのです。

特定の行だけ意味が違う

設計次第では、end_dateがなく、start_dateだけしか存在しない場合もあるでしょう。つまり、日付が未来でないもののうち、一番新しい価格が現在の価格という場合です(**図9.2**)。簡単化のため、このテーブルには将来のデータが含まれていない点に注意してください。図9.1と比べると、懸垂マシンのレコードが1つ少なくなっています。このテーブルから現在の懸垂マシンの価格を取得してみましょう(**リスト9.3**)。

このクエリは、先ほどのNULLを用いた場合と同じく、リレーショナルモデルから逸脱しています。

まず、このクエリはMAX()という集約関数を用いていますが、集約はリレーショナルな演算ではありません。リレーショナルな演算とは、あくまでもリレーションを入力し、リレーションを出力する、という演算を用いたものです。なぜ、レポーティングでもないのに、集約という処理が必要になるのか、という点をよく考えるべきでしょう[注1]。

リスト9.2 リスト9.1にIS NULLを適用する

```
SELECT price
    FROM price_list
    WHERE item = '懸垂マシン'
        AND NOW() BETWEEN start_date AND end_date
        OR (start_date >= NOW() AND end_date IS NULL)
```

図9.2 価格表のバリエーション

item	price	start_date
ダンベルセット	10000	2010-01-01
グリッパー	4000	2013-04-01
グリッパー	5000	2014-04-01
懸垂マシン	18000	2010-01-01
懸垂マシン	20000	2012-01-01

リスト9.3 現在の懸垂マシンの価格を取得する

```
SELECT price
    FROM price_list
    WHERE item = '懸垂マシン'
        AND start_date = (SELECT max(start_date)
        FROM price_list WHERE item ='懸垂マシン')
```

※MySQLならORDER BY start_date DESC LIMIT 1という書式を使うという別の表現方法があります。

注1 これらの関数が良くないのは、オンライントランザクションの中で使用されるためです。集約関数は、レポーティングや集計処理などの処理で用いられる分には、まったく問題ありません。

もう一つは、なかなか気づきにくいのですが、**それぞれの行の意味が均一でないという問題**です。

リレーションは真となる命題の集合である、と同時に、**対応する述語が存在**します。リレーション内のすべてのタプルは、その述語を表す命題関数の変項に代入した結果、「真」と評価されます。リレーションにタプルとして含まれない、すべての値の組み合わせはどれを代入しても、「偽」と評価されると考えます。このような前提を、閉世界仮説と呼びます。つまり、**リレーションの個々のタプルの意味は、命題関数だけで決まり、それ以上であっても、それ以下であってもいけない**のです。

ところが、図9.2のテーブルには、「日付が最新の価格が現在の価格を表す」という、**暗黙の決まりごと**が存在します。先ほどのクエリは、その暗黙の決まりごとを利用したものです。つまり、図9.2のテーブルには「現在の(有効な)価格」と「過去の(無効な)価格」という2つの意味の行が含まれることになります。

つまり、「xは現在の有効な価格である」という述語に対する真偽値が、タプルによって異なることになります。そのような暗黙の意味が存在するものは、リレーションの要件を満たしていないのです。あるいは、そのリレーションは2つ、あるいはそれ以上のリレーションの和集合になっているのかもしれません。

リレーションの要件から逸脱した結果、クエリにもその影響が表れてしまうことになります。

9.2 履歴データに対する解決策

問題点があることはわかりましたが、リレーショナルモデルが苦手とする履歴データに対して、私たちは、どのように立ち向かえばよいのでしょうか。

まず最初に、このような問題に絶対的な解はないということを念頭に置いてください。なぜなら、履歴データは、リレーショナルモデルに収まらないものであり、履歴データの扱いは、いずれも次善の策にすぎないからです。

解決策はいくつか考えられますが、どれも完璧ではないためトレードオフがあり、用途によって使い分ける必要があります。みなさんがある課題に対するプログラムを記述する際、絶対的に正しい実装というのはありますか？ ないですよね？ それと同じことです。

では、次に履歴データの具体的な対処法について見ていきましょう。

リレーションを分割する

リレーショナルモデル的に意味が異なる、つまり、同一の命題関数で評価できないタプルは、同じリレーションに含めるべきではありません。そのため、意味ごとにリレーションを分割するのが自然なアプローチです。このように、タプルごとに異なるリレーションに分割する必要性は、属性ごとに、リレーションを無損失分解する正規化のプロセスでは発見できません。

そのような場合、問題を認識することが難しく、その結果、分割する必要性に気づけないのです。正規化によって、問題をあぶりだすことができないのは、DB設計上の盲点になりがちです。

履歴を含むリレーションをどのように分割するかには、いくつかのバリエーションがありますが、それぞれ一長一短があります。以下に、それらのバリエーションを紹介しますので、目的に合っているのが、どのバリエーションなのかを状況に応じて考えてみてください。

最もシンプルな分割方法

まず最初に考えられるのは、現在の価格と過去の価格を含む2つのリレーションに分割する設計です。それによって、現在の懸垂マシンの価格を求めるクエリは、とてもシンプルになります。**図9.3**は、図9.2のリレーションを分割したものです。

これらのテーブルに対し、現在の懸垂マシンの価格を取得するクエリは、**リスト9.4**のようになります。クエリがシンプルなので、思わず「エクセレント！」とシャウトしたくなるかもしれませんが、この設計に問題がないわけではありません。

今回の検索条件であれば、クエリはシンプルになりますが、過去から現在に至る、すべての価格に対して条件を指定したクエリ（たとえば、過去から現在に至るまでに1万円以上の価格付けがされたことのあるアイテムを探すなど）を行う場合は、2つのテーブルを調べる必要があり、必然的にUNIONを使うか、クエリを2度実行する必要が生じます。

ただし、WHERE句でNOW()が登場するケースやサブクエリ内でMAX()を使うケースと比べると、UNIONはずいぶんマシです。よって、それほど気にするポイントではありません。

また、実際のアプリケーションでは、UNIONを用いなければいけないケ

図9.3 価格表を2つに分けた場合

price_list

item	price	start_date
ダンベルセット	10000	2010-01-01
グリッパー	5000	2014-04-01
懸垂マシン	20000	2012-01-01

price_list_history

item	price	start_date
グリッパー	4000	2013-04-01
懸垂マシン	18000	2010-01-01

リスト9.4 現在の懸垂マシンの価格を取得する（テーブルを2つに分けた場合）

```
SELECT price
    FROM price_list
    WHERE item = '懸垂マシン'
```

ースよりも、いずれか一方のテーブルに対してクエリを実行する場合のほうがずっと多いため、そのような意味でも問題にならないでしょう。

外部キーが使用できない

テーブルを2つに分解したときの最も重大な問題は**外部キー制約が使えない**というものです。外部キーは、あるテーブルに行が含まれることを保証する制約ですが、対象となるテーブルは1つでなければなりません。「price_listとprice_list_historyのいずれかのテーブルに、対応する行が含まれることを保証する」という制約を外部キーで表現できないのです。

現実的にそのような制約を表現しようとすると、トリガーを使わなければなりません。自分でトリガーを記述した場合、性能的に外部キーよりも劣る可能性が高く、管理も煩雑になります。

2つのテーブルの整合性

また、この設計では「同じ行が両方のテーブルに含まれる」という状況は、データの不整合だと言えます。それを防ぐには、アプリケーション側で確実に行の移動を1つのトランザクションで実行するようにするか、トリガーを使って、制約を表現する必要があります(たとえば、price_list_historyテーブルへのBEFORE INSERTトリガーで、price_listに同じ行が存在しないことを保証するなど)。また、重複する行が存在した場合は、例外を発生させればよいでしょう。

UNIONやトリガーを多用することになりますが、リレーションの分割は、元の図9.1の設計よりずっと好ましい、ということを覚えておいてください。例として紹介したテーブルはとてもシンプルなので、「こちらのほうが好ましい」という実感は、あまりないかもしれません。しかし、実際のアプリケーションでは、テーブルはもっと複雑で、それに伴い、クエリも複雑怪奇なものになりがちです。それぞれのテーブルを意味がはっきりした、つまり、1つの述語が対応したリレーションとして扱うことは、大きなメリットがあるのです。

重複した行を許容する

先ほどの例で「やはり外部キーを使えないのは不便だ」と思われるかもしれません。その場合、すべての価格を1つのリレーション内にいったん格納し、現在の価格だけを別のテーブル上に重複して持つという設計が考えられます(**図9.4**)。

図9.4の設計での問題は言うまでもなく、行が重複していることです。より厳密にいうと、2つのリレーションは直交していないと言えます。重複はただちに異常の原因になります。異常、すなわちDB上の矛盾はすべてを台なしにしてしまう、DBにとって天敵です。ただし、問題は限定的なので対策はあります。

まず、price_listテーブル内の行は、price_list_historyテーブル上に、同じ行がなければならないため、外部キー制約をつけておくべきです。その場合、先にprice_list_historyテーブルに行をINSERTする必要があります。

また、基本的にprice_list_historyテーブル上の行をUPDATEしてはいけません。価格を更新する場合は、新たに行を追加すべきです。その際、price_listテーブル上に同じアイテムの価格が存在する場合は、古いほうの行を削除します。もし、ほかにも多数の属性があり、どうしても行をUPDATEしたい場合は、UPDATEトリガーを使ってデータを同期するとよいでしょう。

トリガーって便利ですね！

図9.4 重複した行を許容した設計

price_list

item	price	start_date
ダンベルセット	10000	2010-01-01
グリッパー	5000	2014-04-01
懸垂マシン	20000	2012-01-01

price_list_history

item	price	start_date
ダンベルセット	10000	2010-01-01
グリッパー	4000	2013-04-01
グリッパー	5000	2014-04-01
懸垂マシン	18000	2010-01-01
懸垂マシン	20000	2012-01-01

サロゲートキー

「いや、やはり重複はダメだ！ 直交性のない設計なんて認められない！ けれども外部キー制約は使いたい！」という強い志を持った方は、サロゲートキー(代理キー)を使った設計を検討するとよいでしょう(**図9.5**)。

図9.5の設計であれば、単一のprice_id_masterテーブルがあるので外部キー制約が使えます。むしろprice_listテーブル、price_list_historyテーブルのそれぞれから、price_id_masterテーブルへの外部キーが必要でしょう。また、price_listテーブルとprice_list_historyテーブル間では、行が重複してはいけませんが、こちらは、トリガーを使って制約を表現するとよいでしょう。

また、図9.5での問題は、JOIN(結合)が増えてしまうという点です。JOINはRDBにとって基本的な操作であり、JOINそのものは問題ではありません。JOINは遅いから避けるべきだ、という意見をよく耳にしますが、それは誤りです。とはいえ、いくら基本的な操作でも、操作の回数を少なくす

図9.5 サロゲートキーを使った設計

price_id_master

price_id
1
2
3
4
5

price_list

price_id	item	price	start_date
1	ダンベルセット	10000	2010-01-01
3	グリッパー	5000	2014-04-01
5	懸垂マシン	20000	2012-01-01

price_list_history

price_id	item	price	start_date
2	グリッパー	4000	2013-04-01
4	懸垂マシン	18000	2010-01-01

るに越したことはありません。

また、サロゲートキーを使うこと自体にも抵抗があるでしょう。適切なナチュラルキーがある場合は、サロゲートキーは冗長だからです。さらに、price_listテーブル、price_list_historyテーブル双方に、price_id以外の候補キーに対する一意キー制約が必要です。

主キー以外にユニークキーが存在すると、ディスクスペースが無駄になり、制約を確認するためのオーバーヘッドも生じます。ただし、これらのデメリットがあるからといって、図9.1の設計と比べると、はるかに好ましいことは、間違いありません。

未来の価格はどうすべきか

価格の改定は、突然行うものではなく、ある程度事前にわかっていることが多いでしょう。そのため、いつから価格改定をするか、という予定を立て、そのデータをDBに格納しておくことになります。

図9.1のテーブルに未来の価格が含まれていますので、これまで実行していたクエリがある日突然違う値を返すようになります。たとえば、**懸垂マシンの現在の価格を調べるクエリ**は、2015年1月1日から突然異なる結果を返すようになるでしょう。「未来の価格」という別の意味があれば、やはりそのデータは別のテーブルに格納しておくべきです。**図9.6**は、図9.5に対して未来の価格のデータを持つテーブル(price_list_upcoming)を追加したものです。ただし、図9.5と比べると、未来の価格を表すデータが増えている点に留意してください。

「未来の価格」が有効になる日時が訪れたとき、どのようにしてそれを「現在の価格」にすべきでしょうか。price_listテーブルに対するクエリは、あくまでも、price_listテーブルからしかデータを参照できません。

price_list_upcomingテーブルのデータを有効にするには、誰かがそれをprice_listテーブルに移動しなければなりません。つまり、アプリケーション側でそのようなロジックを実装する必要があります。その処理は、バッチ処理として実装し、定期的に実行するとよいでしょう。

バッチ処理は、必ずしも時刻通りに行われるわけではない点に注意が必要です。DBサーバにトラブルが発生して、処理を実行できなかったり、性能の問題で処理が遅れるケースもあるでしょう。

このDB設計では、「ある時刻ちょうどになったら価格が切り替わる」という振る舞いは実現できません。そのような要件を、アプリケーションに持たせないように注意が必要です。少なくとも、バッチ処理によるタイムラグを許容する要件にすべきです。その代わり、クエリをシンプルに記述できる、という大きなメリットを得られます。

図9.6 未来の価格が含まれた価格表

price_id_master

price_id
1
2
3
4
5
6
7
8

price_list

price_id	item	price	start_date
1	ダンベルセット	10000	2010-01-01
3	グリッパー	5000	2014-04-01
5	懸垂マシン	20000	2012-01-01

price_list_upcoming

price_id	item	price	start_date
7	ダンベルセット	12000	2014-08-01
8	懸垂マシン	20000	2015-01-01

price_list_history

price_id	item	price	start_date
2	グリッパー	4000	2013-04-01
4	懸垂マシン	18000	2010-01-01
5	懸垂マシン	20000	2012-01-01

9.3 履歴データのアンチパターン

これまでで、履歴データの扱い方に正解はないと述べましたが、だからと言って、わざわざよくない方法、いわゆるアンチパターンを使って実装するのは、賢い選択とは言えないでしょう。次に、履歴データを扱う場合に、避けるべき2つのアンチパターンを紹介します。

フラグを立てる

「一部の行が隠れた意味を持つことが問題であれば、フラグを持ったカラムを作れば意味が顕在化するから、問題は解決するのではないか」と考えるのは、割に自然なことかもしれません。問題は、そのような対策は、問題を根本的に解決するわけではなく、ただ、その場しのぎで先送りしているだけにすぎない、という点です。フラグを立てるのは何が問題なのでしょうか？ **図9.7**は図9.1のテーブルにフラグを追加したものです。

図9.7のテーブルから、現在の懸垂マシンの価格を取得するクエリは、**リスト9.5**のようになります。

一見、このクエリはうまくいっているように見えます。しかし、問題点がいくつかあります。

1つ目の問題点は、flagカラムはカーディナリティが低いので、効率が良

図9.7 フラグを使った設計

item	price	start_date	end date	active
ダンベルセット	10000	2010-01-01	9999-12-31	1
グリッパー	4000	2013-04-01	2014-03-31	0
グリッパー	5000	2014-04-01	9999-12-31	1
懸垂マシン	18000	2010-01-01	2011-12-31	0
懸垂マシン	20000	2012-01-01	2014-12-31	1
懸垂マシン	22000	2015-01-01	9999-12-31	0

くないことです。0と1の2つの値しか取らないのであれば、カーディナリティは2です。といっても、カーディナリティが低いことは、本質的な問題ではありません。単に、少ない情報に多くのスペースを割くことが効率的ではない、というだけです。

本当に問題なのは、このリレーションが3NFになっていない、という点です。フラグの値が0と1のどちらになるかは、start_date、end_dateの値で決まります。つまり、{start_date,end_date}→{flag}という関数従属性が存在します。フラグは冗長なのです。

また、未来のデータの場合と同様に、flagの値は自動的に変わらない点に注意が必要です。時間の経過と共に、その価格が有効かどうか、という本来の意味は、変化します。たとえば、end_dateを過ぎれば、意味的にその価格は無効になるはずです。しかし、flagカラムの値は時間が経過すると、自動的に有効になったり、無効になるわけではありません。バッチ処理などで、定期的にflagの値を書き換える必要があります。

ただし、start_date、end_dateという2つのカラムを使った場合と、flagというカラムを使った場合に、クエリの結果が異なる可能性があります。もし、アプリケーション側に、そのようなクエリが混在していれば、flagの更新が遅れることで、データの不整合が生じる可能性があります。特に、後からflagを付け足した場合は、注意が必要です。

また1つの商品につき、「flag=1」となるべき行は、常に1つだけです。この制約をトリガーで表現することは可能ですが、たとえば、COUNT()を使って個数の確認を行うと、負荷は高くなります。

ただし、アンチパターンは絶対に避けるべき、というわけでもありません。書籍『SQLアンチパターン』でも紹介されているように、影響があまり出ない範囲で、アンチパターンであることを認識して用いる分には、問題を制御可能です。どうしてもテーブルを分割できない場合、フラグを活用するのは、間違った判断であるとは言い切れません。

リスト9.5 現在の懸垂マシンの価格を取得する(フラグを使ったテーブルの場合)

```
SELECT price
    FROM price_list
    WHERE item = '懸垂マシン'
        AND flag = 1
```

Column

フラグのお化け

リレーショナルモデル的には、異なる意味合いの行は異なるリレーション(≒テーブル)に含めるべきです。よって、フラグのようなカラムが必要だと感じたら、その前に、まずはリレーションを分割することを検討しましょう。

安易にフラグをつけた結果、一切分割されずにフラグだらけになった、お化けのようなテーブルをよく見かけます。そのようなテーブルは、カラム数も行数も巨大で、フラグが多いため、クエリは検索条件だらけでスパゲティになり、数多くの行に対して、フラグの確認を行うため実行速度も遅くなります。

ステータスの異なる行は異なるテーブルに含めるという設計を心がけてください。

手続き型として実装する

どうしても、リレーショナルモデルで対応できないアルゴリズムに対しては、宣言型のスタイルを捨てて、手続き型で(ストアドプロシージャやファンクションで)ロジックを実装するのが得策でしょう。

しかし、それはどうしても対応できない場合に限ります。手続き型のロジックに頼ると、せっかくのリレーショナルモデルによる強固なデータの整合性を手放すことになるからです。手続き型のロジックに頼るのは、最後の手段と位置づけて、まずは、できる限りDBの設計を工夫しましょう。

Column

テーブルを分けたときの物理的なメリット

本章では論理的な面から、テーブルを分ける設計のメリットについて説明しました。しかし、テーブルを分けるメリットはそれだけではありません。物理的にも好ましいのです。

テーブルを複数に分けると、意外なご利益があります。それは、テーブルのサイズが小さくなるということです。

多くのRDB製品では、インデックスはB+ツリーを使って実装されています。B+ツリーの検索アルゴリズムは、要素数をnとすると、実行時間が$O(log_n)$となります[注a]。つまり、テーブルが大きくなればなるほど、検索に時間がかかります。また、行数が増えると効率が落ちるとはいえ、インデックスを使ったほうが使わない場合より、ずっと検索は高速です。インデックスを使わない場合、検索はフルテーブルスキャンとなり、実行時間は$O(n)$になります。

今回のように、「ヒストリと現在の値」というように、テーブルを分けると、「現在の値」のテーブルは、とてもコンパクトになります。しかも、多くの場合、アクセスが集中するのは、「現在の値」のほうです。そのため、クエリの多くが効率的になる可能性が高いのです。

さらに、頻繁にアクセスするテーブルが小さくなることは、キャッシュのヒット率にも影響してきます。「現在の値」を格納するテーブルは、ホットなデータが乗っているので、キャッシュから追い出されることはまれです。キャッシュが有効利用されれば、性能にも良い影響を及ぼします。

このように、テーブルを適切に分割することは、物理面でも好ましいことなのです。

注a　log_nに比例するという意味です。

9.4 まとめ

本章で説明した履歴データの問題は、日時を表すカラムがある場合だけに限りません。DBアプリケーションの開発者が、日常的に目にするDB設計の至るところに潜んでいます。そして、今回紹介した「時間軸とリレーションが直交していない」という問題点のように、すぐには気づきにくいことが多いため、問題が長い間放置されることになりがちです。

潜在的な問題に気づくためのヒントを、次に挙げておきます。もし、このような事象に心当たりがあれば、DB設計を見直してみてください。

- **ステータスやフラグを示すカラムがある**
- **初期値がNULLのカラムがある**
- **現在時刻との比較をしている**
- **オンライントランザクション中にORDER BY N DESC LIMIT 1もしくはMAX()/MIN()/COUNT()が用いられている**
- **バージョンを表すカラムがある**
- **INSERT/DELETEよりもUPDATEの比率が高い**

リレーションの中からうまく「特別な意味を持つタプル」を見つけ出し、それを分割できたとしましょう。しかし、それでもなお、履歴データとの闘いは終わりではありません。さらに細かく分割しなければならない可能性もありますし、場合によっては、うまく分割できない場合もあるでしょう。

本章では、price_listとprice_list_historyという2つのリレーションに分ける例を紹介しましたが、price_list_historyには、依然としてデータが履歴という形式で残っています。

それでは、またprice_list_historyテーブルを分割すべきでしょうか？それは、必ずしもそうしなければならないわけではありません。リレーショナルモデルは、履歴データの扱いが苦手であり、その呪縛から完全に逃れられませんが、少なくともアプリケーションが履歴データの中にさらなる「特別な意味を持つタプル」を見出さない限り、それを複数のリレーションへと分割する必要はありません。

たとえ、履歴データのまま残っていたとしても、それを集計処理で利用するだけであれば、何ら問題はないでしょう。アプリケーションが、データをどのように見るか、という恣意性を見抜くことが、履歴データを扱ううえで鍵となるのです。

第10章

グラフに立ち向かう

本章のテーマは、**グラフ**です。グラフと言っても、プレゼンなどで使用する、視覚的なグラフではありません。もちろん、それらの視覚的なグラフも有用なものですが、本稿で扱うのは別のグラフ、いわゆる**グラフ理論**のグラフです。

グラフ理論のグラフは、**ノード**と**エッジ**と呼ばれる要素で構成され、ノード同士がエッジでつながった構造になっています。広義の意味では、このような構造のすべてがグラフです。グラフ理論は、シンプルなコンセプトでありながら、その性質については、さまざまなことがわかっており、かつ応用も利くため、幅広い分野で活用されています。よって、必然的にDBにグラフを格納したい、と考えることも多くなります。

しかし、ここで一つ大きな問題が発生します。RDBは、グラフを扱うのがとても苦手だということです。**第9章**で解説した履歴データと同様、グラフは、リレーショナルモデルでうまく表現できないデータ構造になっています。履歴データでは、リレーションを分割することで何とかなるケースもありますが、グラフはほとんど絶望的だと言えるほど苦手です。

本章では、RDBが苦手とするグラフに対して、何とかして立ち向かう方法について解説します。

10.1 グラフの構造

RDBはグラフを苦手としていますので、DB設計時にグラフと思しきデータ構造を扱う際は、細心の注意が必要です。グラフが苦手だからといって、闇雲に身構えても仕方ありません。

対策を立てるには、まず、グラフとはどういうものであるか、つまり、今直面している問題がグラフなのかどうかを認識する必要があります。グラフについて知ることが、グラフを克服する第一歩です。

本書では、グラフ理論の詳細には踏み込みませんが、簡単にその構造や種類などについて説明します。

ノード、エッジ

グラフは、ノードとエッジという2つの要素を使って、事象の関連性などを表現できる数学的なデータ構造です[注1]。

グラフは、複数のノードをエッジで繋いだ構造になっています。**図10.1**に、典型的なグラフの例を示します。

一般的なグラフは、さまざまな形でエッジを接続することが可能です。どのように接続を許容するかによって、グラフの性質が決まり、それに伴って、取り扱いの難しさも変わります。

図10.1のように、多くのノードにはラベルがつけられていますが、単に、幾何学的にグラフの形状の問題を扱うケースでは、ラベルをつけずに、議論することもあります。ノードにラベルがある場合、エッジはラベルのペアとして表現します。たとえば、ノードaとノードbをつなぐエッジは、abといった具合です。

以下に、グラフの性質を表す用語について、説明します。グラフの接続の仕方は、これらの用語を使って表現することになります。それほど多くはないので、身構えずに読んでください。

図10.1 典型的なグラフの例

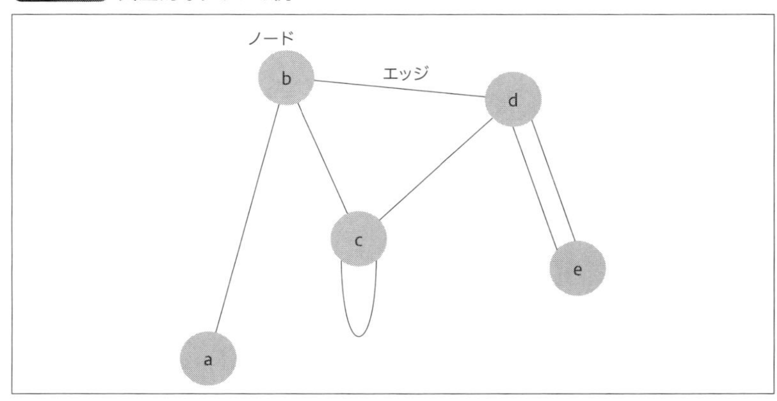

注1　ノードはヴァーテックス、点、頂点など、エッジはリンク、辺などと表現されることもあります。本書ではノード、エッジという用語で統一しています。

隣接

あるノードとノードの間にエッジが存在する場合、その2つのノードは、**隣接している**と言います。あるいは、単に**結ぶ**とも言います。

次数

あるノードにおいて、隣接するノード数を**次数**と呼びます。図10.1には、次数1〜4のノードが存在します。

歩道、小道、道

あるノードから別のノードへ至る、有限なエッジの列を**歩道**(*Walk*)と言います。たとえば、図10.1で、aからcへ至るab、bd、dcというエッジの列は、歩道です。歩道は、任意の有限な列であり、繰り返し同じノードを通過しても、同じエッジをたどってもかまいません(例:ab、bd、db、bd、dc)。

歩道のうち、同じエッジを二度通らないものを、**小道**(*Trail*)と言います。さらに、同じノードを二度通らないものを、**道**(*Path*)と言います。先ほどのaからcへ至るab、bd、dcという歩道は、小道でもあり、道でもあります。普段「ディレクトリのパス」などと言ったりしますが、そのパスという言葉は、グラフ理論のPathから来ています。

これ以降、道という概念を表すものとして、より馴染みの深いパスという表現を使うことにします。

多重辺

ある1つのノードから別のノードに対し、複数のエッジが接続されている状態を、**多重辺**と言います。一般的なグラフでは、多重辺がいくつあってもよいことになっています。もちろん、多重辺を許容するかどうかで、グラフの性質は大きく変わります。

多重辺を含むグラフでは、deというようなノードの組が複数生じてしまいます。そのような表現では、エッジを一意に特定できないため、エッジそのものにラベルをつけて、エッジを識別します。

ループ

あるノードから同じノード自身へつながるエッジを、**ループ**と言います。ループを1回通っても、同じノードにたどり着くのがミソです。

閉路

あるノードから同じノードへ至るパスを、**閉路**と言います。ループも閉路の一種です。また、多重辺を持つ2つのノードも、閉路になっています。

始点と終点となるノードが同じで、なおかつ同じノードを2度通らないというのが、ポイントです。図10.1のbc、cd、dbは閉路ですが、ab、bc、cb、baは閉路ではありません。

連結

グラフ上のすべての2点間にパスが存在するとき、そのときに限り、そのグラフは**連結である**と言います。よりわかりやすく言い換えると、連結とは、グラフが1つにつながっていることです。普段、グラフを扱う場合は、暗黙的に連結しているものを対象とすることが多いのではないでしょうか。任意のノードがつながっているかどうかは、よく考えると、とても重要な性質です。

部分グラフ

あるグラフから任意のエッジや、ノードを取り除いたときにできるグラフを、**部分グラフ**と言います。

カットセット、ブリッジ

ある連結グラフにおいて、取り除くことで、その部分グラフが連結ではなくなるエッジの集合を、非連結化集合と言います。

非連結化集合のうち、どのエッジが欠けても非連結化集合ではなくなるもの、言い換えると、真部分集合だけでは、連結を解除できないもの、つまり既約のものを、**カットセット**と言います。たとえば、図10.1の{bd,bc}はカットセットです[注2]。

カットセットのうち、含まれるエッジが1つだけのものを**ブリッジ**と言います。たとえば、図10.1の{ab}はブリッジです。

エッジの向きと重み

対象とする問題のテーマによっては、グラフの各エッジに向きや重みをつけることがあります[注3]。

グラフの応用例

若干説明の順序が乱れますが、具体的にグラフがどのようなものであるかをイメージしてもらうために、ここではグラフの応用例を紹介します。

グラフを使ってモデル化できるものとして、次のようなものがあります。

- **ソーシャルネットワーク**
- **Webページのリンク**
- **電子回路**
- **ネットワーク図**
- **化学式**
- **路線図**
- **組織図**
- **部品表(*Bill of Materials*、BOM)**

注2　集合であることを表現するために、波括弧を使っています。
注3　たとえば、図10.1のグラフではそのいずれでもありません。

- **掲示板**
- **ファイルシステム**

現在扱おうとしているデータ構造が、これらに類似するものであれば、それはグラフであり、リレーショナルモデルでは、うまくモデリングできない可能性があります。それに気づくことが、問題に対処する第一歩です。そして、対象のグラフが以降で述べる、どの種類のグラフであるかを判別することが重要です。

もし、上記の例に挙げたデータのモデリングを、実際に課題として抱えている場合は、それを想定して、読み進めるとよいでしょう。

10.2 グラフの種類

先ほど紹介した、グラフの性質の有無によって、グラフは、さまざまなタイプに分類できます。

一般グラフ

エッジのつなぎ方に特別な制限がないグラフを、**一般グラフ、あるいは単にグラフ**と言います。制限がないということは、自由度が高い分、法則性を見出しづらいため、扱いが難しくなります。ちなみに、図10.1は、一般グラフです。

単純グラフ

多重辺およびループのないグラフを、**単純グラフ**と言います(**図10.2**)。

単純グラフは、一般グラフよりも扱いが簡単であるため、グラフを使って問題を解く場合は、単純グラフで解を求めてから、それを一般グラフに拡張する、というアプローチがよく採られます。

連結グラフ／非連結グラフ

図10.1、図10.2のグラフは、任意の2つのノード間にパスがあります。このようなグラフを、**連結グラフ**と言います、反対に、到達不可能なノードが存在するグラフを、**非連結グラフ**と言います(**図10.3**)。

連結グラフのほうが、非連結グラフより扱いは簡単ですが、多くの場合は、連結グラフで求めた解を、非連結グラフに拡張できます。

完全グラフ

単純グラフのうち、すべてのノードが互いにエッジで隣接しているグラフを、**完全グラフ**と言います(**図10.4**)。ノード数nにおいて、それぞれ

図10.2 単純グラフ

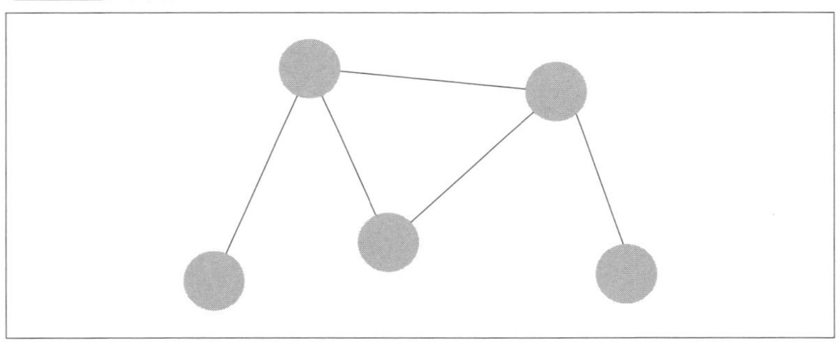

図10.3 非連結グラフ

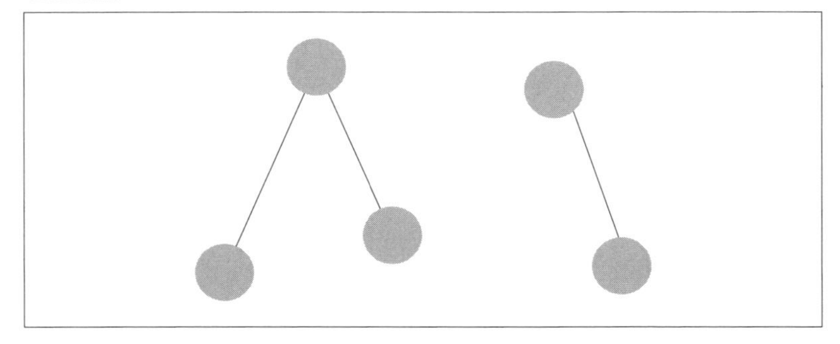

n-1のノードと隣接することになるため、完全グラフのエッジの数は、ちょうど$\frac{1}{2}n(n-1)$となります。

正則グラフ

どのノードの次数も同じようなグラフを、**正則グラフ**と言います。完全グラフは正則グラフです。正多面体と同じ形となるグラフも正則グラフとなります。

平面グラフ

どのエッジも交差しないグラフを、**平面グラフ**と言います。これは平面上に記述できるという意味です。たとえば、プリント基板などは平面グラフです。

平面グラフを応用することで、たとえば、ある回路を表現するのに、何層のプリント基板が必要になるか、などの問題を解くことができます。ちなみに、図10.4は平面ではないグラフの例です。

有向グラフ／無向グラフ

エッジの接続が一方向のものを、**有向グラフ**、特に方向が定まっていないものを**無向グラフ**と言います。ちなみに、図10.1は無向グラフです。有

図10.4 完全グラフ

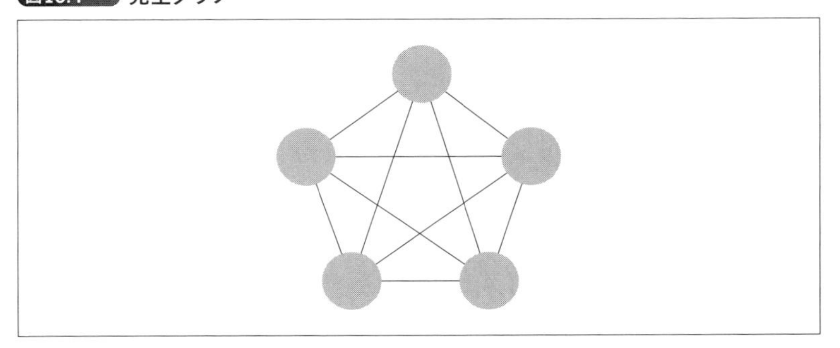

向グラフと無向グラフのどちらを使うかは、そのグラフで表現する対象によります。たとえば、道路をモデル化する場合は、一方通行を考慮しなければならないので、有向グラフを用いる必要があるでしょう。

重み付きグラフ

それぞれのエッジに重みをつけることで、ノード間の距離や到達時間などのコストを表現するモデルを**重み付きグラフ**と言います。最短経路探索や、あるノード間のスループットを計算する際に利用します。

ツリー(木)

ツリーという構造は、データを表現する際にしばしば用いられますが、実は、ツリーは単純グラフのきわめて特殊なケースです。後述しますが、単純グラフの中で最も単純な構造になっています。ツリーは、その特別な単純さから、ツリーだけに、適用可能なさまざまなテクニックが存在します。

10.3 SQLとグラフの相性問題

実は、データを格納するだけであれば、グラフをリレーショナルモデル上で表現することは、きわめて簡単です。ノードの集合と、エッジの多重集合(単純グラフの場合は集合で可)を、それぞれ格納すれば事足ります。このようなモデルを、**隣接リストモデル**と言います。

「なんだ、グラフをRDBで扱うなんて簡単じゃないか!」と思うかもしれませんが、世の中そう甘くはありません。問題はクエリです。DBは、必要なデータを得られてこそ、その真価を発揮します。しかし、単にグラフを隣接リストとして、DBに格納しているだけでは、グラフに特有のクエリに対する解答を得られません。

グラフに対するクエリ

グラフに対するクエリとして、次のようなものがあります。

- **あるノードAから別のノードBへのパスは存在するか**
- **パスが存在する場合、その最短の経路はどれか**
- **あるノードから到達できるノードのうち、距離の短いものから10個選べ**
- **グラフは平面的か**
- **グラフに閉路はあるか**
- **すべてのエッジをちょうど1回ずつ通って、元のノードに戻るような小道は存在するか(オイラーグラフ)**
- **元のノードには戻らないが、すべてのエッジをちょうど1回ずつ通るような小道は存在するか(半オイラーグラフ)**
- **すべてのノードをちょうど1回ずつ通って、元のノードに戻るようなパスは存在するか(ハミルトングラフ)**
- **元のノードには戻らないが、すべてのノードをちょうど1回ずつ通るようなパスは存在するか(半ハミルトングラフ)**
- **すべてのノードを通って、元のノードに戻る最短の経路はどれか(巡回セールスマン問題)**

グラフに対する問いは、ほかにもたくさんありますが、隣接リストから、このような答えを得るためのクエリを、SQLで表現することは不可能です。それはいったいなぜでしょうか?

無向グラフを表現できるか

たとえば、**図10.5**の重み付きグラフから、2つのノード間の最短の経路を探す、という問題について考えてみましょう。「aからfへ至る最短の経路はどれか?」という問題です。

そのためには、まず、このグラフをRDB上で表現しなければなりません。隣接リストを用いて表現すると、**図10.6**のようになります。

うまく表現できたように見えますか? いいえ、図10.6のDB設計には、問題が一つあります。それは、edgesテーブルが1NFではない、というものです。node1、node2は繰り返しパターンですから、これは1NFの条件を満たしていません。エッジのモデリングがまず一筋縄ではいかないのです。

そもそも、エッジは、それ1つが単位となっていますので、2つのカラムを使って表現するのではなく、1つのカラムの値として表現したいところです。エッジを表現できるデータ型とは、たとえば、要素数が2つの集合です。集合には順序がありませんので、集合を1つの属性として扱えれば

図10.5 重み付きグラフ

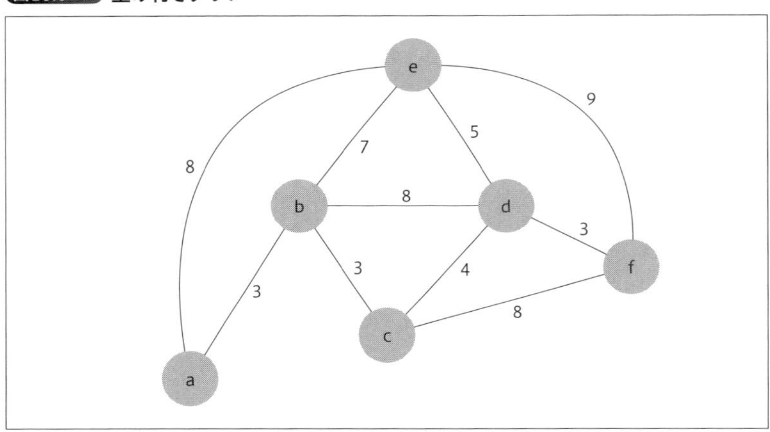

図10.6 隣接リスト

nodes

node
a
b
c
d
e
f

edges

node1	node2	weight
a	b	3
a	e	8
b	c	3
b	d	8
b	e	7
c	d	4
c	f	8
d	e	5
d	f	3
e	f	9

よいのですが、残念ながら、SQLにそのようなデータ型は存在しないため、利用できません。

このように、RDBでは無向グラフをうまく表現できないことが最初の難関になります。

有向グラフを用いた表現

有向グラフであれば、エッジの始点と終点をそれぞれstart_node、end_nodeなどで表すことができます。

たとえば、図10.5のグラフを無向グラフとしてではなく、全二重の有向グラフとして表現するのは、どうでしょうか？ それであれば確かに、テーブルの定義はすっきりします。ただし、本来無向グラフを扱うべきところが、有向グラフになるため、本来意図したものとは異なるモデルになります。つまり、クエリを記述するアルゴリズムへの変化を余儀なくされることになり、本末転倒です。

しかし、アルゴリズムを変更しても、望む解が得られるならば、最終的には問題ありません。慎重を期す必要はありますが、モデルを変更するという判断の際には必要です。**図10.7**は、有向グラフとして表現した場合のedgesテーブルの例です。

リレーショナルな視点でモデルを理解する

無向グラフを全二重の有向グラフとして表現するのは、グラフ理論的にモデルが異なります。しかし、リレーショナルモデル的には、（本来、それらはまったく関連性のない理論なので）1NFではない表現よりも好ましいと言えます。

リレーショナルモデルでは、リレーション、すなわちSQLでのテーブルに格納するものは、「真となる命題の集合」です。「aからbへコスト3で到達できる」という事実と、「bからaへコスト3で到達できる」という2つの事実は、「aとbがコスト3で隣接している」という事実から導かれる事実です。

リレーションは、判明している事実の集合ですから、直接扱えないモデルであっても、より細かな事実の集合に分解することによって、扱えるようにする、というアプローチは、リレーショナルモデルとの親和性が高いように思います。

行列を用いた表現

グラフの表現に利用できる数学的モデルには、リスト以外のものとして、行列があります(**図10.8**)。

これは、各ノードを結ぶエッジの重みを要素としたもので、隣接行列と呼ばれます[注4]。この行列をテーブルに当てはめる方法ではどうでしょうか？残念ながら、それもうまくいきません。その理由は、リレーションと行列

図10.7 有向グラフに書き換えた場合

edges

start_node	end_node	weight
a	b	3
a	e	8
b	c	3
b	d	8
b	e	7
c	d	4
c	f	8
d	e	5
d	f	3
e	f	9
b	a	3
e	a	8
c	b	3
d	b	8
e	b	7
d	c	4
f	c	8
e	d	5
f	d	3
f	e	9

注4 他にも行列を使う表現として、どのノードがどのエッジに接続されているかを示す接続行列があります。

はまったく異なる概念だからです。

行列は2次元の構造を持っています。行と列は、それぞれ順序が決まっており、要素は2次元的に配置されています。一方、リレーションでは、属性にもタプルにも順序はありません。SQLでは、属性に相当するカラムには順序がありますが、組に相当する行に順序はありません[注5]。

もう一つの理由は、テーブルは容易にカラムを増やせないことです。ノードが増えるたびに、`ALTER TABLE tbl_name ADD ...`を実行していては、処理に時間がかかって仕方がありません。そもそも、リレーションは、事前に型を定義して使うものです。動的にカラムを追加しなければいけないのは、データをカラム定義というメタデータに含めようとしているからです。そのような設計は、「メタデータトリブル」という、アンチパターンとなっています[注6]。

かくして、リレーション、ないしはテーブルで行列を表現しよう、という試みは、失敗に終わります。ちなみに、図10.8の行列の各要素を1つの行として表現すると、図10.7になります。図10.8の行列から導き出される事実の集合は、図10.7のedgesテーブルを意味しますが、必ずしも、図10.7のedgesテーブルから、図10.8に還元できるわけではない点に注意してください。このあたりが、リレーショナルモデルを用いたモデリングの限界です。

図10.8 行列による無向グラフの表現

edges

	a	b	c	d	e	f
a	0	3	0	0	8	0
b	3	0	3	8	7	0
c	0	3	0	4	0	8
d	0	8	4	0	5	3
e	8	7	0	5	0	9
f	0	0	8	3	9	0

注5 ORDER BYを指定しない限り、SELECTの実行結果の順序に保証はないからです。ソートはリレーショナルモデルの範囲外です。

注6 詳しくは、書籍『SQLアンチパターン』を参照してください。

グラフに対するクエリ

モデルの良し悪しはさておき、まず、図10.7で示した有向グラフを表現したテーブルについて、考えてみましょう。「aからfへ至る最短の経路はどれか？」という問いに応えられるクエリは、どのように記述できるのでしょうか？ それが最大の問題です。

ノードaから出発し、n個目のエッジを通過した先にあるノードを求める方法はどうでしょうか。具体的には、次のようなものです。

まず、aに隣接しているノードは、**リスト10.1**のように求められます。

ちなみに、このクエリで得られるノードはbとeです。では、その次のノード、つまり、このクエリによって得られたノードに対して、さらに隣接したノードをどのように求めればよいでしょうか？

先ほどのクエリよりも、処理は複雑になりますが、宣言型言語の流儀として、クエリは1回で書かなければなりません。一つの解として考えられるのは、自己結合(同じテーブル同士のJOIN)を使うというものです。たとえば、**リスト10.2**のようなクエリです。

同様に3回、4回……とJOINする回数を増やせば、aからfに至る経路は得られそうです。しかし、このアプローチには問題があります。

最大の問題は、JOINを何度行えば解が得られるのか、が事前にはわからないということです。SQLは、宣言型プログラミング言語で、「何のデータが必要か」を記述します。与えられた条件にしたがって、クエリが実行されますが、クエリを実行した結果、得られたデータの内容によって、後続

リスト10.1 aに隣接しているノードを求める

```
SELECT end_node
    FROM edges
    WHERE start_node = 'a'
```

リスト10.2 自己結合を使ったクエリの例

```
SELECT End_node
    FROM edges e1
        JOIN edges e2
        ON e1.end_node = e2.start_node
    WHERE e1.start_node = 'a'
```

の処理の内容は左右されません。

SELECTは、最初に提示された条件に合うデータを、集合演算によって導出して返すのみです。そのため、SELECTの構文を、きちんと最初に決めておかなければならないため、「任意の回数のJOINを行う」ことはできないのです。

条件を満たすまで、あるいは、すべての経路の探索を終えるまで処理を続けるのは、ループないしは条件分岐を必要とする処理であり、本質的には手続き型の処理です。これが宣言型プログラミング言語であるSQLとは、たいへん相性が悪いのです。

ちなみに、もし任意の回数だけJOINができるとしても、エッジの始点と終点を結ぶだけの単純なJOINでは閉路を何度も通過することになるため、計算の効率がとても悪くなります。また、aからfに至る経路を発見しても、それが最短の経路なのかどうか、という課題も残ります。

図10.5のグラフでは、aからfに至る最短の経路（合計のコストが最小のもの）はa→b→c→d→fですが、通過するノード数がもっと少ない経路は存在します。たとえば、a→e→fという経路であれば、2回のJOINで見つけ出すことができるでしょう。しかし、それは最短ではありません。したがって、経路が見つかったからといって、そこで探索をやめてよいというわけではありません。

すべてのノードについて調べ上げるには、最大n-1回（nはノード数）のJOINが必要になります。そのようにして、fに到達可能な経路をすべて見つけ出し、それらをソートしなければ、最短の経路は見つからないでしょう。

このように、リレーショナルモデルでは、グラフの探索という問題をうまく扱うことはできません。

手続き型による解法

ちなみに、最短経路問題は比較的難しい問題ですので、それを解くには専用のアルゴリズムが必要です。最短経路問題であれば、たとえば、ダイクストラ法などを適用すべきでしょう。

単一のSELECTだけでは解決できませんので、最低でもストアドプロシージャを使って手続き型でアルゴリズムを実装する必要があります[注7]。

図10.9は、本書サポートページにあるサンプルコードの実行例です。

WITH句を使った再帰的なクエリの呼び出しをサポートしている、RDB製品がありますが、その機能を使用しても、ダイクストラ法のアルゴリズムは、実装できません。というのも、ダイクストラ法は、もっと複雑なアルゴリズムだからです。

このように、グラフに対する問い合わせは、ストアドプロシージャを使って実装したほうが、うまくいくケースが多いでしょう。もちろん、問い合わせの複雑さ、つまり、必要とされるアルゴリズムによって、単体のSELECTで表現できるものもありますが、さまざまな条件に従ってグラフを探索するケースでは、やはり、手続き型の処理が必要になります。

たとえば、「グラフには閉路があるか？」を調べるには、どのようなアルゴリズムが必要でしょうか？ ダイクストラ法よりも簡単ですので、ぜひ、練習がてらにストアドプロシージャで実装してみてください。

グラフDB

ノードとエッジだけで、データを表現するDBとしては、グラフDBがあります。もし、問題の中心がグラフであり、リレーショナルなDB設計が必要でない場合は、グラフDBを使わない手はありません。グラフDBは、

図10.9 サンプルコードの実行例

```
mysql> call dijkstra('a', 'f');
+-----------+------+
| path      | cost |
+-----------+------+
| a,b,c,d,f |   13 |
+-----------+------+
1 row in set (0.15 sec)

Query OK, 0 rows affected (0.20 sec)
```

注7　本書のサポートページでダイクストラ法のアルゴリズムをMySQLのストアドプロシージャで実装したものをダウンロードできます。なお、アルゴリズムは同じですので、ほかのRDBを利用する場合は、適宜書き換えてください。

グラフの探索を効率的に記述できる、というメリットを持っています。

ただし、全体的に見たときに、リレーショナルなDB設計が必要になる場合は、すべてをグラフDBで表現しようとしても無理があります。そのような場合は、RDBとグラフDBを併用するとよいでしょう。

グラフDBは、先ほど紹介したダイクストラ法のアルゴリズムなどが元から実装されており、そのような用途がある場合は、非常に便利です。また、計算量の多いアルゴリズムが必要になる場合は、RDBから負荷を分離するという用途でも使えます。

ただし、それほど高度なアルゴリズムが必要にならないのであれば、本質的には、RDBのストアドプロシージャで同じものを実装できます。よって、DBの用途次第では、RDBだけで実装するというのも有効でしょう。

Column

FlockDB

FlockDB[注a]は、RDBの一つである、MySQLをバックエンドとして使用するグラフDBです。Twitterが開発し、Apache License 2.0で公開されています。Twitterでは、FlockDBを使い130億以上のエッジを管理しているそうです。何やらとても凄そうな製品ですが、これには、大きなトレードオフがあります。

FlockDBは、グラフDBといっても、グラフを探索するクエリを記述できない、という重大な欠点があります。本文で取り上げた、一般的なグラフの問題を解決するためには、役に立たないでしょう。その代わり、Twitterのような、超巨大なソーシャルグラフのデータを、複数のマシン上に、水平分散させて管理する、といった使い方には向いているようです。

注a https://github.com/twitter/flockdb

そのほかの問題

グラフをRDBで扱ううえで問題になるのは、クエリの記述だけではありません。グラフについては、RDBの持つ最大の魅力である、データの整合性を担保することが難しいという点があります。たとえば、次のような条件を保証する制約は、どのように記述すればよいでしょうか。

- **エッジの追加後にループや閉路がないこと**
- **エッジを削除してもグラフが連結していること**
- **平面的であること**

できないことを挙げればキリがありませんが、考えてみれば、それは当然のことです。リレーショナルモデルは、述語論理をベースとしたデータモデルです。しかし、上記のことを確認するには、グラフ理論に基づいたアルゴリズムが必要になります。そのような制約は、単純に論理演算では確認できないのです。

では、これらの制約は、どのように表現すればよいのでしょうか？ 1行を更新するたびに、長大なトリガーを実行すべきでしょうか？ はっきり言って、RDBが持つ本来の意味での制約は、グラフの前にはほとんど無力です。ただし、1組のノード間に、最大1つまでのエッジしか存在しないこと、つまり、単純グラフのようにきわめてシンプルなことであれば、DBの制約で表現できるでしょう。

10.4 ツリー（木）

最もよく使われるグラフの一つとして、**ツリー**があります。ツリーとは、いったいどのようなものでしょうか。**図10.10**は、典型的なツリーの例です。

ツリーはグラフの一種

ツリーは、グラフの一種に違いありませんが、次のようにかなり特殊な特徴を持ったグラフです。

- **閉路がなく連結している**
- **すべてのエッジはブリッジである**
- **任意の2つのノードを結ぶパスはただ1つだけである**
- **隣接していないどの2つのノードを結んでも閉路ができる**

これは、数学的な意味でのツリーの定義であるため、しっくり来ないかもしれません。ちなみに、図10.3では連結グラフが2つありますが、それぞれツリーになっています。

コンピュータ上でモデリングする際に、利用するツリーには、さらに次のような条件があるのが一般的でしょう。

- **親子関係がある有向グラフである**
- **あるノードへ向かうエッジは1つのみ**
- **すべてのノードの出発点になるノードがある(根あるいはroot)**
- **根からの距離が深さとして表される(階層構造)**

本章では、一般的な(rootがあって階層構造のある)ツリーの扱い方について説明します。

ツリーもグラフの一種であるため、リレーショナルモデルでは、上手に扱うことができません。ただし、ツリーには、一般的な(広義の)グラフとは違って、前述のような**おいしい条件**があります。グラフ全般を上手に扱

図10.10 典型的なツリーの例

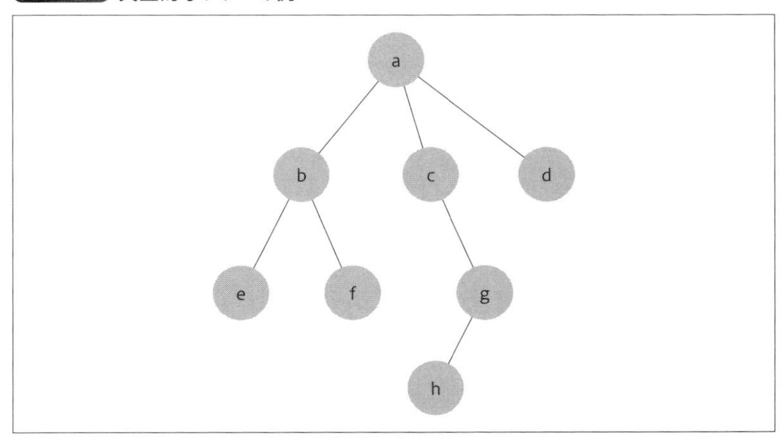

う、という試みではうまくいきませんが、ツリーという形状だけに対象を絞れば、比較的容易に扱うことが可能になります。

ツリーについては、上手に扱うためのテクニックが、すでにいくつか存在しますので、以降で紹介していきます。

Column

ディレクトリのハードリンクが作成できない理由

UNIX系OSでは、ファイルシステム上にリンクを作成できます。このリンクは、ファイルに対してハードリンクを作成できる一方、ディレクトリに対しては、シンボリックリンクしか作成できません。なぜ、そのようになっているのでしょうか？ これはツリーの性質を考えてみると、理解ができるはずです。
ファイルシステムは、ツリー構造になっていますので、隣接していない2つのノード間を結んでも閉路ができます。ディレクトリをハードリンクした瞬間から、ファイルシステムは、ツリーではなくなってしまうのです。

ファイルシステム上を検索するためのプログラムには、ファイルシステムがツリーであることを前提にしたものも少なくありません。そのようなプログラムにとっては、閉路、つまり経路上の循環が生じると、ディレクトリをたどる処理が循環し、うまく動かなくなってしまいます。また、ファイルシステムのアクセス権は、階層構造を意識したモデルになっています。そのため、閉路が存在すると、セキュリティのモデルも崩壊することになります。

隣接リストモデル

先ほどのグラフ例(図10.6)における説明と同様に、ツリーの場合も、隣接リストを使って表現できます。ただし、エッジについては、親の方向へ1本持っていれば事足りるため、ノードに「親のノードのID」として含めてしまう場合が多いです。**図10.11**は、隣接リストを使って、図10.10のツリーを表現したテーブルの例です。

このテーブルには、parent_idがNULLになっている行があります。本書をこれまで読まれた方は、よくご存じだと思いますが、NULLはリレーショナルモデルにとっては大敵です。ここにNULLがあってもよいのでしょうか？

NULLが許容される理由

このNULLは、ある意味仕方のないものです。なぜなら、本来は先ほどのグラフの例のように、ノードとエッジは別のテーブルに格納すべきところを、無理に同じテーブルに詰め込んでいるからです。つまり、非正規化された状態だと言えます。隣接リストモデルは、最大で1つの親しかない、というツリーの特徴をたまたま利用しているにすぎません。

そして、rootとなるノードは、親がNULLになるという特徴を利用して特定していますが、それもたまたまそうなるという、ツリーの性質を利用しているだけです。ただし、このような状態でも、実用上問題になることはあまりありません。

厳密にツリーを隣接リストモデルで管理したいのであれば、テーブルを分けるべきですが、そうすると、rootのノードに関するデータは格納されないため、rootに関する情報を別途格納する必要があります。そこで**図10.12**のようにすると、複数のrootがあるツリー（いわゆる林）も、容易に管理することが可能になります。

隣接リストモデルは、再帰的なSQLの表現（with recursiveなど）をサポートしているRDB製品であれば、簡単に書けます。**リスト10.3**は、図10.11のテーブルに対して「ノードfの階層の深さはいくつか」を調べるクエリで

図10.11 ツリーの隣接リストモデル

tree

node_id	parent_id
a	NULL
b	a
c	a
d	a
e	b
f	b
g	c
h	g

す。同様に、「ノードcはノードdの先祖か？」「ノードbの子孫すべて」などのクエリも容易に書けるでしょう。

経路列挙モデル

ツリーでは、任意の2つのノード間において、パスは1つしか存在しません。この性質を利用すると、「各ノードのrootからのパス」によって、ツリーを表現することが可能です。**図10.13**は、図10.10のツリーを経路列挙モデルで表したものです。

経路列挙モデルでは、あらかじめ経路が求められているため、任意のノード間の親子関係を一発で調べることが可能です[注8]。

図10.12 ツリーの隣接リストの別解

nodes

node_id
a
b
c
d
e
f
g
h

edges

node_id	parent_id
b	a
c	a
d	a
e	b
f	b
g	c
h	g

root_nodes

node_id
a

リスト10.3 ノードfの階層の深さを調べる

```
WITH RECURSIVE r AS (
SELECT 1 AS level, node_id, parent_id
    FROM tree
    WHERE parent_id IS NULL
UNION ALL
SELECT r.level + 1, t.node_id, t.parent_id
    FROM r JOIN tree t
    ON r.node_id = t.parent_id)
SELECT * FROM r WHERE node_id = 'f';
```

注8　子孫が含まれる行のパスを調べればわかります。主キーによる検索なので非常に高速です。

ただし、それ以外のタイプの問い合わせでは、かなり苦労するでしょう。なぜならば、パス列挙モデルで利用する**パスは、非正規化されたデータにほかならない**からです。非正規化されたデータの扱いはたいへん苦労します。

図10.13では、パスの区切り文字としてスラッシュ(/)を使っています。どのノードが含まれているかを調べるには、文字列を分解してノードを取り出さないといけません。そのため、インデックスを有効に利用できず、更新の際には、データの不整合のリスクがついて回ります。

ただし、経路列挙モデルは、ツリーの特性をうまく活かしているため、パスの検索自体は比較的容易に行うことが可能です。たとえば、「bの子孫のノードはどれか?」というクエリで考えてみましょう(**リスト10.4**)。

リスト10.4のクエリは、pathにインデックスが設定されていれば、LIKE句を使った範囲検索として、比較的高速に処理できます。このようなクエリが可能なのは、同じノードを通るパスの表現がまったく同じであるという性質に基づいたものだからです。

図10.13 経路列挙モデルの例

tree

node_id	path
a	/a
b	/a/b
c	/a/c
d	/a/d
e	/a/b/e
f	/a/b/f
g	/a/c/g
h	/a/c/g/h

リスト10.4 bの子孫のノードを調べる

```
SELECT *
    FROM tree
    WHERE path LIKE CONCAT((
        SELECT path
        FROM tree
        WHERE node_id='b'), '%');
```

ノードbの子孫は、すべてノードbと共通のパスを含んでいます。ほかにも「cはbの子孫か？」という問いも非常に簡単です。ノードcのパスを調べれば事足ります。

一方、更新処理はかなり面倒です。たとえば、「ノードbを削除してその子孫をbの親ノードに接続する」という処理は、どのように記述すればよいでしょうか？ 当然ながら、bが含まれるパス、つまりbの子孫のパスはすべて書き換えなければなりません。

子孫を求めるための検索条件は、先ほどと同じでかまわないでしょう。子孫のパスをbを含まないものへ書き換えるには、SUBSTRING()関数を使い、b以下のパスを切り出し、bの親のパスと連結するという操作が必要になります。

なぜ、このように面倒な処理が必要になるかと言うと、pathが非正規化されたカラムだからです。そのため、どうしてもユーザ自身の手でカラムの中身を分解、加工、結合しなければなりません。

経路列挙モデルでは、リレーショナルモデルの良い点を台無しにする危険性をはらんでいるため、その点をうまく回避できるかどうかが、経路列挙モデルを利用するかどうかを判断する決め手になるでしょう。

入れ子集合モデル

入れ子集合モデルは、Joe Celkoが考案したモデルで、入れ子集合というデータ構造を利用して、ツリーを表現するものです。ツリーを直接的に表現するモデルではないため、少しわかりづらいかもしれません。

入れ子集合を理解するには、思考の転換が2回求められます。1つ目は入れ子集合は、「親ノードの中に子ノードが含まれる」という規則に従って、ツリーを集合に変換するという点です。**図10.14**は、その様子を表したものです。

2つ目の思考の転換は、集合から数値へマッピングです。入れ子集合では、同じ階層のノードで「左のノードの最大値よりも、右のノードの最小値のほうが大きい」という状態になります。これを表したのが**図10.15**です。

これをテーブル上で表現するために、各集合に含まれる「数値」の「左の値と右の値」と呼ばれる数値を用いて表現します。もっとわかりやすく言うと、「その集合に含まれる数値の最小値と最大値は何か？」と言い換えることができます。そのような数値を使い、子ノードの最小値よりも親ノードの最小値のほうが小さく、かつ、子ノードの最大値よりも、親ノードの最大値のほうが大きいというふうに割り振ることで、集合の包含関係を表現するのです。

入れ子集合をテーブルで表現する

図10.15の数値で表された入れ子集合をテーブルで表現すると、**図10.16**のようになります。子ノードの値の範囲が親ノードの値の範囲に包含されていることがわかるでしょうか？ 入れ子集合とは、このように数値の範囲を使って、あたかも集合理論の包含関係のように親子関係を表すモデルです。

入れ子集合モデルでは、あるノードのlftとrgtの値の間に、ほかのノードのlftとrgtの値が入っているかどうかで、先祖／子孫の関係を表現しています。たとえば、**リスト10.5**はノードbの子孫を求めるものです。反対に、先祖は**リスト10.6**のように求めることができます。

図10.14 入れ子集合モデル

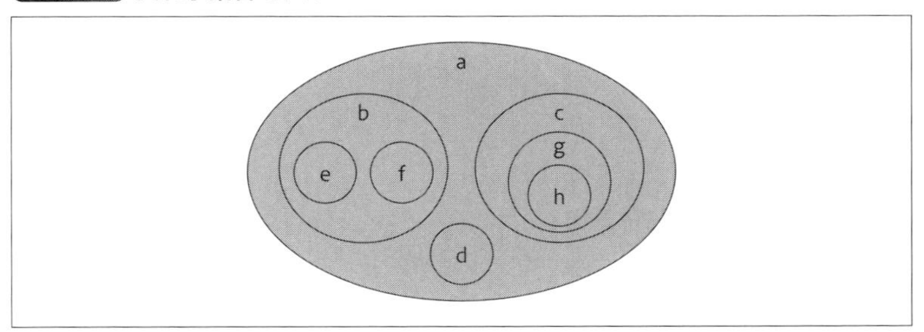

図10.15 数値で表現された入れ子集合

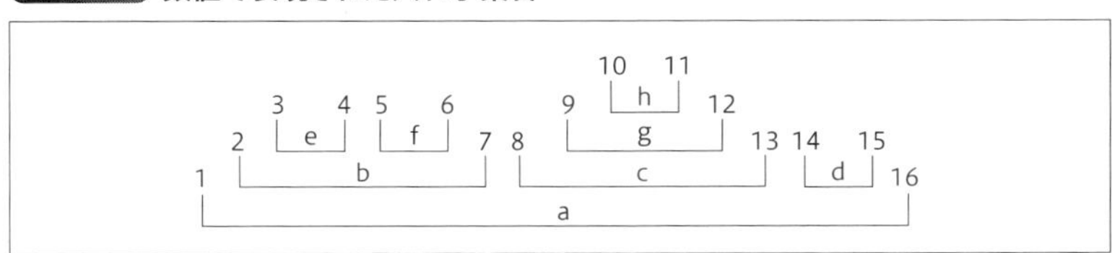

リレーショナルモデルと相性が悪い理由

ところで、入れ子集合モデルは、集合を用いたからといって、集合理論をベースにしたリレーショナルモデルと親和性が高いわけではありません。むしろ、相性は最悪です。理由はいくつかありますので、ここで考察してみましょう。

まず第一に、lftとrgtは繰り返しパターンですので、入れ子集合のあるテーブルは、1NFの要件を満たしません。「どちらも同じ数値型だから」とか「右とか左というポジションが問題になるから」という理由で、繰り返しパターンだというわけではありません。

問題になるのは、lftとrgtは、いずれも同じ数直線上の数値を表しているという点です。両者のベクトルは同じであり、この2つのカラムは、直

図10.16 入れ子集合テーブル

tree

node_id	lft	rgt
a	1	16
b	2	7
c	8	13
d	14	15
e	3	4
f	5	6
g	9	12
h	10	11

リスト10.5 ノードbの子孫を求める

```
SELECT t1.node_id
    FROM Tree t1 JOIN tree t2
    WHERE t2.node_id = 'b'
        AND t1.lft BETWEEN t2.lft AND t2.rgt
```

リスト10.6 ノードbの先祖を求める

```
SELECT t1.node_id
    FROM tree t1 JOIN tree t2
    WHERE t2.node_id = 'b'
        AND t1.lft < t2.lft AND t1.rgt > t2.rgt
```

交していないため繰り返しパターンとなります。リレーショナルモデルでは、リレーションの各属性は、直交していなければなりません。属性同士に相関があってはならないのです。

また、`lft`と`rgt`の値は、完全にツリーを表現するために使用するためのものです。ほかのいかなるカラムの値とも、関連性はありません。RDBの持つ外部キー制約などを適用できませんし、`lft`と`rgt`の意味は、入れ子集合の中だけで閉じています。アプリケーション側で、入れ子集合のロジックを正しく実装しなければ、データの整合性を担保することはできないのです。

また、ツリーの更新処理が非常に複雑だということです。たとえば、fに子を追加するには、どのようなクエリを記述すればよいでしょうか？ 入れ子集合では、子ノードを作成するには、子ノードが入る隙間を作るために多くのノードを更新しなければなりません。

入れ子集合について最大の問題点は、入れ子集合は集合と言っても、リレーションとは性質が異なるという点です。入れ子集合は、集合の包含関係を、テーブル内のそれぞれの行で表すモデルです。一つの行が、一つの集合に対応していると言ってよいでしょう。一方、リレーショナルモデルでは、リレーションそのものが集合となっているので、集合の使い方が、全く異なっているのです。

クロージャテーブル

クロージャテーブルとは、すべてのノードに対して、「ノードxはノードyの先祖である」という情報を洗い出し、格納したテーブルのことです。閉路のあるグラフでは、そのような関係を表現できないため、これもまた、ツリーの特徴をうまく活かしたモデルだと言えます。**図10.17**にクロージャテーブルの例を示します。

クロージャテーブルは、系統につながりのあるノードに関する情報をすべて格納するため、サイズが非常に大きくなります。xというノードに、子孫がnノードあった場合は、テーブルにn行のデータが格納されます。たとえば、rootノードには、そのほかすべてのノードとの関係が記述されます。

テーブルに格納すべきデータ量は、ツリーが深くなればなるほど増えます。最悪のケースでは、すべてのノードが1つの子ノードしか持たないようなケースです[注9]。そのような場合、クロージャテーブルの行数は$\frac{n*(n+1)}{2}$になります。反対に、最小のケースは深さ1のツリー、つまりroot以外のすべてのノードがroot直下の子ノードであるような場合です。クロージャテーブルの行数はn-1になります。

データ量は多くなるものの、クロージャテーブルは、リレーショナルモデルに対して親和性が高いことが特徴です。クロージャテーブルは正規化されており、整合性を担保するために、外部キーをつけることもできます[注10]。また、クロージャテーブルの述語は、「ノードxはノードyの先祖である」であり、評価した結果が真となるようなxとyが格納されています。

したがって、クロージャテーブルに対する問い合わせは、リレーショナルモデルに即したクエリになるため、直感的に理解しやすくなります。たとえば、**リスト10.7**は、「cの子孫はどれか？」という問に答えるものです。いたってシンプルです。

アプリケーションでは、ここで得られた結果を使ってツリーを描画する

図10.17 クロージャテーブルの例

tree

ancestor	descendant
a	b
a	c
a	d
a	e
a	f
a	g
a	h
b	e
b	f
c	g
c	h
g	h

注9　そのようなツリーは、1本の線で描画できるでしょう。
注10　外部キーで、ノードが実際に存在することを保証できます。

ことが多いでしょう。ポイントは、「得られた情報を元にツリーを再構築する必要がある」という点です。

RDBが扱うのは、あくまでも事実の集合であり、クエリによって得られるのは、事実から論理的な演繹によって導出される新たな事実の集合です。その**事実の集合を加工して表示などを行うのは、アプリケーション側の役割**です。また、アプリケーションがデータを格納する際は、**アプリケーションが認識している構造化されたデータを、事実の集合として分解する**必要があります。

リスト10.8は、「bはfの祖先か？」という問いに対応したクエリです。「gの深さ」を求めるには、**リスト10.9**のように記述します。

先祖と子孫の関係がある任意のノード同士の距離を求めるには、双方の深さを計算し、差を求めればよいでしょう。深さを再計算すると遅くなる場合は、あらかじめ深さに関する情報を格納するカラムを追加しておくのも一つの手です。

特に、深さに関係のあるクエリを頻繁に記述するような場合、たとえば、「cの子ノード(直接の子孫)はどれか」という問い合わせに対し、頻繁に答える必要がある場合に有益です。また、深さの情報を利用すれば、アプリケーションがツリーを再構築する際に役立ちます。

リスト10.7 cの子孫を求める

```
SELECT descendant
    FROM tree
    WHERE ancestor = 'c'
```

リスト10.8 bはfの祖先かを求める

```
SELECT
    CASE WHEN COUNT(1) = 0 THEN 'no'
        ELSE 'yes' END
    FROM tree
    WHERE ancestor = 'b'
    AND descendant = 'f'
```

リスト10.9 gの深さを求める

```
SELECT COUNT(1)
    FROM tree
    WHERE decscendant = 'g'
```

ツリーとSQLに関する考察

ツリーをRDB上のテーブルで表現する方法、または、そのテーブルに対してクエリを行う方法を、いくつか紹介しました。ツリーは、一般的なグラフよりも、ずっとシンプルな構造を持つため、工夫次第では、RDB上で上手に扱えます。特に、クロージャテーブルは、リレーショナルモデルと親和性が高く、筆者がお勧めする手法です。その次にお勧めするのは、構造がシンプルな隣接リストモデルです。

ただし、いずれのモデルに関しても言えることは、ツリー構造はRDBの外側の世界です。いくら親和性が高いクロージャテーブルでも、ツリー構造を理解(あるいは認識)して、データを格納しているわけではない点に注意が必要です。格納しているデータがツリーとして正しいかどうか、ノードの隣接に矛盾がないかといったことをRDBでは保証できないのです。

ツリーとして矛盾がないとは、本稿の冒頭で紹介したようなツリーの特性が満たされていることです(例：閉路がなく連結している)。そのような条件が満たされることを、RDB側で保証するしくみはありません。よって、アプリケーション側で注意深く、矛盾が生じない変更しか起きないよう、ロジックを記述するなどの対策が必要になるでしょう。

10.5 まとめ

本章では、一般的なグラフおよびその特殊なケースであるツリーの扱い方について説明しました。グラフはリレーショナルモデルにない概念ですので、RDBでうまく扱うことは困難です。いくつかの方法を紹介しましたが、それでもグラフやツリーを扱う場合の「絶対的に正しい方法」や「常にこうすべきという最適解」はありません。

ツリーではない一般的なグラフ（単純グラフ）は扱いが難しくなることを説明しましたが、条件次第では、扱い方がもっと容易になるでしょう。特に、クエリによって、どのようなデータが必要になるかがポイントで、任意の深さの探索が不要であれば、FlockDBのような割り切った解も選択可能でしょう。

反対に、グラフに対する複雑なクエリが必要な場合は、RDBにこだわる必要もありません。要件次第では、グラフDBの使用も視野に入れるとよいでしょう。XAトランザクション[注11]に対応していれば、RDBとの連携も容易です。

グラフは、リレーショナルモデルの外側の世界のデータであるため、グラフをどのように扱うべきかに対する正解はありません。グラフを扱う際には、対象のグラフの特性、およびクエリで求められる解が何であるかによって、どのような戦略をとるべきか、その都度決定するようにしましょう。

注11　分散トランザクション（複数のRDBにおいてアトミックな処理を行う）のための規格です。その特徴として、二相コミットを利用したロジックを実装しています。

第11章 インデックスの設計戦略

本章のテーマはインデックスです。言うまでもなく、インデックスの設計は大切なテーマです。にもかかわらず、現場では、きちんとしたインデックスの設計が行われているとは言い難い状況が散見されます。命名規則や変更手続きなどの管理をしっかり行っていても、肝心のインデックスをつけるカラムの選択がいいかげんだったりするケースが多く見受けられます。

本章では、インデックス設計の基本的な戦略を改めて一から解説したいと思います。

11.1 インデックスの働き

まず、インデックスについて軽くおさらいしましょう。インデックスは言うまでもなく、検索を高速化するために用いられるものです。よく本の目次にたとえられますが、それは正しくありません。どちらかと言うと、イメージ的には、インデックスは索引に近いです[注1]。

索引にはキーワードとなる単語が文字の順番に並べられており、キーワードを調べると、そのキーワードが出現するページの番号が載っています。索引を調べれば、そのキーワードが掲載されたページを、素早く開けるという寸法です。

ただし、本の索引は巻末のわずかなページから目的のキーワードを探せることから高速なのであって、もし、索引が巨大になると、キーワードを探すのにも、時間がかかってしまうでしょう。ヤマカンである程度、目的のキーワードに近いページを開くことはできますが、最終的にキーワードを見つけるには、索引の中を順にたどる(スキャンする)必要があります。

注1　索引は英語で「インデックス」です。

RDBのインデックス

一方、RDBのインデックスの場合は、もう少しスマートな方法で検索を実行します。**図11.1**は、B+ツリーの構造を図で表したものです。

B+ツリーは、データ(インデックスの値)が格納された**リーフノード(葉ノード)**と、リーフノードへの経路としての役割を持つ**ノンリーフノード**から形成されます。経路の出発点になるノードは、**ルートノード(根ノード)**と呼びます。ノンリーフノードには、子ノードが保有する値のうちの最小値が格納されています。

また、子ノードへのポインタ(多くの場合はページID)が格納されており、「どの枝を検索すれば目的のインデックスが見つかるか」がわかるようになっています[注2]。そのため、B+ツリーの検索は、ルートノードからあるリーフノードへ至る1本の経路だけを検索すれば済むので、とても効率的です。この性質はいくらツリーのサイズが大きくても、あるいは階層が増えても

図11.1 B+ツリーの構造

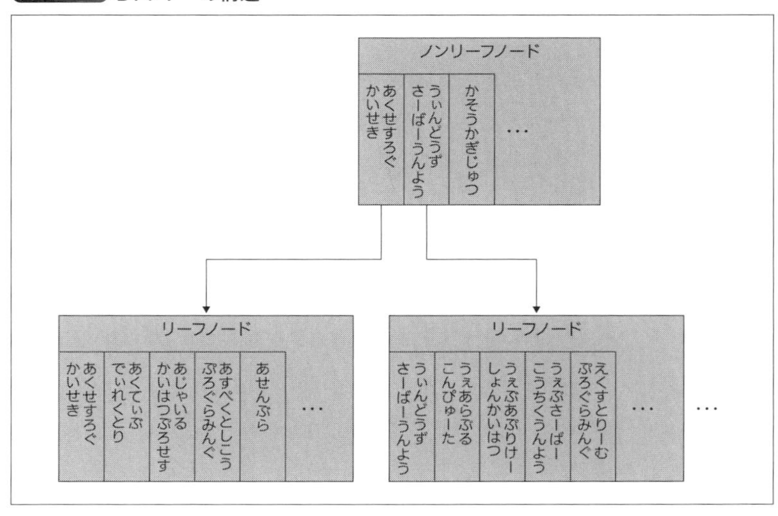

注2　子ノードがノンリーフノードの場合でも同じです。なぜならば、ノンリーフノードの持つ値のうち最小のものは、そのノンリーフノードの子孫が持つ値の中で最小になっているからです。

変わりません。

もう一つ、B+ツリーインデックスには、おもしろい特徴があります。それは、インデックス内のエントリ数がテーブルの行数とまったく同じだということです。そのため、テーブルの行数が増えると、インデックスも大きく成長します。巻末に単語の一部しか載っていない本の索引とは、ずいぶん違いますね。

インデックスの左端と範囲検索

B+ツリーインデックスは、等価比較および範囲検索に利用できます。等価比較は、キーの値が完全に一致する行を探すものです。具体的には、WHERE key = 123というようにイコールで検索します。範囲検索は、不等号やBETWEEN句を用いて範囲を指定します。たとえば、WHERE key BETWEEN 100 AND 200といった具合です。

実は、LIKE句を使った検索も範囲検索となります。たとえば、WHERE key LIKE 'a%'を検索すると、'a'以上'b'未満の範囲にあるエントリがヒットします。ただし、LIKE句を用いた検索の場合、ワイルドカードを配置する位置が問題になります。

インデックスを利用した検索を行うには、ワイルドカードの指定は、前方一致、つまり、ワイルドカードが具体的な文字列のあとに、置かれている状態でなければなりません。前方一致にしなければならない理由は、B+ツリーの物理的な構造によるものです。

B+ツリーは、左端の文字から順にソートされています。そのため、左端以外の文字でインデックスを検索しても、それは構造的に不可能です。たとえば、図11.1のインデックスにおいて、WHERE name LIKE 'あ%'という条件で検索する場合について考えてみましょう。

これは先頭の文字がわかっていますので、ノンリーフノードを見れば、どの子ノードに該当するエントリがあるかがわかります[注3]。

ところが、後方一致の場合、たとえば、WHERE name LIKE '%ぷろぐらみんぐ'というように、先頭にワイルドカードを持ってきた場合は、ノンリ

注3　一番左のリーフノードにすべてあります。

ーフノードを見ても該当するエントリがどこにあるのかは、判断できません。値を検索するには、インデックスをスキャンしなければなりません。

中間一致の場合も同様です。たとえば、WHERE name LIKE '%さーばー%'というように、両サイドをワイルドカードで囲んだ場合もスキャンしなければ、値を検索できません。

マルチカラムインデックス(複合インデックス)の場合も、文字列のLIKE検索と同様に考えることができます。たとえば、(last_name, middle_name, first_name)という定義のインデックスがある場合、等価比較であっても、middle_nameやfirst_nameだけを指定してもインデックスを使って検索できません。

検索時にインデックスを利用するには、左端のカラムから順に、インデックスを指定する必要があります。**左端のカラムの値が指定されていれば、残りの値がわからなくても、範囲検索としてインデックスを有効に活用できます。**たとえば、last_name、middle_nameが指定されていれば前方一致となり、first_nameが指定されていなくても、インデックスを使った範囲検索が可能です。

B+ツリーインデックスは、左側から順に値を指定しなければ役に立たない、ということを覚えておきましょう。逆説的ですが、マルチカラムインデックスを作成する場合は、カラムの並び順がとても重要になります。この点については、のちほどじっくりと解説します。

セカンダリインデックスの更新

多くの場合、主キーの値は、一度データが挿入されたあとに書き換えられることは、ほぼありません。ところが、セカンダリインデックスの場合は、更新が頻繁に起こり得ます。図11.1のインデックスにおいて、たとえば、「あじゃいるかいはつぷろせす」というインデックスエントリを、「りれーしょなるもでる」に書き換える処理について考えてみましょう。

その処理は、あるリーフノード上から「あじゃいるかいはつぷろせす」というエントリを削除し、別のリーフノードに「りれーしょなるもでる」というエントリを追加することに等しくなります。つまり、セカンダリインデックスの更新は、削除と挿入の2つの処理を行うことと、コスト的には変わらないのです。

ここでは、インデックスを更新するコストは高い、ということを覚えておいてください。インデックスが増えれば増えるほど、各種更新にかかるオーバーヘッドは、増えることになります。インデックスは便利ですが、安易につけるべきではありません。

11.2 インデックスの種類

先ほど、B+ツリーインデックスの構造について紹介しましたが、インデックスには、ほかにもいくつか種類があります。本章の主題は、B+ツリーインデックスであり、なおかつ、DB設計時にB+ツリー以外のインデックスを採用することはまれですが、要件次第では必要となりますので、どのような道具があるかを知っておくに越したことはないでしょう。

また、どのようなインデックスを実装しているかは、RDB製品次第です。性能特性は、製品によって異なりますので、使いこなすには、製品を熟知する必要があります。以降で紹介するインデックスも、すべてのRDBでサポートされているわけではありませんので、注意してください。

ハッシュインデックス

ハッシュインデックスは、読んで字の如く、ハッシュテーブルを利用したインデックスです。ハッシュ値を利用するため、範囲検索には利用できません。そのため、このインデックスを利用できるのは、等価比較による検索だけですが、検索速度は非常に速い、という特性があります。

使いどころは簡単で、等価比較だけが必要で範囲検索が必要でなく、かつ、RDB製品がサポートしている場合は、利用を検討してみるとよいでしょう。たとえば、主キーは等価比較だけでよい場合が多いため、主キー用に重宝するのではないでしょうか。

ハッシュインデックスは、範囲検索ができないため、B+ツリーインデックスのように、キーの左端だけを指定する使い方ができない点に、注意が必要です。マルチカラムインデックスの場合も、いくらキーの左端に含まれるカラムに対して等価比較をしても、ハッシュインデックスは使えません。キーに含まれるカラムすべてに対して、等価比較を行う必要があります。

全文検索インデックス

先ほど解説したように、B+ツリーインデックスでは、後方一致や中間一致などを、うまく扱うことができません。しかしながら、実際のアプリケーションでは、「○○という単語を含んだ行を検索したい」というニーズが多くあります。そのようなニーズに応えるのが、全文検索(フルテキスト)インデックスです。

全文検索インデックスは、**転置インデックス**として実装されます。転置インデックスとは、行に含まれる単語あるいは部分文字列から、その行へのポインタ(ROWIDやクラスタインデックスの場合には主キーなど)が格納されている構造のインデックスです。もちろん、単語と行は1:1の対応にはなっていませんので、転置インデックスのエントリ数は、テーブルの行数よりもずっと多くなります。転置インデックスの構造を模式的に表したのが**図11.2**です。

スペースで単語が区切られた英語のような言語であれば、文から単語を

図11.2 転置インデックス

rowid	text
1	Relational Model
2	Model View Controller
3	Materialized View

word	rowid
Controller	2
Materialized	3
Model	1
Model	2
Relational	1
View	1
View	2

抜き出すのは簡単です。ところが、日本語には、そのような**わかち書き**がないため、転置インデックスをどのようにして作成するか、つまり、それぞれの行に含まれるテキストからどのように単語を抜き出すかが課題となります。

その方法は、大きく分けて次の2通りがあります。

- **形態素解析**
- **Nグラム**

形態素解析

形態素解析は、辞書を用いて文章の文法を解析することで、そこに現れる単語を抽出するための技術です。単語をそっくり切り出すことができるため、無駄が少なくインデックスのサイズが小さくて済む、というメリットがあります。ただし、小さくなると言っても、フルテキストインデックスとしては、小さいというだけで、通常のB+ツリーインデックスと比べると、サイズは大きくなります。

一方、形態素解析の欠点として挙げられるのは、単語を抽出する能力の限界です。辞書に載っていない単語は、抽出できません。また、平仮名では、区切り方によって意味が変わる場合があり、どちらの単語を抽出すれば良いのかわからない、という問題があります。たとえば、「ここではきものをぬげ」というテキストは、「ここで、はきものをぬげ」を意味するものなのか、それとも「ここでは、きものをぬげ」なのかは、テキストから判断できません[注4]。

両方の単語に転置インデックスを作成すれば、いずれの単語でも検索にヒットするため、意図しない結果が返ってくるかもしれません。また、解析の精度は完璧ではないため、口語などは、うまく処理できない場合があります。

以上のような理由から、検索漏れが起きたり、辞書の品質によって、検索精度にゆらぎが生じるというデメリットがあります。

注4　このように、区切り方で意味が変わるものを「ぎなた読み」と言います。

Nグラム

Nグラムは、文章を単純にN文字ずつの部分文字列に分割する方法です。Nには、単語を区切る文字のサイズを指定します。2文字の場合はバイグラム、3文字の場合はトリグラムと言います。

形態素解析のように、単語単位で部分文字列を抽出できないため、意味のない文字列が切り取られる可能性があります。バイグラムの場合、たとえば、「外国人参政権」という単語は、「外国」「国人」「人参」「参政」「政権」の5つの部分文字列に分解されます。すると、意図しない「人参」という単語に対して検索がヒットする結果になります。

このように、Nグラムは網羅的ですが、検索ノイズが多いという課題があります。また、非常に多くの部分文字列に分解するので、インデックスのサイズも大きくなります。

Rツリーインデックス

Rツリーインデックスは、地図上の地点を検索するのに用いるインデックスです。空間(*Spatial*)インデックスとも呼ばれ、1つの平面上において、ある図形がほかの図形に含まれるか、重なるかなどの判定を行う際に使用されます。

RツリーのRは、「Rectangle」の頭文字で、**最小外接矩形**(*Minimum Bounding Rectangle*、MBR)という概念を用いて、インデックスを構成します。MBRとは、ある図形をちょうど囲む最小の矩形(長方形)のことです。**図11.3**では、不規則な形状を持つ多角形がちょうど隣接するように、長方形に囲まれています。

図11.3 最小外接矩形(MBR)

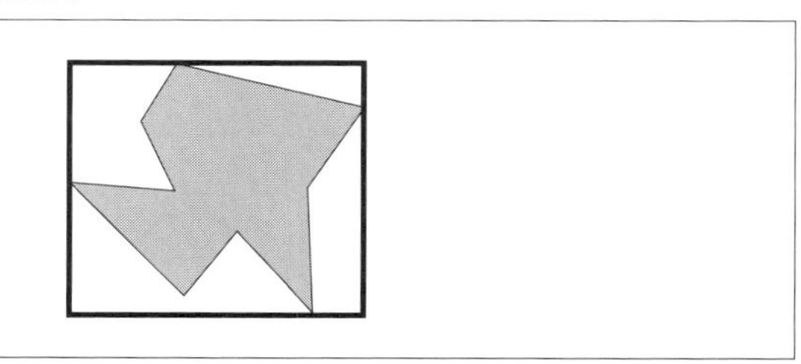

Rツリーを構成するには、まず要素となる図形すべてを、MBRに置き換えます。次に、近くにあるいくつかの矩形をすべて内部に含む矩形を、新たに作成します。この矩形が内部に含まれる矩形の親ノードとなります。

子ノードとなるMBRが多い場合、距離が離れている子ノードMBRをそれぞれ異なる親ノードMBRに含めます。そのようにして、すべての子ノードMBRがいずれかの親ノードMBRに含まれるようにします。親ノードに含まれる子ノードは適切な数になるよう調整します。

親ノードの数が多い場合、さらにその親ノードとなるMBRを作成するように、ツリーを構成します。最終的にすべての矩形を内部に含んだMBRが根ノードとなります。**図11.4**にRツリーの例を示します。

図11.4では、R1、R2、R3という3つの矩形は近くにあるので、これを

図11.4 Rツリーの例

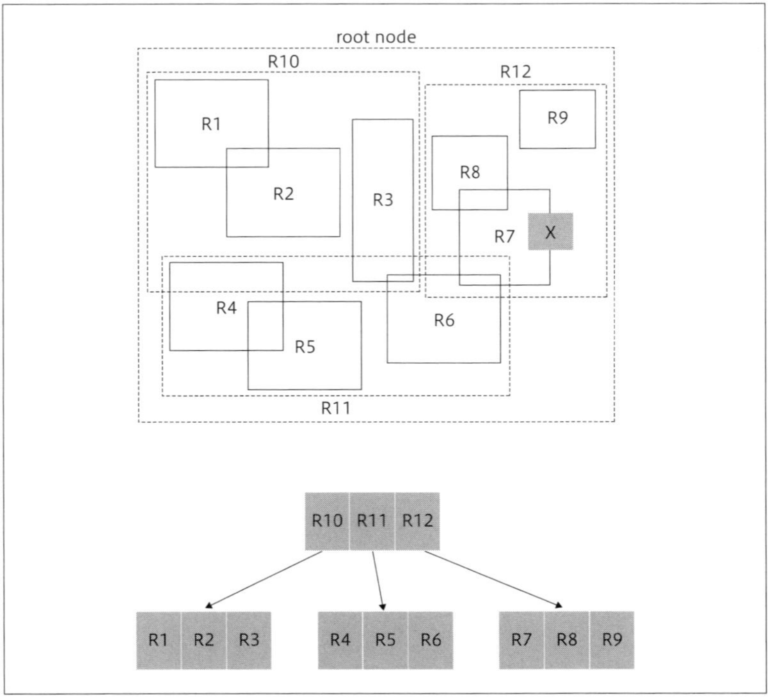

すべて含むMBR(R10)を作成します[注5]。同様に、ほかの矩形についても、近くにあるものをまとめ、MBRを順次作成します(R11、R12)。このとき、親ノードとなる矩形ができるだけオーバーラップしないように、組み合わせを選択します。すると、図中にあるようなツリーができあがります。

図11.4にあるXという矩形がどの矩形と重なっている(オーバーラップしている)かを調べるには、まず、根ノードの子であるR10〜R12まで、順次Xと重なっているかどうかを調べます。すると、XはR12に重なっている(含まれる)ことがわかりますので、R12の子ノードに対して、同じように重なりを調べてみます。すると最終的に、R7と重なっていることがわかります。

関数インデックス

通常、`WHERE year(date_col) = 2013`というように、カラムの値に対して関数を適用した`WHERE`句は、B+ツリーインデックスを使った検索は行えません[注6]。関数を適用したクエリでも、インデックスを使いたい場合に便利なのが関数インデックスです。

通常のインデックスは、テーブル内のカラムの値そのものに対して、インデックスを作成しますが、関数インデックスでは、たとえば、`year(date_col)`というように、関数を評価したあとの値に対して、B+ツリーインデックスを作成します。そのため、関数評価後の値を使って検索できますので、`WHERE year(date_col) = 2013`という検索条件でも、インデックスが使われることになります。

ビットマップインデックス

OLAP(*Online Analytical Processing*、オンライン分析処理)などで用いられるインデックスです。

B+ツリーインデックスでは、行ごとに対応するインデックスエントリが

注5　線が重なると視覚的にわかりづらくなるため、図11.4ではあえて線は離して描いてありますが、実際にはMBRの辺は内部の矩形に接しています。

注6　関数があっても、比較可能なRDB製品はあります。

作成され、それぞれのエントリから行へのポインタ(ないしはROWID)が格納されます。ビットマップインデックスは、それとはまったく異なり、カラムごとに、複数のビットマップが作成されます。ビットマップはカラムの値ごとに作成され、ビットはそれぞれの行に対応します。ビットが立っていると、その行の値がビットマップの値になっているということを示します。 ビットマップインデックスの例を**図11.5**に示します。

図11.5では、たとえば、gradeが「2」になっているビットマップでは、2番目と5番目のビットが立っているので、2行目と5行目の行の生徒が2年生であることがわかります。それぞれのビットマップは、B+ツリーに比べるとずっとサイズは小さくなるので、インデックスのスキャンは非常に高速です。

しかしながら、ビットマップの更新に時間がかかるため、OLTP (*Online Transaction Processing*、オンライントランザクション処理)など更新が多い処理に向いていません。また、カラムが取り得る値のバリエーションが多い場合も、必要なビットマップ数が増えてしまうため、期待したパフォーマンスが出ないことが多いでしょう。

図11.5 ビットマップインデックス

name	grade
坂本龍馬	1
桂小五郎	2
西郷隆盛	4
勝海舟	3
相楽総三	2
高杉晋作	3
中村半次郎	4

value	bitmap
1	1000000
2	0100100
3	0001010
4	0010001

Column

クラスタインデックス

テーブルそのものがインデックスでできているものを**クラスタインデックス**あるいは**索引構成表**(*Index Organized Table* あるいはIOT)と言います。

クラスタインデックスでは、主キーのリーフノードにキーの値だけでなく、ほかのカラムの値も一緒に格納します。そのため、主キーで値を検索すると、同じページにデータが入っているため、テーブル本体にアクセスし直す必要がなく、オーバーヘッドが小さくなります。

一方、セカンダリインデックスを用いた検索については、通常のテーブルでは、行へのポインタ(ページ番号、オフセットなど)によってアクセスすれば良いので、1ページだけのアクセスで済むところを、クラスタインデックスでは、ツリーをたどらないといけないため、若干オーバーヘッドが大きくなります。主キーによるアクセスがメインであれば(かつ、RDB製品がクラスタインデックスをサポートしていれば)、クラスタインデックスは、良い選択肢となるでしょう。

ちなみに、MySQLで最もよく使われるInnoDBストレージエンジンは、すべてのテーブルがクラスタインデックスとして作成され、それ以外の構造を選択できないようになっています。

11.3 パーティショニング

インデックスとは概念が異なりますが、パーティショニング(分割)についても、少し触れておきたいと思います。なお、本書で取り扱うパーティショニングは、断りのない限り、水平パーティショニング(行ごとにパーティションを分ける方式)とします[注7]。

注7　垂直パーティショニングは、カラムごとにパーティションを分ける方式です。特定のカラムだけを高速スキャンしたい場合に役立ちます。

パーティショニングとは

本章で説明したように、インデックスは、あるキーの値に従って、行データの場所を特定する際に使う機能です。一方、パーティショニングは、テーブルを複数のパーティションに分割し、キーの値によってどのパーティションに属すべき行なのかを振り分けるものです。

パーティションは、それぞれ同じ構造を持ったテーブルとなっており、インデックスもパーティションごとに存在します。**図11.6**は、パーティショニングの様子を模式的に表したものです。

図11.6では、3つのパーティションが定義され、日付に従って、格納先のパーティションが分かれています。どのパーティションに所属するかを決めるキー（パーティションキーと呼ばれる）を、検索条件で指定すると、そのパーティションだけを検索すれば良くなるため、検索効率が向上します。

図11.6 パーティショニングの様子

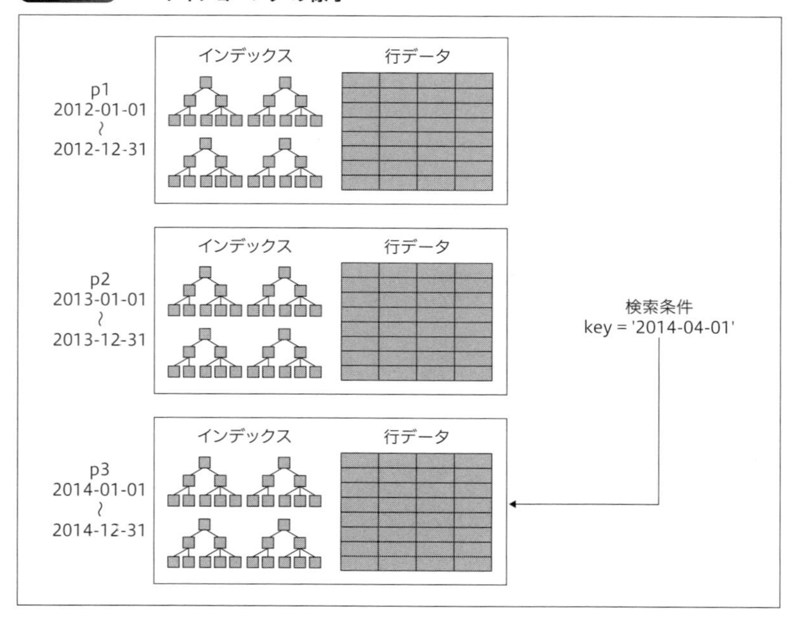

図11.6では、パーティションキーが2014-04-01であるため、p3というパーティションに欲しい行があることがわかります。このように、検索対象のパーティションを絞り込む動作を**パーティションの刈り込み**(*Partition Pruning*)と呼びます。刈り込みは範囲検索の場合でも有効です。たとえば、key BETWEEN '2013-10-01' AND '2014-02-01'という条件の場合は、p2とp3が検索対象になるでしょう。

また、個々のパーティションには、それぞれインデックスがあるため、刈り込みのあと、さらにインデックスを使った検索を行うことも可能です。

パーティショニングは、パーティションをどのような方法で分割するかという方式により、**表11.1**に挙げる3つの種類に分けられます[注8]。

パーティショニングが適しているケース

パーティションを用いるべきかどうか、最大の判断基準となるのは、刈り込みができる検索条件を含んだクエリの実行頻度です。刈り込みが有効なクエリがほとんどである場合は、パーティショニングによる処理全体の効率化が期待されます。

ただし、パーティショニングが適していると思われるケースであっても、インデックスをつければ十分であることがほとんどです。パーティショニングのほうが明らかに性能が向上するのは、キーのカーディナリティが低い場合、つまり、検索によって大量のデータがフェッチされる場合です。

カーディナリティが低いインデックスを用いた検索では、大量の行がヒ

表11.1 パーティショニングの種類

方式	説明
レンジ	キーの範囲がどこにあるかでパーティションを決定する。日付ごとにデータを分割したい場合などに向いている
リスト	事前に与えられたキーの値によってパーティションを決定する。カラムが取り得る値がごく少数しかない場合に有効な方法
ハッシュ	キーから計算したハッシュ値の剰余などに従って、パーティションを決定する。キーが整数の場合はキーパーティショニングと呼ばれる

注8　これらの組み合わせによって、パーティションをさらにサブパーティションに分割できる製品もあります。

ットするため、インデックスページとデータを格納したページを何度も往復することになり、効率はあまり良くありません。パーティショニングであれば、1つのパーティションをスキャンするだけで済むため、ずっとコストが低くなります。

ただし、OLTP系アプリケーションでは、そのように大量の行をフェッチしなければならないケースはまれですので、パーティショニングが登場する機会も少ないでしょう[注9]。

最新データが常にホットな場合は、パーティショニングが役に立つケースがあります。新たなデータを次々と追加するようなアプリケーションで、過去のデータにはあまりアクセスしないケースでは、レンジパーティショニングを行うことで、アクセス対象のデータの局所性を最大限に活かすことが可能です。なぜかというと、パーティショニングを適用すると、パーティションごとにインデックスが作成されるからです。

たとえば、図11.6では、最新データが常に検索対象になる場合は、p3だけがアクセスの対象になるでしょう。このような**アクセスの局所性が存在すると、キャッシュの効率がきわめて向上します。**そのため、多くの検索がメモリ上だけで完結し、ディスクI/Oを避けることで高速化を実現できるのです。

パーティショニングと一意性制約

図11.6では、インデックスがパーティションごとに作成されています。このようなインデックスを**ローカルインデックス**と呼びます。インデックスがパーティションごとに存在することで、一番困るのが一意性制約です。

一意性制約は、インデックスを用いて実装されています。ローカルインデックスによって、一意であることを保証できる範囲は、そのインデックスが所属するパーティションだけに限られます。そのため、テーブル全体としては一意性を保証できなくなってしまいます。

このような問題があるため、多くの製品では、パーティショニングされ

注9　もしOLTP系アプリケーションで、スキャンを何度も実行しなければならない場合、テーブルの正規化が十分でないなどの問題が考えられますので、先にそちらを対処すべきでしょう。

たテーブルに対しては、主キーやユニークインデックスには、必ずパーティションキーを含めなければいけないという、制限が設けられています。

パーティションキーが、主キーやユニークインデックスを構成するカラムとして含まれていれば、パーティションごとにパーティションキーの値は異なるため、異なるパーティションに、同じ値のキーが含まれる可能性は皆無です。そのような方法を採れば、確かに一意性制約の実装としては正しく機能するでしょう。

しかし、パーティションキーを含めたキーは、そのテーブルの設計上、本当に一意でなければならないキーでなくなるかもしれません。そのような場合、パーティションキーをユニークインデックスに含めても、何の解決策にもなりません。**パーティショニングを行うことで、一意性を保証できなくなるぐらいであれば、パーティショニングすべきではありません。**

パーティショニングを行っている場合でも、通常通りに一意性制約を使うには、個々のパーティションではなく、テーブル全体を対象としたインデックスが必要です。このようなインデックスを**グローバルインデックス**と呼びます。

グローバルインデックスが使える製品であれば、パーティショニングによって一意性制約が損なわれず、気兼ねなくパーティショニングを使えます。ただし、そのグローバルインデックスには、すべてのパーティションのデータが含まれることになるため、そのインデックスを用いた検索では、パーティションの刈り込みができません。また、どのパーティションの行を更新しても、必ずグローバルインデックスも更新しなければならず、アクセスの局所性も期待できません。そのため、パーティショニングの旨味は、少し損なわれることになります。

パーティショニングについてよくある誤解

パーティショニングについて、最もよく見受けられる誤解は、パーティショニングをすればただそれだけでアクセスが高速化されるというものです。

パーティショニングは、基本的に刈り込みが効かなければ意味がありません。パーティショニングを行うことで、データの格納先のディスクを分けたり、処理をパーティションごとに並列化できる製品もありますが、そのような製品でない限り、**闇雲にパーティショニングをしてもまったく意味がない**のです。

それどころか、パーティショニングによって、処理が遅くなる可能性が高くなります。パーティショニングは、刈り込みを行うことで高速化を実現しますが、刈り込みが効かない場合は、すべてのパーティションに対して検索を実行しなければなりません。

インデックスを使った検索でも同様です。パーティショニングをしていない場合は、範囲検索はインデックスを1回検索すれば十分です。しかし、たとえば、100個のパーティションを持つテーブルの場合は、刈り込みが効かないと、ローカルインデックスを100回検索しなければならない羽目になります。このようなオーバーヘッドは、フェッチされる行数が少ない場合、特に問題になります。ローカルインデックスを検索しても、ハズレを引く(つまり該当するデータがない)可能性が高くなるからです。

パーティショニングを適用する場合は、それによって本当に処理が高速化されるのかを、よく検討するようにしましょう。

11.4 リレーショナルモデルとインデックス

リレーショナルモデルの観点から、インデックスはどのように考えれば良いのでしょうか。インデックスは論理的な設計ではなく、主に物理的な設計の話(実装)になります[注10]。

インデックスを論理的なオブジェクトのように思うかもしれませんが、そうではありません。論理的な設計は、どのような値がテーブルに格納されるかだけです。クエリの結果によってどのような値が得られるか、つまりテーブルに含まれる個々の値が何であるかが、テーブルの論理的な設計

注10 パーティショニングもインデックスと同じく物理設計に含まれます。

にほかなりません。

一方、インデックスは実行計画に関わるオブジェクトです。インデックスによって、それを使ったアクセスは高速になります。しかし、インデックスの有無によって、クエリの結果に変わりはありません。インデックスは論理的な設計ではなく、物理的な設計(実装)の一部なのです[注11]。

したがって、本来は**「クエリが決まってから(欲しいデータが何かを決定してから)高速化するためにインデックスを設計する」べき**ですが、現場では往々にして**「インデックスを決め打ちしてから、どうやってそのインデックスを使ってクエリを書く」べきか**に終始しているのを見かけます。本末転倒ですが、非常に多くのSQL熟練者が犯す間違いでもあります。

インデックスはリレーショナルモデルの一部ではない

最も重要な点は、**インデックスはリレーショナルモデルの一部ではない**ということです。インデックスは、リレーショナルモデルの外側の世界の概念です。

だからと言って、インデックスの設計が重要でないわけではないということは、みなさんよくご存知でしょう。問題は、リレーショナルモデルとインデックスの間は、ミッシングリンクになっていることです。両者の隔たりをいかにうまくつなぐかということが、開発者あるいはDB設計者の腕の見せどころです。

基本的なスタンスとして、先ほど述べたようにまず先にDBの論理設計をして、その次にクエリを書き、そのあとにインデックスについて考えるのが良いでしょう。なぜならば、DB設計やクエリによって何が得られるかは、論理設計であり、インデックスは物理設計だからです。DB設計時に候補キーはわかるため、それだけは、当初から主キーとして定義しても良いでしょう。

しかし、それ以外のインデックスは、クエリを書いたあとに、ようやく必要かどうかがわかります。直感で「このカラムは検索されることが多くなる」とわかっていれば、インデックスをつけておいてもかまいません。

注11　論理設計はWHAT、物理設計はHOWに相当するものだと考えれば、わかりやすいでしょう。

しかし、くれぐれもそのような決め打ちのインデックスに縛られてクエリを記述することがないよう、注意してください。特にインデックスはリファクタリングも簡単なため、最初に決めたインデックスに対して執拗にこだわる必要はありません。「インデックスの定義は柔軟に見直してもかまわないのだ」ということを覚えておいてください。決め打ちのインデックスに惑わされることなく、クエリが何を欲するものなのか、という論理設計に集中しましょう。

正規化とインデックス

もう一点を挙げると、インデックスを効果的に使用するには、DB設計が非常に重要です。特に正規化はしっかり実践すべきです。

カラム数が絞られる

正規化されていないテーブルは、カラムが非常に多くなります。その結果、必要なインデックスも増えてしまうことになります。最悪のケースでは、1つのテーブルに対して、数十のセカンダリインデックスがある、という事態にもなります。インデックスは多ければ多いほど、更新性能が悪化し、必要なディスクスペースも多くなりますので、インデックスの観点から見ても、きっちりと正規化されていないDB設計は好ましくありません。

また、正規化されたテーブルには、少なくとも1つの候補キーが存在しますので、そのテーブルには明示的に主キーをつけることができます。SQLでは、主キーのないテーブルも許容されていますが、重複する行を含んでしまうことになりますので、そのような設計は好ましくありません。重複する行を含んだテーブルは、集合として扱うことはできないため、リレーショナルモデルに基づいた演算を適用できないからです。

問題児NULL

もう一つ、正規化していない場合に問題になるのがNULLの存在です。1NFになっていないテーブルには、NULLが出現する可能性があります。

NULLは、リレーショナルモデルにとっての天敵であるというだけでなく、インデックスとも相性が良くありません。SQLの上では、NULL同士の比較は同じにはなりません[注12]が、インデックスの実装上、NULLは同じような値を持つエントリとして、インデックスの先頭、あるいは最後尾にまとめて置かれます。

先頭と最後尾のどちらに置かれるかは、製品の実装（ソート順）次第です。NULLの値を検索するのは、物理的には連続した領域をスキャンすることにほかなりません。そのカラムの値のうち、どれだけの割合がNULLなのかによりますが、NULLの比率が多い場合は、そのインデックスを用いた検索は、非常に非効率なものになります。

カラムの値がNULLになる場合の問題は、比較が3VLになるということです。たとえば、ageという名前のNOT NULLでないカラムがあり、20歳未満の人全員を探すという場合、NULLの人たちを含めるのかそうでないのかで検索条件が変化します。

age < 20という式では、ageがNULLの人は含まれません。NULLの人も含めたい場合は、age < 20 OR age IS NULLという条件式にする必要があります。2つの条件式は、「IS NULL」の指定を含むかどうかの違いだけですが、効率は大きく違ってくる可能性があります。NULLが含まれていると、せっかくのインデックスもその効果を最大限に発揮できないのです。

11.5 指令：最適なインデックスを探せ！

さて、ようやく前置きが終わりました。インデックスの設計において、最も重要なポイントは、数あるカラムの中からどのカラムに対してインデックスを作成すれば良いかということです。どのカラムをインデックスに含めるか、あるいは含めないか、どのカラムの組をマルチカラムインデックスにするかといったことを決定するには、どのような方針で判断すべき

注12　NULL = NULLはTRUEになりません。3VLの真理値表を思い出してください。

でしょうか。

残念ながら、この問いに対する画一的に解を導く手法はなく、事態は思っている以上に複雑です。また、「唯一の正解」というものも存在しません。何通りか最適だと思われる解が存在し、その中から1つの選択肢を選ぶことになります。

では、最適解の候補を見つけるには、どうすれば良いのでしょうか。以降では、B+ツリーインデックスを題材にして、どのようなカラムの組み合わせのインデックスを作成すべきかを考えるためのヒントを解説します。

必要なインデックス

インデックスで検索を高速化するには、検索条件に適合したインデックスが必要です。もし、条件に合うインデックスがなければ、テーブルスキャンによって、検索を解決するしかありません。テーブルのサイズが大きい場合、スキャンのコストも大きくなります。大きなテーブルでは、インデックスによる検索速度の改善効果は、絶大です。

ただし、検索が速くなるからといって、何でもかんでもインデックスを作成すれば良いわけではありません。インデックスは増えるほど、テーブル更新時のオーバーヘッドは大きくなり、必要なディスクスペースも増えます。データサイズが増えることで、バッファプールのヒット率も悪化してしまうでしょう。検索に必要なカラムが含まれたインデックスの組み合わせのうち、最も効率の良いものを見つけ出すことが重要です。

インデックスのアクセス特性

インデックスが必要な理由は、テーブルスキャンを避けるためですが、テーブルスキャンが実行計画上、必ずしも悪い選択であるとは限りません。たとえば、次のようなケースでは、テーブルスキャンをあえて選択したほうが、システム全体としてスループットが高くなる場合があります。

- **あるインデックスを使うクエリの実行頻度がきわめて低い(1日に1回など)**
- **テーブルのサイズが非常に小さい(100行など)**

- 検索結果が非常に多くの行にヒットする

最後のケースでは、後述するカヴァリングインデックス(p.259)になっていれば高速です。しかし、そうでない場合は、実行過程でインデックスとテーブルを行き来しながらアクセスすることになるため、テーブル本体へのアクセスにおいて、ランダムなディスクアクセスが必要となり、インデックスを使うと、かえって遅くなることが多いのです。

何でもかんでも、インデックスでアクセスすれば良いわけではない、という点を覚えておいてください。実行計画次第では、インデックスを使わないほうが効率的なケースも、多々存在するのです。

インデックスが使用される構文

どのカラムにインデックスを作成すべきかを考える前提として、どのようなSQLの構文においてインデックスが利用可能であるかを知っておく必要があります。ここでは、SELECTを対象に解説しますが、UPDATEやDELETE、INSERT ... SELECTなどの構文でも考え方は同じです。

WHERE句

最も基本的なものがWHERE句です。WHERE句において、カラムが等号や不等号で比較されていれば、インデックスによって、高速化できる可能性があります。同じテーブルの複数のカラムがWHERE句で指定されている場合、それらのカラムに対してマルチカラムインデックスを使うことで、最も良いパフォーマンスが得られる可能性が高いでしょう。

マルチカラムインデックスを使用する際に注意すべき点は、検索条件が前方一致でなければならない、ということです。特に等号と不等号が混在する場合は注意が必要です。

たとえば、**リスト11.1**のようなクエリについて考えてみましょう。

このクエリをインデックスを使って、高速に処理するには、(col2, col1)

リスト11.1 マルチカラムインデックスが適合する範囲検索の例

```
SELECT * FROM t WHERE col1 > 100 AND col2 = 'abc';
```

という順序で、インデックスを作成しなければなりません。

というのも、(col1, col2)の順序でインデックスを作成しても、col1 > 100の部分しか、B+ツリーで解決できないからです。この不等式は、片方が開いているため[注13]、膨大な数の検索結果がヒットする可能性があります。それによって、前項で述べましたが、インデックスを使用するメリットが出なくなる可能性があります。

反対に、(col2, col1)の順序で作成されたインデックスであれば、両方の検索条件をインデックスで解決することが可能です。具体的には、('abc', 100) < (col2, col1) < ('abd', col1の最小値)という範囲をインデックスから検索することになります。

JOIN

JOINで重要なのが結合されるテーブルの順序です。内部表(結合されるほうのテーブル)へのアクセスには、インデックスが使用されます。このとき重要なことがJOINの結合条件以外の検索条件です。

たとえば、**リスト11.2**のクエリを見てください。

このクエリで駆動表がt1、内部表がt2という順序の実行計画が選択されたとき、t2テーブルにおいて(col2, col4)というマルチカラムインデックスがあると、col2単体のインデックスよりもアクセスが効率的になる可能性があります。col2はJOINのON句で、col4はWHERE句で、それぞれ登場しています。これは、t2.col2が主キー、あるいはユニークインデックスでない場合に特に効果的です。

主キーやユニークインデックスでは、等価比較によってテーブルからフェッチされるデータは最大1行です。よって、ほかの条件があったとしても、効率に大きな違いがありません。やはり、内部表へのアクセスが主キーやユニークインデックスを用いて行われるのは効率的です。

しかし、WHERE句の検索条件による絞り込みの度合い(絞り込んだ後の行

リスト11.2 JOINでマルチカラムインデックスが役立つ例

```
SELECT * FROM t1 JOIN t2 ON t1.col1 = t2.col2
WHERE t1.col3 = 100 AND t2.col4 = 'abc';
```

注13 col1の上限がないという意味です。

数）によっては、オプティマイザはJOINを行う順序、つまり、どちらが駆動表になるのかを入れ替える場合があります。

そのようなケースでは、t2.col2カラムにユニークではない、セカンダリインデックスがあるかもしれません。t2.col2がユニークでなければ、JOINのt1.col1 = t2.col2という条件にヒットする行が複数出てきます。このクエリを解決するには、JOINの条件に従ってt2から行をフェッチしたあと、WHERE句のt2.col4 = 'abc'という条件で、さらに絞り込みが行われるでしょう。

もし、t2テーブルに(col2, col4)というマルチカラムインデックスがあれば、テーブルからデータがフェッチされる時点で、JOINのt1.col1 = t2.col2、WHERE句のt2.col4 = 'abc'という2つの条件の両方が適用されることになり、テーブルから行をフェッチしてから、WHERE句の条件でさらに絞り込みが行われる、という無駄がなくなるのです。

JOINにおいて、マルチカラムインデックスが役に立つケースがあるというのは意外な盲点ですので、覚えておきましょう。

相関サブクエリ

JOINの場合と同様に、相関サブクエリもWHERE句の条件と、サブクエリの双方を考慮したインデックス設計が求められます（**リスト11.3**）。

リスト11.3では、サブクエリのWHERE句で指定されているcol3およびselect listにあるcol2がインデックスの対象になります。意外かもしれませんが、col2はt1.col1と比較されるからです。そのため、t2テーブルに、(col2,col3)あるいは(col3,col2)というインデックスがあると、この相関サブクエリは、インデックスを用いて解決することが可能です。

ちなみに、INサブクエリは、EXISTSサブクエリに簡単に書き直すことができます。上記のクエリを書きなおすと、**リスト11.4**のようになります。

リスト11.3 相関サブクエリでマルチカラムインデックスが役立つ例

```
SELECT * FROM t1 WHERE t1.col1 IN
(SELECT col2 FROM t2 WHERE col3 = 100)
AND t1.col4 = 'abc';
```

こうしてみると、t2テーブルに、マルチカラムインデックスが必要になる理由が、一目瞭然ですね。

ソート

B+ツリーは、キーの順番にソートされて格納されるため、インデックスの順序でエントリを読み取ることで、ソートの高速化にも役立ちます。WHERE句で前方一致となるように条件を指定することで、範囲検索とソートの双方を一挙にインデックスで解決することも可能です(**リスト11.5**)。

このクエリは、(name)というインデックスがあれば、nameに対する検索が前方一致となっているため、インデックスを使った範囲検索が可能です。ソートは、その範囲の先頭から順に、インデックスをたどれば良いため、ソートにもインデックスを利用可能です。範囲が明確になっていれば、ソートの順序はASCでもDESCでもかまいません。

マルチカラムインデックスの場合も同様に、範囲が明確になっている、その範囲のインデックスがソートキーの順に並んでいる、という2つの条件を満たせば、インデックスでソートを解決可能です。

たとえば、(col1,col2,col3)というインデックスがある場合、WHERE col1 = 100 AND col2 = 'abc' ORDER BY col3という条件であれば、ソートをインデックスで解決可能です。ただし、WHERE col1 = 100 ORDER BY col3のようにcol2が抜けている場合は、インデックスを使ってソートを解決できません。WHERE句で指定された範囲のインデックスエントリは、ソートキーのcol3ではなく、先にcol2の順序で並んでいるからです。

図11.7は、(col1,col2,col3)というインデックスがどのように並んでいるかを表した例です。

リスト11.4 リスト11.3の書き換え例

```
SELECT * FROM t1 WHERE EXISTS
(SELECT * FROM t2 WHERE col3 = 100
    AND t2.col2 = t1.col1)
AND t1.col4 = 'abc';
```

リスト11.5 範囲検索とソートでインデックスが使える例

```
SELECT * FROM t WHERE name LIKE 'あ%'
ORDER BY name;
```

WHERE col1 = 100 AND col2 = 'abc' ORDER BY col3という条件に該当する行は、4行あります。ソートの順序がASCであれば、4つの行を上から順に、DESCであれば、下から順に読み取っていけば良いことがわかります。

一方、WHERE col1 = 100 ORDER BY col3という条件の場合、図11.7に該当する行が7行あります。しかしながら、その7行に対してcol3は順番に並んでいるわけではないため、インデックスの順番にデータを読み取っても、ソートができるわけではないのです。このような場合は、テーブルからデータを読み取ったあとに、改めてソートを行う必要があります。

カヴァリングインデックス

クエリの実行に必要なカラムがあるインデックスにすべて含まれていれば、テーブル本体にアクセスせず、インデックスだけにアクセスすることでクエリを解決できます。そのようなインデックスをカヴァリングインデックスと言います。

カヴァリングインデックスを使ったクエリ[注14]は、非常に高速です。そのため、インデックスのサイズが大きくなるのを覚悟のうえで、あえて余分

図11.7 ソートをインデックスで解決する例

col1	col2	col3
	⋮	
99	abc	1
99	xyz	1
100	aaa	**1**
100	aaa	**2**
100	**abc**	**1**
100	**abc**	**2**
100	**abc**	**3**
100	**abc**	**4**
100	xyz	**1**
101	abc	1
101	abc	2
	⋮	

注14　インデックスオンリースキャンとも言います。

なカラムをインデックスに含め、頻繁に実行されるクエリがインデックスオンリースキャンになるようにする、というテクニックがあります。

ディスクスペースと更新性能は、少し犠牲になりますが、カヴァリングインデックスの効果は絶大ですので、高頻度で実行されるクエリがあれば、ぜひ積極的に狙うようにしてみてください。

ORとインデックス

マルチカラムインデックスに効果があるのは、基本的に検索条件がANDで結合された場合だけです。(col1,col2)というインデックスは、col1 = val1 AND col2 = val2というように、ANDによって条件が結合された場合しか効果がありません。

一方、col1 = val1 OR col2 = val2など、ORで結合された場合は、マルチカラムインデックスでは解決できません。ORを解決できるのは、ORで結合される条件にそれぞれインデックスがある場合です。

col1 = val1 OR col2 = val2という検索条件は、(col1)および(col2)という2つのインデックスがあって初めて実現可能です。この実行計画では、それぞれのインデックスを使って取得したROWIDの集合に対して、集合和(UNION)を実行し、最終的に必要な行がどれであるかを判断します。このような実行計画を**インデックスマージ**と言います。

インデックスマージが実装されているかどうかは、製品次第です。インデックスマージが使えない(あるいは精度が良くない)製品の場合は、WHERE句内で検索条件をORを使って結合する代わりに、UNION DISTINCTを使って、2つのSELECTをつなげる、という方法を選択すると良いでしょう。

ORに対してインデックスマージが有効な場合、ANDにも応用できないか、と考えるかもしれません。col1 = val1 AND col2 = val2という検索条件に対し、(col1)および(col2)という2つのインデックスがある場合は、両方のインデックスを使って解決できないかということです。そのような実行計画をとれる製品もありますが、ANDを2つのインデックスを使って解決するのは、効率的ではありません。

というのも、片方のインデックス、たとえば、(col1)を使って行データを取得してから、行データに含まれるカラムの値に対して、別の検索条件(col2 = val2)を適用したほうが、効率的であることが多いからです。

最適なインデックスを探すための戦略

これまで、主に「個々のインデックスがどのように使われるか」という点を中心に解説してきました。その次に必要になるのは、テーブル全体を俯瞰的に見たときに、どのカラムの組み合わせに対して、インデックスが必要になるのか、ということです。

最適なインデックスの組み合わせを見つけることは、たやすい作業ではありません。最適なインデックスを見つけるために必要な戦略を、いくつかのポイントに絞って紹介したいと思います。

インデックス ≠ 候補キー

もしかすると、みなさんの中にリレーションの候補キーだけがインデックスになる、というイメージを持っている方がいるかもしれません。しかし、それは大きな誤解です。

すでに解説したように、多くの場合は、インデックスはWHERE句の検索条件、つまり、**制限を高速に実行するために必要**だと言えます。制限は、候補キー≒主キーに対して等価比較を行うものでなければ、インデックスの構造上、範囲検索になります。それは、インデックスの値が重複する可能性があるからです。

インデックスを上手に設計するための最大の焦点は、**いかにして範囲検索に役立つインデックスを設計するか**、にあると言っても過言ではありません。

範囲検索のためのセカンダリインデックスが制限だとすると、**カヴァリングインデックスは射影を高速に解決するためのもの**だと言えます。インデックスに含まれるカラムを適切に設定すれば、カヴァリングインデックスによって、制限と射影を同時に高速化することも可能です。

良いインデックスを設計するには、まず論理的な、つまり、リレーショナルモデルの視点で何の処理に対して必要なものか、そのためには、物理的にどのようなインデックスが必要なのかを把握しておく必要があります。

カラムの並び順

B+ツリーインデックスは、カラムの順序が重要ですが、一方で、リレーショナルモデルでは、候補キーやスーパーキーは集合であるため、要素間に順序はありません。このように、要素の順序のあり／なしという違いがあるため、キーに含まれる属性が複数の場合、リレーショナルモデルのキーをそのまま、SQLのマルチカラムインデックスにマップできるわけではありません。すなわち、どの順番にカラムを並べるかが重要です。

どのような順序でカラムを並べるべきかは、クエリ次第です。範囲検索やソートがある場合は、それらの検索条件が前方一致になるように、カラムを配置しましょう。同じカラムの組み合わせのインデックスであっても、並び順が異なるものが必要なケースもあります。これは意外と見落としがちな点です。

無駄と思うかもしれませんが、全体のパフォーマンスが向上するのであれば、**同じカラムの組み合わせで、並び順だけが異なるインデックスを作成すべき**です。

カーディナリティ

どのカラムをインデックスに含めるべきか、という判断をするうえでポイントとなるのが、**カーディナリティ(集合の濃度)**です。カーディナリティとは、簡単に言うと、集合に含まれる要素の数です。「集合」の要素数ですので、重複は排除されます。

たとえば、WHERE句においてcol1、col2、col3という3つのカラムが使われている場合、必ずしもすべてのカラムをインデックスに含める必要はありません。もし、col1とcol2のカーディナリティが十分に高ければ、col3はあえてインデックスに含めない、という設計でもかまわないでしょう。

col1とcol2がほかの検索でも使用されている場合、たとえば、WHERE句でcol1、col2、colX、colYが使われている検索がほかにある場合は、(col1, col2)というインデックスは、十分カーディナリティが高いので、検索は十分に高速化されるでしょう。

十分高速であれば、わざわざすべてのカラムを含んだインデックスを作成する価値はありません。このように、**複数の検索条件に対して最大公約数的に、カーディナリティが高いカラムだけを含んだインデックスを作る、**というテクニックも重要です。

インデックスが増えれば増えるほど、更新時のオーバーヘッドと、消費するディスクスペースが増えるため、作成するインデックスは、最小限に絞ることが必要です。そのためには、カーディナリティに対する理解が重要です。

最適な組み合わせを探す

SQLの構文上、基本的には、インデックスが使用される可能性のある個所については、すべてインデックスの作成を検討する余地があります。したがって、まずは**必要となる可能性があるインデックスを網羅できるか**が、重要なポイントとなります。どのようなタイプのインデックスが使用できるか、あるいは実行計画のどこでインデックスが利用可能になるかは、製品ごとに差がありますので、使用する製品を熟知することも重要です。

次に、必要なインデックスだけを残すようにします。インデックスが増えると、更新のオーバーヘッドなどが大きくなるため、多ければ多いほど良いというものではなく、必要なインデックスの見極めが重要です。**どのカラムをインデックスに含めるべきかという判断は、個々のカラムのカーディナリティやテーブルのサイズ、あるいはクエリの実行頻度などを吟味**して行います。

インデックスを設計する際の難しさは、データの質（サイズやカーディナリティ）や、クエリの実行頻度によって、決定が左右されるという点です。テーブル設計、DB設計、あるいはクエリだけを見ても、最適なインデックスの組み合わせがどれかを判断できません。

また、いくら1つのクエリが高速化しても、そのために更新が遅くなり、全体的なパフォーマンスが低下してしまっては本末転倒です。インデックスのチューニングを行う際は、全体的な性能が良くなるよう、バランスを取る必要があります。

いくら個々のクエリを一つ一つ個別に見たところで、全体的なパフォーマンスがどうなるかは、判断できません。そこで必要なのがベンチマークです。ベンチマークを行い、アプリケーション全体の性能が改善するように、バランスを調整する必要があります。

インデックスの設計は、組み合わせ最適化の問題だと言えます。どの組み合わせでインデックスを作れば、クエリのパフォーマンスがどれだけ上がるか、どれだけのオーバーヘッドがあるかを評価し、アプリケーションが普段実行するクエリの組み合わせに対して、最適なインデックスの組み合わせを探索することがインデックス設計の本質です。

組み合わせ最適化は、数学上最も解決するのが難しい部類の問題です。しかも、運が悪いことに、最適解を求めるための評価関数はベンチマークという、時間のかかる手法しかありません。そのため、総当りによって最も評価の良い組み合わせを探索する、という方法が使えません。したがって、数少ないトライ＆エラーを実行した結果から得られた解で妥協しなければなりません。

このように、インデックスの設計は本質的に難しい作業なのです。

難しい作業に立ち向かう

総当りで最適解を調べることもできない、しかも、最適解と思しき組み合わせは多数あるとなると、最終的には、設計者が恣意的に、経験や勘に基づいて、実際に使用するインデックスの組み合わせを決定するしかありません。

みなさんは、「これだけ長々と説明して、最終的には経験や勘などといういい加減な結論なのか！」と呆れてしまうかもしれません。最終的には、経験や勘が必要になりますが、ただ、闇雲に最適だと思しきインデックスの組み合わせが得られるわけではありません。最適に近いと考えられるインデックスを洗い出すには、技術力が必要だからです。技術力とは、**いかに基本をしっかり実践できるか**ということです。

本章では、インデックスについて、次に挙げる内容を紹介しました。本章で紹介した基本をしっかりとマスタして、実践という困難な作業に挑んで欲しいと思います。

- **B+ツリーインデックスの働き**
- **B+ツリー以外のインデックスの種類**
- **インデックス設計の前にしっかりと正規化を行う**
- **DB設計とクエリ（論理設計）が決まってからインデックス（物理設計）を決める**
- **SQLのどのような個所にインデックスが必要か**
- **カラムの並び順がだけが違うインデックスがあっても良い**

- **最大公約数的に、カーディナリティが高いカラムだけを含んだインデックスを作る**
- **必要なインデックスの組み合わせを網羅する方法**

真の最適解にこだわらない

インデックス設計は、組み合わせ最適化問題ですので、真の最適値を見つけることはきわめて困難です。しかし、真の最適解にこだわる必要性はありません。インデックス設計を行ううえで重要なのは、**やり過ぎないこと**です。そもそも、真の最適解までたどり着いたところで、その労力に見合うほどの、見返りがある保証はありません。ある程度満足できる性能が得られたなら、さっさと妥協してしまうのが現実的でしょう。

また、インデックスの効果は、データの質によって変化するため、運用している間に、インデックス設計の最適解が変化することもあります。真の最適解を得たところで、時間の経過と共に変化してしまうのであれば、際限なく労力をつぎ込むのは、無駄なことです。また、データの質によって、インデックスの効果が変化してしまうため、運用しながらインデックスを調整することも重要になります。

Column

こんなインデックス設計はゴミ箱行きだ！

世の中には、良くないインデックス設計が溢れています。これら良くないインデックス設計の例を次に挙げておきます。

- **すべてのカラムにインデックスがある**
- **インデックスに含まれているカラムが1つしかない（マルチカラムインデックスがない）**
- **たくさんあるマルチカラムインデックスに同じカラムの組が登場し、常に同じ順序で並んでいる**
- **0か1しか値を取らない、フラグのようなカラムのインデックスがある**

11.6 まとめ

インデックスの設計を行ううえで、個々のインデックスをしっかりと設計するのは重要なことですが、それ以上に、必要かつ最適なインデックスの組み合わせを探し出すことがきわめて重要です。

とはいえ、それは一朝一夕で解決できる問題ではありません。たかがインデックス、されどインデックス。一見簡単なように見えて、実はかなり奥が深いテーマだということがおわかりいただけたのではないでしょうか。

インデックス設計で最も重要なことは、元になるDBの論理設計がしっかりしているということです。DB設計がしっかりしていれば、1つのテーブルに膨大な数のカラムが含まれる、という事態を避けられます。1つのテーブルに含まれるカラム数が多くなると、作成可能なインデックスの組み合わせは膨大な数になり、インデックス設計は、さらに困難な作業となるでしょう。

インデックス設計は、本質的に難しい作業です。自動化することもできず、人間が恣意的に決定しなければなりません。そのため、インデックスの設計者たるみなさんが、インデックス設計の基礎をきっちりと身に着けておくべきでしょう。

第12章

Webアプリケーションのためのデータ構造

RDBを用いて、大規模なアプリケーションを構築する際、小中規模では問題にならないような性能問題に、直面することがあります。

処理の複雑さという意味での規模で言えば、業務用アプリケーションの右に出るものはないでしょう。しかし、ユーザ数やアクセス数などの意味での規模で言えば、公開されたWebアプリケーションの右に出るものはありません。

そのような大規模なアクセスがあるアプリケーションで、データモデル通りにRDBを用いていては、どうしても性能の限界によって、行き詰ってしまいがちです。リレーショナルモデルに従順なままでは、どうしても物理的な限界によって、必要な性能を得られないケースが出てきます。

本章では、性能を得るためにリレーショナルモデルから逸脱せざるを得ない場合の対処法について解説します。とはいえ、リレーショナルモデルから逸脱する必要があるケースでも、無闇矢鱈(むやみやたら)な逸脱をして良いわけではありません。収拾がつかなくなるからです。どのように節度をもってデータモデルを維持しつつ、物理的な限界に立ち向かうか、ということが課題となります。

12.1 キャッシュという考え方

コンピュータを嗜(たしな)んでいる方であれば、**キャッシュ**(*Cache*)の存在は、よくご存じだと思います。

コンピュータシステムには、実にさまざまなキャッシュが存在します。CPUのキャッシュメモリに始まり、TLB[注1](*Translation Lookaside Buffer*)、ディスク装置のキャッシュ、ブラウザのコンテンツキャッシュ、ファイルシステムキャッシュ、DNSキャッシュ、DBのバッファプールなど、普段何気なくコンピュータを使っているだけでも、知らないうちに、実に多くの

注1　仮想アドレスと物理アドレスの対応情報をキャッシュする装置のことです。

キャッシュのお世話になっています。

メリット／デメリット

メリット

キャッシュの本質は、コストの高いXという処理を、同等の効果を持っているがコストの低いX'、という別の処理に置き換えることです。それにより、元のコストの高い処理を回避することで、全体的な性能が向上します。キャッシュの効果は絶大なものです。時にはキャッシュのおかげで、何百倍、何千倍も性能が向上する例は少なくありません。

デメリット

そのように、すばらしいキャッシュですが、得られるのは、メリットばかりではありません。キャッシュは、性能の向上と引き換えに、システムに新たな複雑さをもたらします。キャッシュという新たなレイヤが追加されることで、システムの動作は、一層複雑なものになります。

ハードウェア上のキャッシュにしろ、ソフトウェアが管理するキャッシュにしろ、キャッシュを導入することで、システムの開発およびメンテナンスにかかるコストが増大します。そのため、キャッシュを用いるのは、それに見合うだけの性能の向上が期待できる場合に限られるでしょう。

DBアプリケーションにおけるキャッシュ

キャッシュの基本的な発想は、いたってシンプルです。先ほども述べたように、**代替可能なコストの低い処理によって、複雑さの増大と引換えに、ずっとコストの高い処理をできるだけ実行しないで済むようにする、**だけです。このようなキャッシュの考え方は、さまざまな場面で応用が可能です。

DBアプリケーション開発においても同様です。特に、データに時間的、空間的な局所性がある場合、キャッシュの効果は増大するでしょう。DBアプリケーションの場合、キャッシュするものは、DB上のデータが対象となります。単にバッファプールという、物理的なキャッシュを増やすだけでなく、データの構造を工夫することで、全体的な処理の効率を向上させることができます。

キャッシュはあくまでもキャッシュ

これからキャッシュについて解説しますが、その前に重要な注意点が1つあります。キャッシュを導入する際に、気をつけなければならない点は、**キャッシュは、あくまでもキャッシュとして扱うべき**、だということです。

ファイルシステムキャッシュやDBのバッファプールのように、ディスク上のデータをメモリ上にキャッシュする場合、システムのトラブルなどが原因でメモリ上のデータが消失することがあります。しかし、ディスクという永続化された(ただし、アクセスは遅い)デバイス上にデータが残っているため、データが消失することはありません。

このように、キャッシュ上にあるデータは、基本的には消えてもかまわない、という前提で設計する必要があります。キャッシュを中心に据えた設計にすべきではなく、**キャッシュの元となる論理データとキャッシュは、明確に区別して運用しなければなりません。**以降では、キャッシュの元になるデータを論理データと呼ぶことにします。

キャッシュとして使うための要件

DB上のデータをほかの何かでキャッシュするには、次のような手続きが明確になっている必要があるでしょう。

- **キャッシュへの問い合わせがキャッシュミスしたときの対処法**
- **キャッシュミスしたときにDBへ問い合わせる方法**
- **キャッシュミスしたときに新たにキャッシュへエントリを追加する方法**
- **データが更新されたときにキャッシュと同期する方法**
- **データがすべて消失したときに1回再構築する方法**
- **キャッシュの整合性を確認する方法**

論理データとキャッシュを同期する方法として、トリガーを使って論理データが更新されるその都度同期する方法と、バッチ処理によって定期的に同期する方法が考えられます。論理データとキャッシュのタイムラグをどの程度許容できるかなどで、どちらの方式を採用するかを、判断すれば良いでしょう。

キャッシュすべきデータの種別

キャッシュをあくまでもキャッシュとして扱うといった点や、キャッシュは消失してもかまわないという性質から、キャッシュしても良いデータと、良くないデータが何かがおのずと見えてきます。

キャッシュすべきではないデータ

キャッシュしてはいけないデータの代表格として挙げられるのは、トランザクション中に参照するデータがあります。トランザクションによって、参照するデータと更新するデータは、完全に同期していなければならないからです[注2]。

設計次第では、キャッシュは論理データより更新が遅れていたり、あるいは整合性が取れていなかったりする可能性があります。トランザクションは、論理データだけを使って実行しなければなりません。加えて、論理データは可能な限りリレーショナルモデルに従って設計すべきです。

キャッシュが可能なデータ

一方、データをキャッシュするには、次のような条件が必要でしょう。

- **きわめて頻繁にアクセスされるデータ**
- **アクセスに偏りがある**
- **長期に渡り変更される予定がない**
- **表示することが目的のデータ**

このような特徴を持つデータとして、たとえば,、ユーザの認証、ブログやCMS（*Content Management System*）などのページデータ、検索用データなどが挙げられます。

注2　トランザクションの詳細については、**第14章**を参照してください。

12.2 キャッシュの実装方法

キャッシュについての基本的な考え方がわかったところで、次にどのようなツールあるいは方法を使ってキャッシュを実現できるかを紹介します。

NoSQLをキャッシュとして使う

筆者は、NoSQLをメインのDBとして使うことには懐疑的です[注3]。しかし、NoSQLをRDBのキャッシュとして併用する場合は、まったく問題ないと考えています。NoSQLもRDBと同じくDBソフトウェアです。それでいてなぜ、RDBのキャッシュとして利用できるのでしょうか。NoSQLの種類にもよりますが、次のような性能特性を持っているDBがあるからです。

- **オーバーヘッドが少なくアクセスがきわめて速い**
- **RDBが苦手とする種類の検索が得意である**
- **多数のサーバマシンを用いて分散処理ができる**

アクセス時にオーバーヘッドが少ないものの例としてKVS(*Key-Value Store*)が挙げられます。KVSはオーバーヘッドがとても小さく、大量のアクセスがあっても安定したレスポンスとスループットを提供できます。1台では、性能やキャッシュサイズに限界があっても、複数台のホストを使用することで、スケールアウトさせることも容易です。

このようなKVSの使い方としては、**図12.1**に示すようなMySQLとmemcachedを組み合わせたものがよく用いられています。

図12.1の構成では、単に特定のデータに対するアクセスを高速化したい場合や、DBから取得したデータに対して何らかの加工を施したもの(Webページなど)が格納されます。KVSを使うことができるのは、等価比較に

注3　p.274のコラムを参照してください。

よってデータを得られる場合に限られる、というのがポイントです。

図12.1では、アプリケーションがキャッシュへ、データを格納する構成になっていますが、UDF(*User Defined Function*、ユーザ定義関数)とトリガーを利用し、データ更新時に、MySQLからmemcachedへデータを同期するアーキテクチャも可能です。

より複雑な検索が必要なケースでは、グラフDBや全文検索エンジン、分散DB、ドキュメント型DBなどを用いると良いでしょう。それらのNoSQL製品では、KVSでは満たすことのできない複雑な検索を、RDBに代わって行うことができます。NoSQLが得意とする検索は、RDBのそれとは異なるため、**NoSQLが得意とする検索に必要なデータを、NoSQL側にキャッシュする**ことで、全体的な処理の性能向上を狙うことができます。

論理データはRDBで管理する

重要なポイントは、あくまでも論理データは、RDB上で管理するということです。NoSQL側でも柔軟なスキーマを表現できるからといって、NoSQL側で重要なデータを管理すべきではありません。キャッシュは、あくまでもキャッシュとして扱うべきなのです。NoSQLでは、異常を防ぐことはできませんが、RDBであれば、異常の発生を抑え、データの品質を良好に保

図12.1 MySQLとmemcachedを組み合わせた例

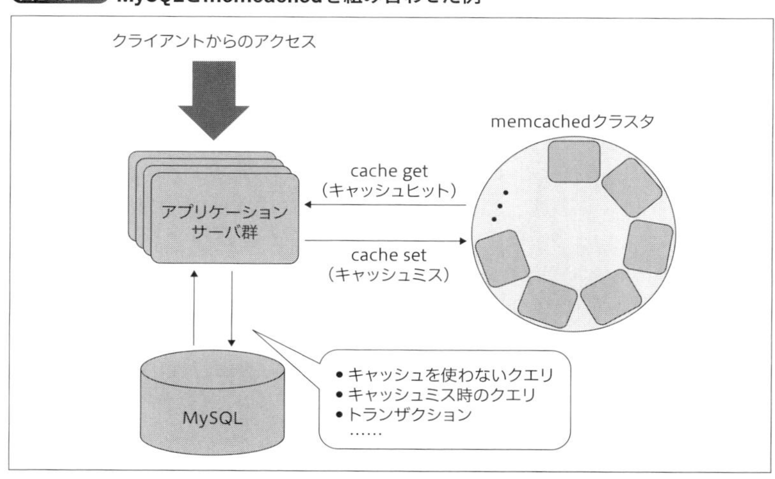

つことが可能です。

NoSQLはもちろん、論理データを格納するRDBとは、異なる製品であり、異なるプロトコル、あるいは、ドライバを用いてアクセスしますので、アプリケーション側では、2つあるいはそれ以上のDB製品を扱うことになり、その分、複雑さは増大します。

データ同期の際の注意点

また、データを同期するためのアルゴリズムもアプリケーション側で実装する必要があります。NoSQL側へデータを転送する際に、JOIN(結合)などを行ってから格納するという加工が必要な場合、NoSQL側で不整合が起きないように注意を払う必要があるでしょう。データの同期には、ETL[注4](*Extract/Transform/Load*)製品を活用しても良いでしょう。

Column

NoSQLでRDBは置き換えられるか?

NoSQLと呼ばれるカテゴリの製品には、たとえば、ドキュメント型DBのように、きわめて柔軟な表現力を持つものもあります。そのような製品のユーザの中には、RDBを置き換えられるのではないか、と考える人が少なくないようです。

RDBをドキュメント型DBで置き換えたいという動機は、どうやらスキーマレスであることが大きいようです。RDBにおけるDB設計は大変ですので、スキーマレスを用いることで、その苦しみから逃れられるだろう、というわけです。しかし、それは大きな誤りである、と言わざるを得ません。

スキーマレスであることは、DB設計を簡単にする万能薬ではありません。確かに、いつでも柔軟に好きなように、データの構造を変更できますが、ただそれだけです。クエリはスキーマと密接に結びついていますし、たとえ、ドキュメント型DBを使用しても、データの重複や矛盾という問題から逃れられないでしょう。

RDBには、正規化や直交化という解決方法がありますが、ドキュメント型DBでは、そのような手法をとれないため、データの矛盾を解決するのは、きわめて難しいでしょう。なぜ正規化できないかと言うと、ドキュメント型DB

注4　データを抽出(*Extract*)し、加工(*Transform*)し、対象となるデータベースに書き出す(*Load*)ことです。

ではJOINできないからです。そのため、もし仮に、ドキュメント型DB上のデータを正規化してしまうと、本来JOINを必要とするクエリは、他の難解な回避策に頼って実装せざるを得ません。したがって、NoSQLでは、正規化というアプローチはそもそも使えないのです。

また、スキーマレスである場合、データ構造の変更を防ぐ手立てがない、という点も問題です。ドキュメントのデータ構造の変化に対して、制約をつけられないため、何かの手違いでデータ構造が変わってしまい、データの更新漏れが起きる可能性があります。ドキュメント型DBは、スキーマレスであるため、扱いやすい点もありますが、反対にスキーマレスであることが、欠点にもなるのです。

NoSQLには、RDBが不得意とするデータ構造を表すのに向いているものがあります。しかし、反対に、**NoSQLはRDBが得意とする領域を扱うことが苦手**です。リレーショナルモデルが必要な領域を、NoSQLで置き換えることはできないのです。

テーブルをキャッシュとして使う

テーブルをキャッシュにすると言うと、「テーブル内のデータをテーブルでキャッシュしてもアクセス速度が同じだから、意味がないのでは？」と疑問を持たれるかもしれません。確かに、そのまま同じデータを格納しただけであれば、単にデータが冗長になるだけで、何の改善もできないでしょう。

しかし、いったんデータに対して、何らかの加工を施してから、別のテーブルへ格納すれば話は別です。少なくとも、クエリの都度データを加工するコストは、減らせるでしょう。

加工する内容によっては、何千もの行を処理しなければ得られなかった答えが、たった数行にアクセスするだけで、得られるケースもあります。クエリによって、アクセスしなければならない行数が減れば、その分は確実に性能が向上します。

データをいったん加工することは、リレーショナルモデルや正規化といった、定石から逸脱することを意味します。そのため、テーブルを非正規化することも出てきますが、あくまでもキャッシュとして使うだけであれば、非正規化された状態でデータを持っていても、問題はないと筆者は考えています。その場合、キャッシュと論理データを混同しないことが重要です。

特に非正規化されたテーブルへのアクセスが速いからといって、そのテーブルだけでデータを表現しようと考えるのは誤りです。きちんとリレーショナルモデルにしたがって設計され、正規化が行われた論理データがあるから、キャッシュとして非正規化された状態でデータを持つことが許されるのです。この点は、絶対に疎(おろそ)かにしてはいけません。

テーブルをキャッシュとして使うメリットは、NoSQLの場合のように、複数のプロトコルを使い分けなくても良いという点です。SQLだけで処理が完結するため、NoSQLを併用する場合と比べ、開発コストを抑えることができます。また、RDBだけを管理すれば良いため、運用のコストも抑えることができるでしょう。

デメリットは、1つのDBサーバで管理すべきデータサイズが増えてしまうため、バッファプールのキャッシュヒット率が低下する可能性がある点です。また、更新するテーブルが増えるため、更新のオーバーヘッドも大きくなります。したがって、**テーブルをキャッシュとして使うメリットがあるのは、更新よりも圧倒的に参照のほうが多い場合**であると言えます。

以下に、テーブルをキャッシュとして使用する3つのケースを紹介します。

集計テーブル

テーブルにあらかじめ加工済みのデータを格納するという用途で用いられるものとして代表的なのが、あるテーブルから得られた集計結果を別のテーブルに格納しておく、というものです。そのようなテーブルを**集計テーブル**と呼ぶことにします。

集計で用いられる集約関数は、本質的に非常にコストが高い処理です。なぜならば、集計処理は数多くの行にアクセスしなければ、結果を得られないからです。そのため、集計済みのデータをあらかじめ準備しておいて、ごく少数の行へのアクセスだけでクエリが解決できる、という戦略がきわめて効果的です。

Webアプリケーションにおいて、この手のパターンが最もよく適合するのは、**ランキング**でしょう。テーブルからグループごとに出現回数(COUNT)を数え、その結果に従ってソートするというものです。たとえば、**リスト12.1**は、あるECサイトで最もよく売れている商品上位10件をリストアップするSQL文です[注5]。

このクエリは、テーブルを全件スキャンしなければ解決できないため、多くのコンピュータリソースを消費します。もし、このようなクエリがトップページを表示するたびに実行する必要があると、実行回数がとても多くなり、アクセスが少し増えるだけで、あっという間にDBサーバのリソースを食い尽くします。そのようなWebサイトは、アクセス数の限界がすぐに来てしまうでしょう。

ところが、このような集計結果の上位から、順に表示するような機能が求められることは、非常に多いのです。そのため、GROUP BYよりもずっとリソースの消費が少ない解決策が求められます。そこで登場するのがキャッシュです。過去の注文情報から集計を行う、先ほどのクエリの代わりに、**図12.2**のような集計テーブルに対してクエリを行うと、どうなるでしょうか。

図12.2のテーブルから、上位10件のアイテムを問い合わせるクエリは、**リスト12.2**のようになります。

リスト12.1 商品上位10件をリストアップする

```
SELECT item_name, COUNT(*)
    FROM orders
    GROUP BY item_name
    ORDER BY COUNT(*) DESC
    LIMIT 10
```

図12.2 集計結果が格納されたテーブルの例

item_name	order_count
ダンベルセット	120
グリッパー	550
懸垂マシン	25
腹筋台	44
⋮	

注5 LIMIT句はSQL標準ではなく、MySQLやPostgreSQLで使用可能なSQLの方言です。

このクエリは、order_countカラムにインデックスがあれば、ソートをインデックスを使って解決できるため、きわめて高速に処理できるでしょう。たった10行分のインデックスエントリを読み取れば、クエリを解決できるからです。10行程度をフェッチするだけのクエリであれば、相当な頻度で実行しても、なかなか性能の限界に達することはないでしょう。

集計済みのテーブルに対するクエリが役に立つことはわかりましたが、それでは、そのテーブルのデータはどのようにして作成すれば良いのでしょうか。その方法には大きく分けて2つあります。

一つは、元のテーブルにトリガーを仕掛けて同期をするというものです。先ほどの例の場合、ordersテーブルにデータが追加されるたびに、order_countテーブルのデータを更新するという方式が考えられます。**リスト12.3**は、そのようなトリガーの例です[注6]。

もう一つは、定期的にバッチ処理で集計テーブルを更新する方法です。その場合、全件に対してGROUP BYを実行した結果をテーブルへ格納するのが、最も容易な実装でしょう[注7](**リスト12.4**)。

もし、バッチ処理に伴う全件テーブルスキャンを嫌うのであれば、前回集計結果を更新した移行に追加されたデータだけを、集計テーブルへ反映させることも可能です。クエリの実行回数が多くなりますが、前回集計テーブルを更新してからの経過時間が十分短く、集計の対象となる行数が少なければ、先ほどの全件スキャンよりもこちらの処理のほうが高速でしょう。

リスト12.5は、order_id = 10000までのデータを前回のバッチ処理で集計したと仮定した場合のものです。バッチ処理でどこまで更新したかをどこかに記録しておく必要があります。

リスト12.2 上位10件のアイテムを問い合わせる

```
SELECT item_name, order_count
    FROM order_summary
    ORDER BY order_count DESC
    LIMIT 10
```

注6　MySQLの文法です。
注7　REPLACE文はMySQL固有の文法です。

省略していますが、これらの一連のクエリは、同一トランザクション内で実行する必要がありますので、注意してください。バッチ処理で集計テーブルの更新を行うと、論理データとは若干の時間差が生じます。ユーザが検索結果に基づいて、何かを判断するケースであれば、厳密に論理データと検索結果が同期していなくてもかまわないこともあるでしょう。バッチ処理による集計テーブルの更新は、そのようなケースで使用できると考えられます。

このように、自分でベーステーブルをメンテナンスする代わりに、**マテリアライズドビュー**[注8]を使う方法もあります。もし、使用しているDB製

リスト12.3 データが追加されるたびに別のテーブルにデータを追加する

```
delimiter //
CREATE TRIGGER bi_orders
BEFORE INSERT ON orders FOR EACH ROW
BEGIN
    DECLARE c INT DEFAULT 0;
    SELECT COALESCE(order_count, 0) INTO c FROM order_count
        WHERE item_name = NEW.item_name;
    IF c = 0
    THEN
        INSERT INTO order_summary (item_name, order_count)
        VALUES(NEW.item_name, 1);
    ELSE
        UPDATE order_summary
            SET order_count = c + 1
            WHERE item_name = NEW.item_name;
        END IF;
    END;//
delimiter ;
```

リスト12.4 定期的にバッチ処理で集計テーブルを更新する

```
REPLACE INTO order_summary
    SELECT item_name, COUNT(*)
        FROM orders
        GROUP BY item_name
```

注8　ビューにアクセスする度にテーブルへのクエリを実行するのではなく、あらかじめクエリの実行結果をキャッシュしておいて、高速化を図るしくみです。

品が、マテリアライズドビューをサポートしていれば、マテリアライズドビューの使用を先に検討してみると良いでしょう。

結合済みのデータ

きわめて大量のデータアクセスがあるアプリケーションでは、たった1回のJOIN(結合)でも許容できない場合があります。結合は、リレーショナルモデルにとってごくありふれた操作であり、結合という操作そのものが悪いわけではありません。

しかし、極限までアクセス数が多い場合、たった1回の演算が許容できないケースがあります。そのような場合、高速化のために役立つのはキャッシュです。結合済みのデータをテーブルを使ってキャッシュしておくことで、アクセスを極限まで高速化し、システムの持つ限界性能を引き上げることが可能となります。

集計テーブルの場合と違い、結合済みのデータは、サイズが結合前のテーブルよりも大きくなることが予想されます。そのように、大きくなってしまうデータをキャッシュと呼ぶことには、抵抗を感じるかもしれません

リスト12.5 更新のあったデータだけを集計へ反映する

```
INSERT INTO order_summary
    SELECT item_name, 0
    FROM (
        SELECT DISTINCT item_name
            FROM orders
            WHERE order_id > 10000
        ) t1
    LEFT JOIN order_summary USING (item_name)
    WHERE order_summary.item_name IS NULL;
UPDATE order_summary
    JOIN (SELECT DISTINCT item_name
        FROM orders
        WHERE order_id > 10000) t1
        USING (item_name)
    SET order_count = order_count + (
        SELECT COUNT(*) AS c FROM orders
            WHERE item_name = t1.item_name
            AND order_id > 10000);
SELECT MAX(order_id) FROM orders;
```

が、少しでも、本来必要な演算をカットできるという点で、これは紛れもないキャッシュです。

ただし、いくらキャッシュのデータが大きくても、**キャッシュはあくまでもキャッシュであり、論理データをしっかりと設計および管理する必要があります。** キャッシュは、論理データからデータをコピーするようにしましょう。

キャッシュの更新については、既存のデータの値の更新と削除は、外部キーのカスケードを使い、新しいデータの挿入時には、トリガーで結合後のテーブルへ同期すると良いでしょう。

リスト12.6は、ordersテーブルへ行が挿入されたときに、orders_cacheテーブルへデータをコピーするトリガーの例です。多数のテーブルを結合していますが、キャッシュへアクセスすることでこれらの結合を回避できます。

結合済みのデータを用いるメリットとして、次の3つが挙げられます。

リスト12.6 あるテーブルに行が挿入された際に別のテーブルにデータをコピーする

```
delimiter //
CREATE TRIGGER bi_orders
BEFORE INSERT ON orders FOR EACH ROW
BEGIN
    INSERT INTO orders_cache
        (order_id, order_timestamp, order_qty,
        user_id, user_name, user_phone, user_email,
        shipping_address, payment_address,
        item_id, item_name, price_id, unit_price)
        SELECT order_id, ordered_timestamp, qty,
            user_id, user_name, user_phone, user_email,
            a1.address, a2.address,
            item_id, item_name, price_id, unit_price
            FROM orders
                INNER JOIN users USING (user_id)
                INNER JOIN items USING (item_id)
                INNER JOIN prices USING (price_id)
                INNER JOIN addresses a1
                    ON orders.shipping_address_id = a1.address_id
                INNER JOIN addresses a2
                    ON orders.payment_address_id = a2.address_id;
    END;//
delimiter ;
```

- **ディスクI/Oを削減できる**
- **ソートとの相性が良い**
- **NewSQLとの相性が良い**

ディスクI/Oを削減できる

結合する前の状態でデータを格納している場合、結合を解決する際は、それぞれのテーブルへアクセスしなければなりません。アクセスに必要なデータが、バッファプールに一切キャッシュされていなければ、それぞれのテーブルへアクセスするごとに、ディスクI/Oが生じてしまいます。

結合済みのテーブルの場合、データは1ヵ所に格納されることになるため、キャッシュミスしたときのI/O回数を減らすことができる確率が高まります。ただし、大きなキャッシュデータを用いるため、バッファプールのキャッシュヒット率自体、低下してしまう可能性があります。

ソートとの相性が良い

2つのテーブルのデータを結合してからソートする場合、実行計画によってはソートをインデックスで解決できず、結合後に改めてクイックソートなどのアルゴリズムを用いて、ソートする必要があります。もちろん、そのような実行計画は、インデックスを用いたソートより非効率です。

結合済みのデータに対して、インデックスを作成しておけば、そのインデックスを使って、ソートを解決できます。特に上位何件かだけが必要な場合は、インデックスを使って、ソートを解決するメリットは大きくなるでしょう。

NewSQLとの相性が良い

最近では、RDBに対して、KVSのためのインタフェースを提供する製品が増えています。そのような純粋なRDBでもNoSQLでもない、ハイブリッド型のDB製品は、**NewSQL**と呼ばれることがあります。

MySQLにもKVSのインタフェースを提供する機能がありますが、主キーを用いた等価比較であれば、SQLインタフェースを通じて、SELECTでアクセスするよりも、数段速くなります。事前にデータを結合しておけば、そのようなKVSインタフェースを使ってアクセスする、という選択肢も増えることになります。

タグ

タグは、RDBにとって頭の痛いデータ構造です。タグとは、個体を表すデータ(ショッピングサイトの商品アイテム、ブログの記事、クチコミサイトのお店など)に対して、何かしらの属性を示すためにつけるラベルのことです。

タグそのものは、論理的なデータの構造としては、完璧にリレーショナルモデルに適合します。そのため、タグをテーブルとして表現しても、DB設計上は何の問題もありません。**図12.3**は、とある架空のスポーツ用品を扱うショッピングサイトの商品についてのタグを表すテーブルの例です。

タグは、検索条件を指定するには、きわめて便利なものです。1つあるいは複数のタグを指定することで、好みのアイテムなどを、絞り込むことができます。そのように便利で、なおかつ、DB設計上もリレーショナルモデルに適合するタグの、いったい何が問題なのでしょうか。

問題は、データの構造(スキーマ)ではなく、データそのものにあります。1つのアイテムにつき、複数のタグを指定できるので、タグのデータは、と

図12.3 タグを表すテーブルの例

tag	item_name
初心者向け	チューブセット
初心者向け	腹筋ベンチ
初心者向け	プッシュアップバー
初心者向け	鉄アレイ2kg
⋮	
上級者向け	ダンベルセット60kg
上級者向け	懸垂台
上級者向け	グリップ80kg
⋮	
ビッグサイズ	懸垂台
ビッグサイズ	腹筋ベンチ
ビッグサイズ	エアロバイク
⋮	

ても大きくなってしまうでしょう。また、人気のタグがある場合、きわめて多くのアイテムに同じタグがつけられます。図12.3のテーブルから「初心者向け」というタグがついた商品を探すには、**リスト12.7**のクエリを実行します。

初心者向けのグッズは大量にある、と考えられますので、このクエリは、とても多くの結果行を返すことになるでしょう。このクエリよりもさらに厄介なのは、複数のタグを同時に指定する場合です。たとえば、「初心者向け」と「上級者向け」という2つのタグが同時に指定されているアイテム、つまり、初心者から上級者まで幅広く使えるアイテムを探すには、**リスト12.8**のクエリを実行します。

それぞれのタグで得られたアイテムの一覧2つに対して、積集合で共通のアイテムを求めるということがこの場合に必要な操作となります[注9]。上級者のニーズは多岐にわたるので、上級者向けのアイテムのラインナップもたくさんあるでしょう。そのため、このクエリは、2つの大きな集合同士の積集合となり、計算のためのコストがとても高くなります。この演算は、タグの数が増えれば増えるほど、同じような結合をしなくてはいけなくなり、計算コストが上昇します。

いくら集合のサイズが大きくても、リレーショナルモデル的には、これは単なる積集合を求める演算というだけで、モデルから外れた使い方をしているわけではありません。単にデータが大きいために、計算コストが高くなることだけが問題です。

タグ検索を実用的なものにするには、計算コストを抑えるための工夫が

リスト12.7 「初心者向け」タグがついた商品を探す

```
SELECT item_name FROM tags
    WHERE tag = '初心者向け'
```

リスト12.8 2つのタグが指定したアイテムを探す

```
SELECT item_name FROM tags t1
    INNER JOIN tags t2 USING (item_name)
    WHERE t1.tag = '初心者向け'
    AND t2.tag = '上級者向け'
```

注9　リレーショナルモデルでは、積集合はJOIN（結合）で求められます。

必要となります。検索時に指定するタグが1つだけの場合は、比較的容易です。タグを用いた検索では、その検索結果のすべてをユーザが必要とすることは、ほとんどありません。ほとんどのケースでは、検索結果のうち、人気のあるアイテムから順に表示する、といった用途がされているはずです。**図12.4**は、図12.3のテーブルに対して、表示順のスコアを追加したものです。

ちなみに、このテーブルには{item_name}→{score}という関数従属性が存在しますので、正規化されているとは言えません。このように、非正規化されたテーブルは、元のテーブルと構造は近くても、あくまでもキャッシュとして扱うべきです。

このテーブルに(tag,score)というインデックスがあれば、**リスト12.9**でスコアが上位10件の初心者向けアイテムを高速に取得できるでしょう[注10]。

それでは、「初心者向け」と「上級者向け」という2つのタグを同時に指定した場合は、どうなるでしょうか。残念ながら、図12.4のテーブルでは、そのような検索を高速化できません。複数のタグを指定する場合は、また、

図12.4 スコアつきタグの例

tag	item_name	score
初心者向け	チューブセット	100
初心者向け	腹筋ベンチ	150
初心者向け	プッシュアップバー	120
初心者向け	鉄アレイ2kg	80
⋮		
上級者向け	ダンベルセット60kg	110
上級者向け	懸垂台	90
上級者向け	グリップ80kg	50
⋮		
ビッグサイズ	懸垂台	90
ビッグサイズ	腹筋ベンチ	150
ビッグサイズ	エアロバイク	70
⋮		

注10 (tag,score,item_name)というインデックスにして、カヴァリングインデックスを狙っても良いでしょう。

さらに異なる構造のキャッシュが必要になります。**図12.5**は、2つのタグを同時に検索するためのテーブルです。

tag1、tag2という、2つのカラムが繰り返し登場していますので、もちろん、このテーブルは1NFの要件を満たしていません。しかし、このテーブルは**キャッシュであるため、正規化されていなくても問題はない**のです。このテーブルの設計上のポイントは、常にtag1 < tag2となるような関係でタグを格納することです。そういう関係が成り立っていれば、{tag1,tag2,item_name}に重複が生じることはないでしょう。

このテーブルに対して、「初心者向け」と「上級者向け」という2つのタグを同時に指定しつつ、人気のあるアイテムを10件取得するクエリは、**リスト12.10**のようになります。このクエリは、(tag1,tag2,score)というインデックスがあれば、高速に実行されるでしょう。

このようなキャッシュを用いたクエリはとても高速ですが、このテーブルのデータをどのようにして作成すれば良いのでしょうか。あるアイテムにn個のタグがついている場合、そのアイテムに対して指定できる2つのタグの組み合わせは、${}_nC_2$となります。そのような組み合わせすべてに対し、事前にキャッシュへデータを格納しておく必要があります。

リスト12.9 スコアが上位10件の初心者向けアイテムを取得する

```
SELECT item_name, score FROM scored_tags
    WHERE tag = '初心者向け'
    ORDER BY score DESC
    LIMIT 10
```

図12.5 2つのタグを検索するためのテーブルの例

tag1	tag2	item_name	score
初心者向け	上級者向け	腹筋ベンチ	150
初心者向け	上級者向け	ホエイプロテイン	180
初心者向け	上級者向け	プッシュアップバー	120
⋮			
上級者向け	ビッグサイズ	懸垂台	90
上級者向け	サプリメント	ホエイプロテイン	180
上級者向け	サプリメント	カゼインプロテイン	140
⋮			

$_nC_2$個の要素に対する組み合わせをSQLで求めるには、自己結合(*Self-JOIN*)を使ったクエリを使うと良いでしょう。**リスト12.11**は、tagsテーブルから、「懸垂台」というアイテムに対する2つのタグの組み合わせをすべて列挙し、scored_double_tagsテーブルへ追加するものです。

このようにして求めたタグの組み合わせを用いれば、任意のアイテムに対して、図12.5のテーブルのデータを作成できます。この例では、タグは2つまでですが、カラムを増やせば、任意の数のタグに対応することが可能です。

この方式の問題点は、キャッシュのサイズがとても大きくなることです。あるアイテムに対するタグの数がm個とすると、その中からn個を取り出す組み合わせは、$_mC_n$個存在します。これを数式で表すと、$\frac{n!}{m!(n-m)!}$となります。n!はnの階乗と言い、1からnまでの自然数を、すべて掛けあわせたものを表します。たとえば、$_{10}C_5$は252になります。とても大きいですね。

キャッシュテーブルのサイズを考えるうえでポイントとなるのが、1つのアイテムにつき、いくつまでのタグをつけることができるか、検索時にいくつまでのタグを指定できるか、ということです。m=5程度であれば、

リスト12.10 2つのタグを指定して人気のあるアイテムを10件取得する

```
SELECT item_name FROM scored_double_tags
    WHERE tag1 = '初心者向け'
        AND tag2 = '上級者向け'
    ORDER BY score DESC
    LIMIT 10
```

リスト12.11 2つのタグの組み合わせをすべて列挙し、テーブルに追加する

```
DELETE FROM scored_double_tags
    WHERE item_name = '懸垂台';
CREATE TEMPORARY TABLE tmp_tags (tag VARCHAR(100));
INSERT INTO tmp_tags SELECT tag FROM tags
    WHERE item_name = '懸垂台';
INSERT INTO scored_double_tags
    (tag1, tag2, item_name, score)
    SELECT t1.tag, t2.tag, '懸垂台', 90
        FROM tmp_tags t1 INNER JOIN tmp_tags t2
        WHERE t1.tag < t2.tag;
```

それほど大きくはなりません。

たとえば、${}_5C_2$は、たかだか10です。階乗という演算子が含まれていることからも、特にnが増えるほど、${}_mC_n$が飛躍的に大きくなることがわかります。もし、タグの数を制限できないのであれば、このようにテーブルでタグをキャッシュする方式は諦めましょう。タグの数ができれば5個、多くても10個程度に限定できるのであれば、テーブルであらかじめ、タグの検索に有利なデータを作っておくことは可能です。

それでは、具体的に検索時に5つのタグまでを許容するキャッシュテーブルの設計を考えてみましょう。タグの出現回数が増えてくると、どうしてもデータサイズが気になります。そこで、タグごとにユニークな整数型のID、つまり、サロゲートキーをつけておくことを考えてみましょう。そのようにすることで、1つのタグが、たとえば、MySQLのINT型を使った場合は、4バイトで表現できます。

論理データへサロゲートキーを導入する際は、慎重になる必要がありますが、キャッシュに対してであれば、気軽にサロゲートキーを導入してもかまいません。

図12.4にサロゲートキーとして、tag_idを追加したと考えてください。また、アイテム(商品)に対しても、サロゲートキーが導入されたとします。すると、検索時に5つのタグまでを許容するキャッシュテーブルは、**リスト12.12**のような定義になるでしょう。

インデックスix1は、カヴァリングインデックスになっています。タグ検索は、このインデックスを用いて行うことになるでしょう。同時に、5

リスト12.12 5つのタグまでを許容するキャッシュテーブル

```
CREATE TABLE tag_index (
    tag1 INT UNSIGNED NOT NULL,
    tag2 INT UNSIGNED NOT NULL,
    tag3 INT UNSIGNED NOT NULL,
    tag4 INT UNSIGNED NOT NULL,
    tag5 INT UNSIGNED NOT NULL,
    item_id INT UNSIGNED NOT NULL,
    score INT UNSIGNED NOT NULL,
    PRIMARY KEY (tag1, tag2, tag3, tag4, tag5, item_id),
    INDEX ix1 (tag1, tag2, tag3, tag4, tag5, score, item_id),
    INDEX ix2 (item_id))
```

つまでのタグを検索する目的で、タグを表すカラムが5つあります。5つ未満の組み合わせ、つまり、タグを1〜4個しか指定しないような場合は、どのように表現すれば良いでしょうか。

1つの可能性として考えられる設計は、5つ未満のタグの組み合わせに対しても、このテーブルにあらかじめデータを格納しておくということです。5つ未満の場合、タグは必ずtag1から順番に小さい順で指定し、検索で用いられないタグに関しては、0を指定しておけば良いでしょう。論理データに対して、NULLの代わりにデフォルト値を用いるのはバッドノウハウですが、キャッシュに対してであれば、このような設計も許されます。

リスト12.13は、このインデックスに「懸垂台」に対するタグのデータを追加するものです[注11]。

このようにして、すべてのアイテムに対してタグの検索用キャッシュデータを作成しておきましょう。このテーブルを使って、「初心者向け」「上級者向け」「ビッグサイズ」という、3つのタグを指定して、検索を行う場合は、**リスト12.14**のようなクエリで行えば良いでしょう。

3つの異なる値の直積のうち、t1.tag < t2.tag AND t2.tag < t3.tagという条件を満たす行は、1行しかありません。このSELECTに含まれるサブクエリは、行サブクエリとなります。それにより、tag1から小さい順で値を指定することが可能です。そもそもですが、tag_idのソートを、アプリケーション側で行ってもかまいません。その場合、このようにテンポラリテーブルを使う必要はないでしょう。

このクエリは、tag_indexテーブルの検索ではix1インデックスを使って、高速に処理することが可能です。タグの数が3以外の場合も同じような構造でクエリを記述することが可能です。また、指定されたタグのうち、いずれかが存在せず、tmp_tagsテーブルに含まれる行数が3未満の場合、このクエリは失敗します。事前にタグが存在することを確認するか、tmp_tagsテーブルの行数に応じて、tag_indexテーブルへ問い合わせを行う、SELECTを使い分けてもかまわないでしょう。

このように、巨大なテーブルをキャッシュと呼ぶことに抵抗感があるか

注11　この一連のSQLは、トランザクションとして実行する必要があります。また、これらはMySQLの文法になっています。@item_idや@scoreはMySQLのユーザ変数です。

もしれませんが、事前に検索に有利な構造を準備しておくことで、大幅な検索速度の改善ができるのです。

リスト12.13 インデックスに「懸垂台」に対するタグのデータを追加する

```
SELECT @item_id := item_id, @score := score
    FROM items WHERE item_name = '懸垂台'
DELETE FROM tag_index WHERE item_id = @item_id;
CREATE TEMPORARY TABLE tmp_tags (tag INT);
INSERT INTO tmp_tags
    SELECT tag_id FROM tags WHERE item_name = '懸垂台';
INSERT INTO tag_index
    (tag1, tag2, tag3, tag4, tag5, tag6, item_id, score)
    SELECT tag, 0, 0, 0, 0, 0, @item_id, @score
        FROM tmp_tags
    UNION SELECT t1.tag, t2.tag, 0, 0, 0, @item_id, @score
        FROM tmp_tags t1 INNER JOIN tmp_tags t2
        WHERE t1.tag < t2.tag
    UNION SELECT t1.tag, t2.tag, t3.tag, 0, 0,
        @item_id, @score
        FROM tmp_tags t1 INNER JOIN tmp_tags t2
            INNER JOIN tmp_tags t3
        WHERE t1.tag < t2.tag AND t2.tag < t3.tag
    UNION SELECT t1.tag, t2.tag, t3.tag, t4.tag, 0,
        @item_id, @score
        FROM tmp_tags t1 INNER JOIN tmp_tags t2
            INNER JOIN tmp_tags t3
            INNER JOIN tmp_tags t4
        WHERE t1.tag < t2.tag AND t2.tag < t3.tag
            AND t3.tag < t4.tag
    UNION SELECT t1.tag, t2.tag, t3.tag, t4.tag, t5.tag,
        @item_id, @score
        FROM tmp_tags t1 INNER JOIN tmp_tags t2
            INNER JOIN tmp_tags t3
            INNER JOIN tmp_tags t4
            INNER JOIN tmp_tags t5
        WHERE t1.tag < t2.tag AND t2.tag < t3.tag
            AND t3.tag < t4.tag AND t4.tag < t5.tag;
DROP TEMPORARY TABLE tmp_tags;
```

Column

転置インデックスを使用して検索を高速化する

本書では、自前でテーブルを管理して、タグ検索の高速化を行う方法を紹介しましたが、アイテム数がそれほど多くない場合は、転置インデックスを使用してタグ検索を高速化することが可能です。RDB製品の中には、配列型をサポートするものがあり、タグを配列として表現し、その配列に対して転置インデックスをつけることで、タグ検索を高速化することが可能です。

ただし、転置インデックスを使った場合でも、その検索の本質は、B+ツリーを用いたインデックスと同様、巨大な集合同士の結合となります。単に、データが通常のB+ツリーインデックスよりも、コンパクトに格納されるというだけです。同じタグがつけられたアイテム数が巨大な数になると、演算速度は低下します。

リスト12.14 3つのタグを指定して検索を行う

```
CREATE TEMPORARY TABLE tmp_tags (tag INT);
INSERT INTO tmp_tags
    SELECT tag_id FROM tags
        WHERE tag IN ('初心者向け','上級者向け','ビッグサイズ');
SELECT item_name, score
    FROM tag_index INNER JOIN items USING (item_id)
    WHERE (tag1, tag2, tag3, tag4, tag5) =
    (SELECT t1.tag, t2.tag, t3.tag, 0, 0
        FROM tmp_tags t1
            INNER JOIN tmp_tags t2
            INNER JOIN tmp_tags t3
        WHERE t1.tag < t2.tag AND t2.tag < t3.tag)
    ORDER BY score DESC;
DROP TEMPORARY TABLE tmp_tags;
```

12.3 スケールアウト

単一のDBサーバだけでは、どうしても性能の限界に達してしまう場合、コストをあまりかけずにスループットを増やす方法として、スケールアウトという手法を用いることがあります。

スケールアウトとは、コモディティなサーバマシンを複数用い、アプリケーションからの負荷を分散し、サーバマシンの台数に応じて、スループットを伸ばせるしくみにすることです。RDBを使いつつ、負荷分散によって物理的な処理能力の限界を押し上げる、というアプローチです。

ただし、実際に処理能力がスケールするかどうかは、処理の内容やアーキテクチャによります。本章では、代表的な2つのスケールアウトのためのアーキテクチャである、レプリケーションとシャーディングについて、説明します。

レプリケーション

レプリケーションのしくみ

レプリケーションは、あるDBサーバに含まれるデータをほかのDBサーバへ複製する技術です。複製(レプリケーション)の元になるDBサーバをマスタ、複製先のDBサーバをスレーブと呼びます。

複製にかかるオーバーヘッドが少ない実装であれば、1つのマスタから多数のスレーブへごく短時間のうちにデータを複製することが可能です。つまり、マスタとスレーブが1:Nの関係になります。その性質を利用して、**参照の負荷を複数のDBサーバへ分散する**ことが可能です。

更新系の処理は、すべてマスタに対して行います。参照系の処理でも、トランザクション内で必要となる参照処理は、マスタに対して行う必要があります。この様子を**図12.6**に示します。

スレーブへの問い合わせ方式

アプリケーションが、どのスレーブへ問い合わせるかには、いくつかの方式があります。アプリケーションサーバとスレーブを同居させる場合は、アプリケーションが問い合わせるスレーブは、常に同じサーバマシン上で動作しているスレーブになります。アプリケーションサーバとスレーブが同居していない場合は、ラウンドロビンや乱数で、接続先のスレーブを切り替える方式が用いられます。

データの論理的整合性と非同期レプリケーション

レプリケーションでは、それぞれのスレーブはマスタと同じデータを持つことになるため、データサイズが冗長だと感じるかもしれません。ただし、スレーブがマスタ上のデータの完全なコピーを持っていることは、**スレーブ上のデータをマスタと同じ論理的な整合性を保ったまま参照できる**ことを意味します。スレーブに対して問い合わせをする場合、マスタに対して行うのとまったく同じように、クエリを記述できます。

このような1:Nのレプリケーションでは、オーバーヘッドが大きい同期レプリケーションを使用することはできないため、**非同期レプリケーション**が用いられます。そのため、スレーブ上のデータはマスタのものと比べ

図12.6 レプリケーションのアーキテクチャ

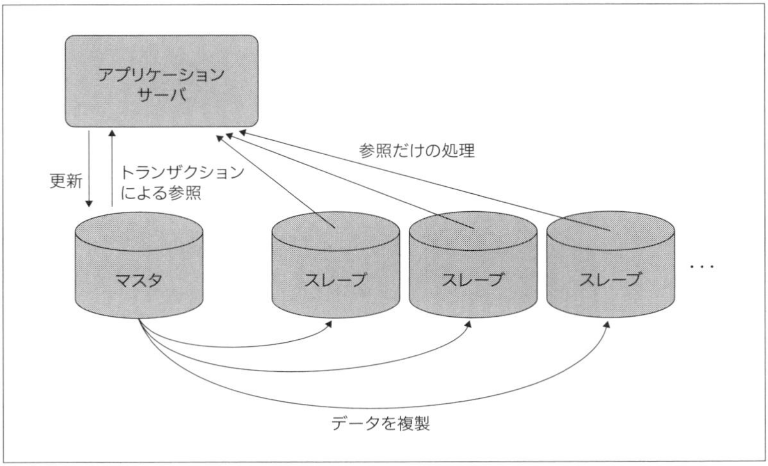

ると、若干古いかもしれません。

といっても、レプリケーションにおいて、大きな時間差が生じることはほとんどなく、マスタ上で実行されるトランザクションのサイズ(1つのトランザクションでどれだけのサイズのデータが更新されるか)が、小さく保たれていれば、マスタとスレーブの時間差は、1秒未満になることがほとんどです。

ユーザが検索結果を吟味する用途で用いるのであれば、そのような若干の時間差が問題になることはないでしょう。レプリケーションによるスケールアウトは、そのような少しの時間差が許されるケースでしか使用できないので、注意しましょう。

シャーディング

レプリケーションは参照処理を分散できますが、更新処理はすべて1つのマスタに集中し、なおかつ、それぞれのスレーブでは、マスタと同じ量の更新を行う必要があり、どうしても更新処理がボトルネックになりがちです。そのようなボトルネックを解消するには、シャーディングと呼ばれるアーキテクチャが用いられます。

シャーディングのしくみ

シャーディングとは、行ごとにデータの格納先を変更するアーキテクチャです。パーティショニングの水平分割と似ていますが、データの格納先が別々のDBサーバになるという点で異なります。典型的な例では、DBサーバのインスタンスは、異なるサーバマシン上で動作しています。**図12.7**は、シャーディングによって負荷分散を行う例です。

それぞれのシャードは、同じ構造のスキーマを持っており、異なるのはデータの内容だけです。アプリケーションは、ユーザIDやリージョンなどによって、データの格納先となるシャードを判断します。

シャーディングを用いるには、どのシャードにデータが格納されるべきかを判別するロジックを、アプリケーション側に実装する必要があります。そのため、シャーディングを行うと、アプリケーション側のロジックが少し複雑になります。

アプリケーションの複雑さと引き換えにしても、更新処理性能の物理的な限界を突破したいという場合に、シャーディングはお勧めです。さらに、参照処理性能もスケールさせたい場合は、シャーディングとレプリケーションを組み合わせるのが一般的です。

シャーディングの最大の問題点

シャーディングを行うときの最大の問題点は、シャードをまたいだクエリが実行できないことです。異なるシャードに存在するデータが必要な場合は、アプリケーション側でそれぞれのシャードに問い合わせを行う必要があります。

それぞれに問い合わせれば済むケースであれば、それほど問題になりませんが、データを結合(Join)したい場合は対応できません。DBサーバが結合できるのは、そのDBサーバ内部のデータのみだからです[注12]。つまり、物理的に異なるDBサーバに格納されているデータは、結合できないのです。

データによって格納先のシャードは異なりますが、それぞれのシャード自体は矛盾のない、論理的に整合性の取れたDBである必要があり、シャード内でデータに矛盾が生じてはいけません。そのため、シャーディングが適用できるのは、1つのパーティションキーで、アプリケーションが利

図12.7 シャーディングのアーキテクチャ

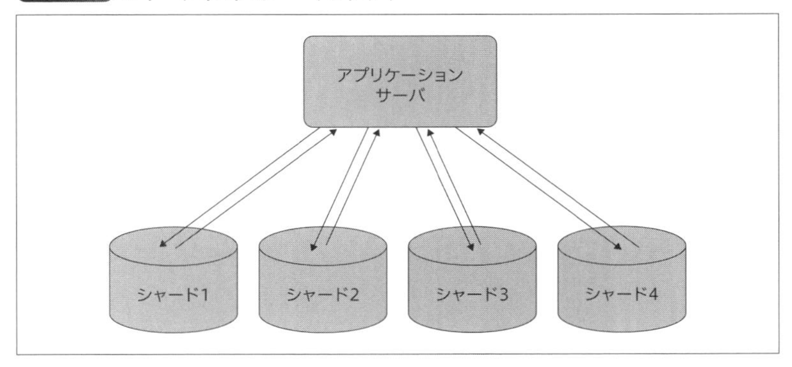

注12 製品によっては、リモートのDBサーバ上のテーブルを、あたかも、ローカルのテーブルのように扱う機能は存在します。

用するテーブルのデータを、完全に分けられるケースに限ります。

スキーマの構造が複雑な場合は、データを分けることが難しくなるため、シャーディングを利用できないことが多々あります。ただし、**第6章**で説明したマスタテーブルのようなものであれば、すべてのシャードに、同じデータをコピーすることで対応が可能です。

シャーディングを利用する場合、シャードは、それぞれ同じ構造のスキーマを持ちますが、それらが自動的に同期するわけではありません。スキーマ構造の変更は、DB管理者側で、すべてのシャードに対して、適用する必要があります。このように、管理のためのオーバーヘッドが増えるのも、シャーディングの欠点であると言えます。

NoSQLのシャーディング

NoSQL製品の中には、自動的にシャーディングによって負荷分散を行えるものがあり、人気を博しています。DB側でシャーディングを管理できれば、開発や運用の負担が減るからです。ただし、本章のコラム[注13]でも述べたように、データモデルの違いは重大です。

いくら、物理的な特性が優れているからと言って、論理的なデータモデルが異なるNoSQLで、RDBを置き換えることはできません。物理的な特性の優位性と引き換えに、トランザクションや正規化といった、データの整合性を保証するための道具を、すべて捨て去らなければならないためです。

内部的なシャーディングに対応したRDB製品もありますので、更新系の処理をスケールさせたい場合は、そのような製品を先に検討すべきでしょう。詳しくは、拙著『MySQL Cluster構築・運用バイブル[注14]』を参照してください。

注13　p.274のコラムを参照してください。

注14　奥野幹也著『MySQL Cluster 構築・運用バイブル —— 仕組みからわかる基礎と実践のノウハウ』技術評論社、2012年

12.4 まとめ

本章では、Webアプリケーションのためのデータ構造として、リレーショナルモデルの枠を超えたデータ構造を紹介しました。本章で紹介したのはほんの一部であり、実際のWebアプリケーションでは、もっとさまざまなデータ構造が必要となります。

しかし、恐れることはありません。本章で紹介した論理データと、キャッシュという考え方を応用することで、より複雑なデータ構造にも、きっと、立ち向かうことができるはずです。

キャッシュとは、いわば実装に関わるデータ構造です。論理データに対するクエリが、フェッチするデータが多すぎる、あるいは、データ構造が複雑であるため、もっと高速にアクセスできるデータが欲しいという場合、その実行を高速化するためにキャッシュを活用します。実装に関わる部分という点では、インデックスと通じる部分があります。

キャッシュとインデックスはいずれも、対象のデータへのアクセスを高速化するために、論理データとは別に構造化されたデータを付け足すものです。本章で紹介した種々のキャッシュという考え方は、通常のB+ツリーインデックスでは表現することのできない、複雑なデータ構造をテーブルやDBソフトウェアの壁を超えて実装するものです。RDBで利用可能なインデックス(B+ツリー、Rツリー、転置インデックスなど)よりも複雑なデータ構造を必要とする場合、キャッシュという考え方が役に立つでしょう。

従来のように、論理データに対してSQLを用いてクエリを表現する以外の方法で、データアクセスを高速化する方法は、物理的な限界を打ち破るためのものだ、と言えます。論理的に正しいクエリを用いただけでは、実装上の効率の限界にどうしても突き当たってしまう場合は、物理的な観点から限界を打ち破るアプローチが必要になるのです。

物理的にアクセス効率を高める手段には、たとえば、バッファプールのサイズを増やす(搭載するメモリのサイズを増やす)という単純なことも含まれます。メモリを増やすのはとても簡単です。お金さえかければ、手に入るからです。そのような単純なアプローチで解決できない場合は、データ構造やアーキテクチャの見直しが必要になります。

物理的なアプローチは、それ単独で用いるだけでなく、複数のテクニックを組み合わせることも可能です。さまざまなテクニックを駆使して、最終的に必要な性能が得られるよう工夫しましょう。

第13章 リファクタリングの最適解

RDBの本来のパワーを発揮するためには、DB設計はきわめて重要です。しかし、DB設計は、本質的には難しい作業となるため、最初からいきなり優れた設計を実現できるわけではなく、あとからDB設計に改良を加えることはよくあります。

また、アプリケーション側に改良を加えたり、あるいは、アプリケーションに新たな機能が追加されることで、アプリケーションが必要とするデータ内容にも、変化が生じることもあります。そのような場合、アプリケーションのニーズを満たすには、DB設計に変更を加える必要があるでしょう。

このように、RDBを用いたアプリケーションを運用していると、DB設計を変更しなければならないことは頻繁に起こります。ところが、肝心の「DBに変更を加える」という作業、いわゆるリファクタリングが、実は一筋縄ではいかないのです。本章では、リファクタリングにはどのような問題があり、それに対処して作業をスムーズに行うか、について説明します。

本章で解説するDBのリファクタリングについては、『データベース・リファクタリング』[注1]で、詳しく解説されています。リファクタリングに際して、必要になるテクニックが網羅的に紹介されていますので、一読することをお勧めします。ただし、どのようなリファクタリングがあるかについては、解説されていますが、どのようなDB設計にすべきか、リファクタリングによってどのような改善を行うべきかまでは、解説されていません。その肝心の内容が本章のテーマです。

13.1 リファクタリング

DBのリファクタリングとは、1つ以上のテーブルの設計を変更する作業

注1　Scott W. Ambler、Sadalage, Pramodkumar J. 著／梅澤真史、越智典子、小黒直樹訳『データベース・リファクタリング』ピアソンエデュケーション、2010年

のことです。ただ、各種オブジェクトの定義を変更するだけであれば、簡単なことです。ALTERコマンド一発で解決します。

しかし、現実的な定義変更は、そう簡単にはいきません。アプリケーションが運用中であれば、すでにデータは格納されており、さらに、テーブルへのアクセスに依存する処理があるためです。定義を変更したことによって、アプリケーションが動作しなくなっては、元も子もありません。

このように、リファクタリングを行ううえで最も難しいのはリファクタリングがサービスのリリース前だけに行う作業ではない、ということです。そのため、現場ではサービスを稼働させながら、DB設計を継続的に変更する作業が求められます。

サービスへの影響を避けなければならないのは、DBのリファクタリングだけでなく、アプリケーションのリファクタリングにも言えることですが、DBのリファクタリングには固有の難しさがあります。

DBのリファクタリングは大変

DBのリファクタリングは、実はなかなか厄介な作業です。というのも、DBのスキーマ(構造)は、アプリケーションと密接に結びついているからです。テーブルの定義を変更することによって、そのテーブルへアクセスする処理すべてに影響範囲が広がります。そのため、ひとたびDBに手を入れると実にさまざまな調整が必要になります。たとえば、次のようなものです。

- **クエリの書き換え**
- **外部キーやその他制約の確認**
- **ビューの修正**
- **トリガーの修正**
- **ストアドプロシージャの修正**

たった1つのテーブルの定義だけでも、その影響範囲は甚大かもしれません。これがDBのリファクタリングを難しくする最大の要因と言えるでしょう。

マルチアプリケーションにおけるDB環境

さらに状況を難しくするのが、DBにアクセスするアプリケーションが1つとは限らない、ということです。共通のDBを複数のアプリケーションから参照する(**図13.1**)のは、よくある話ですが、そのようなアーキテクチャになっていると、DBのリファクタリングは、さらにハードルが上がります。

1つのアプリケーションのニーズに従ってDB設計を変更すると、最終的にすべてのアプリケーション側でその変更に追随しなければならないでしょう。しかし、いきなりアプリケーション側のロジックを変えろと言われても、それは無理な話です。

変更には手間も時間もかかります。ほかに優先度の高いタスクがあれば、先にそちらに取り掛かる必要があるかもしれません。複数のアプリケーションが、同じDBへアクセスしていると、さまざまな調整が必要になるのです。

なぜリファクタリングが必要なのか

そもそも、DBに欠陥があればそれを修正しなければなりません。アプリケーションのニーズに変化があれば、それに追随するようにDBの設計

図13.1 複数のアプリケーションが同じDBを参照する

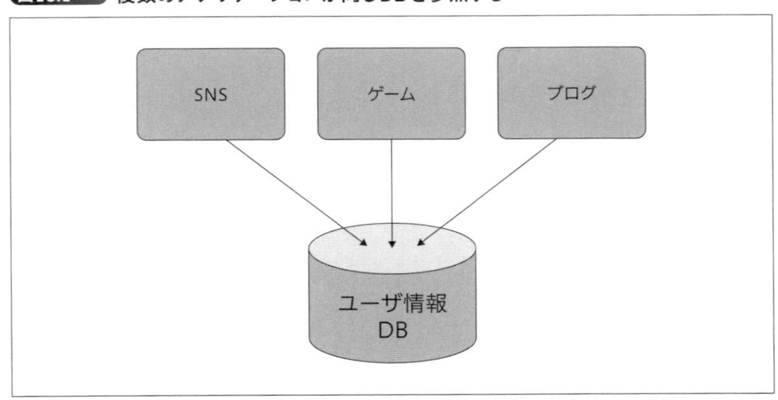

も変えなければなりません。リファクタリングは、本質的にしなければならない作業だと言えます。

ところが、リファクタリングは大変な作業ですので、その影響の大きさに怯(ひる)んでしまい、やらない理由を見つけて、問題を放置しているに過ぎないのです。本質的に必要な作業をやらなければ、その歪みはどんどん蓄積されてしまいます。

適切ではない設計のDBをそのまま放置すると、アプリケーションの保守性や品質、開発効率に影響が出ます。たとえば、DBが正規化されていなければ、集合の演算に沿ってクエリを記述できません。そのような場合、テーブル設計の問題に対する回避策として、手続き型のロジックに頼ってしまうかもしれません。

リファクタリングが大変だからといって問題を放置していると、回避策がどんどん溜まっていくことになり、DBを変更したときの影響が増大します。問題に手をつけないことが状況を悪化させてしまうのです。

DB設計上の欠陥は、一言で言うと**技術的負債**にほかなりません。負債は放置していると利子がつくので、雪だるま式に借金は膨らみます。**技術的負債を返済するには、DBをリファクタリングするしか方法はありません。**リファクタリングは大変な作業ですので、しっかりと計画を立て、失敗しないように取り組むのがよいでしょう。

リファクタリングの手順

リファクタリングを行う際には、次のような手順が必要になります。

❶作業前後のバックアップ

❷スキーマの変更

❸データの移行

❹アプリケーション移行のためのトリガーの作成

❺アプリケーションのデプロイ

❻移行のためのトリガーの削除

❼移行のためのカラムの削除

単にALTERで定義を変更するだけでなく、このような手順を踏むことによって、アプリケーションへの影響を抑えつつ、アプリケーションのペースに合わせた移行が可能になります。

スキーマの移行期間

DBスキーマの変更を行う場合、いきなり目的のスキーマに変更するのではなく、いったん中間的な状態にする、というテクニックが用いられることがあります。一気に目標とする状態にできればよいのですが、アプリケーションの修正に時間がかかる場合や、複数のアプリケーションが同じDBを使用している場合は、調整に時間がかかるでしょう。そのような場合、古いロジックのアプリケーションが一定期間残ることになるため、元のスキーマと、変更後のスキーマの両方が存在する必要が出てきます。つまり、DBのリファクタリングには、移行期間が必要な場合があるのです。

図13.2は、あるテーブルを正規化する(関数従属性のあるものを無損失分解する)場合の移行の移り変わりを表したものです。

移行期間がどの程度になるかは、ケースバイケースです。数日で済む場合もあれば、数ヵ月かかる場合もあるでしょう。特に複数のアプリケーションが同じDBを使用し、かつ各アプリケーションを担当するチームが異なる場合などは、移行期間は相当長いものとなります。DBのリファクタリングでは、移行期間についてもうまく乗り切ることが求められます。

反復的なリファクタリング

最近は、アジャイルなどの反復的な開発手法が採用されることが増えてきました。アジャイル的な開発では、アプリケーションの設計を開発当初に入念に決めるのではなく、反復的に追加あるいは改良していきます。

しかし、ここで多くの人が間違いを犯します。というのも、アプリケーションのコードについては、反復的にリファクタリングを行うにもかかわらず、いったん定義したDBスキーマは変更しない、と決断することが多いのです。アプリケーションだけを反復的に変更しても、もちろん不十分です。反復的な開発は効率が良いため、技術的負債も効率良く溜まってしまうことになるでしょう。

アプリケーション側で、永続化すべきオブジェクトの構造に変化があれば、DB側の構造もそれに追随しなければなりません。したがって、アジャイルなどの反復的な開発手法を行う場合は、**日々アプリケーションのコードのリファクタリングを行う傍ら(かたわら)で、DBのリファクタリングも反復的に行う必要があります。**とはいえ、DBのリファクタリングはたいへんな作業です。それを反復的に実行するのは、ことさら計画が難しくなることは、

図13.2 DBスキーマの移行期間

移行前

students

氏名	授業	学年
桂小五郎	リレーショナルモデル	2
桂小五郎	Javaプログラミング	2
勝海舟	リレーショナルモデル	3
勝海舟	Ruby on Rails	3
勝海舟	コンピュータアーキテクチャ	3
坂本龍馬	リレーショナルモデル	1
坂本龍馬	コンピュータアーキテクチャ	1

移行期間中

students

氏名	授業	学年
桂小五郎	リレーショナルモデル	2
桂小五郎	Javaプログラミング	2
勝海舟	リレーショナルモデル	3
勝海舟	Ruby on Rails	3
勝海舟	コンピュータアーキテクチャ	3
坂本龍馬	リレーショナルモデル	1
坂本龍馬	コンピュータアーキテクチャ	1

student_profs

氏名	学年
桂小五郎	2
勝海舟	3
坂本龍馬	1

移行後

students_courses

氏名	授業
桂小五郎	リレーショナルモデル
桂小五郎	Javaプログラミング
勝海舟	リレーショナルモデル
勝海舟	Ruby on Rails
勝海舟	コンピュータアーキテクチャ
坂本龍馬	リレーショナルモデル
坂本龍馬	コンピュータアーキテクチャ

student_profs

氏名	学年
桂小五郎	2
勝海舟	3
坂本龍馬	1

疑いようがありません。

回帰テスト

リファクタリングを行ううえで重要なのは、リファクタリング実施後も機能が損なわれていない、ということです。元にあった機能が正常に動作しなければ、リファクタリングとは言えません。単に元のアプリケーションを破壊しているだけです。

アプリケーションの機能が損なわれないことを確認する方法は、テストしかありません。リファクタリングする前に通っていた機能テストがすべて同じように通れば、機能が損なわれていないことが確認できます。

もし、十分なテストケースがない場合は、どのようにすればよいでしょうか？ そのような場合は、機能が壊れていないかどうかを確認する手段がないため、リファクタリングには手が出せません。つまり、リファクタリングに手をつける前から、十分なテストケースが存在している必要があるのです。テストなしにリファクタリングはできません。みなさんにとって、釈迦に説法なことかもしれませんが、テストはとても重要なことです。

ベンチマークテスト

DBのリファクタリングを行ううえで見過ごしがちなのが、パフォーマンスです。リファクタリングを行った結果、パフォーマンスが著しく低下するケースは、珍しくありません。**パフォーマンスが低下していないかどうかを確認する方法は、ベンチマークしかありません。**普段から実施するテスト項目に、ぜひベンチマークテストも加えておいてください。

ベンチマークを行う際は、テスト環境を本番に忠実に再現することが重要です。ハードウェアのスペックやOSの種類は当然のこと、テストデータの規模(サイズ)についても本番と合わせるようにしましょう。

また、テスト環境だけ、テスト用の小さなデータを使っているというケースがあります。開発中に頻繁にテストを行う場合は、小さなテストデータでもよいのですが、データサイズがきわめて小さいと、パフォーマンスの問題は表面化しにくくなります。ベンチマークテストを実行する際は、必ず十分なサイズのデータを準備するよう心がけてください。

繰り返しになりますが、ベンチマークを行ううえで重要なのは、本番環境と同じマシンを使うということです。性能や構成の異なるマシンでベンチマークを実施しても、本番環境での性能の予測には、あまり役に立たないでしょう。

とはいっても、ハードウェアの購入には、コストがかなりかかるため、以前はテスト環境を準備することに二の足を踏んだものです。しかし、最近では、パブリッククラウドを利用することで、テスト環境を準備するハードルは格段に下がったと言えるでしょう。

マイグレーション利用のススメ

反復的なソフトウェア開発では、バージョン管理はなくてはなりません。問題があったら任意の時点まで戻せる、変更点を後から追跡できるという利便性によって、既存のコードに対して大胆に手を入れることが可能になりました。

DBのリファクタリングにおいても、同様のしくみがあれば良いとは思いませんか？ 何か問題が生じたら「以前の状態に戻したい」というのは自然なニーズです。しかしながら、DBスキーマに単純なバージョン管理は適用できません。

たとえば、ある時点のテーブル定義を保存しても、現在のテーブルを直接、ある以前の定義に変更するコマンドが存在しないからです。

テーブル定義を変更する際に利用するコマンドは、`ALTER TABLE`です。`ALTER TABLE`は、テーブルをある定義へと変更するのではなく、現在のテーブル定義と比較したうえで、違いがある部分を抜き出し、その違いを解消するように、実行しなければなりません。そのような事情があるため、DBでは、単純にテーブル定義のdiffを取るだけでは、バージョン管理にならないのです。

そこで登場するのがマイグレーションスクリプトです。マイグレーションスクリプト（あるいは単にマイグレーション）とは、Ruby on Rails（以下Rails）のActiveRecordで導入されたしくみです。DBに対する個々の変更を、スクリプトとして記述することにより、DBスキーマの変更を管理します。スクリプトは順序付けられており、スクリプトを順次実行することで、任意の時点までDBスキーマをさかのぼることができるしくみです。

バージョン管理ができるといっても、ソースコードのバージョン管理とはかなり事情は異なります。まず、**DBスキーマはバージョンの分岐ができません。**そのため、スキーマのバージョンは前に進むか後に戻るかという直線的な履歴の状態を遷移するだけです。

また、マイグレーションスクリプトの実行には、時間がかかります。ALTER TABLEにかかる時間は、ハードウェアの性能、データサイズやインデックス数によって左右されます。

このように、マイグレーションには、ソースコードのバージョン管理とは異なる事情があり、気軽にバージョンの行き来はできませんが、DBに対する変更を管理する安全弁としては十分に役立つでしょう。

Railsで開発している場合、あるいは使用しているフレームワークにマイグレーション機能がある場合は、それらを利用するとよいでしょう。そうでなければ、マイグレーション機能のためだけに、ActiveRecordを導入してもよいでしょう。

マイグレーションスクリプトを利用するにあたっては、スクリプトのテストも忘れずに実行しなければなりません。スクリプトにバグが潜んでいては、うまくバージョンの行き来ができないからです。

特にバージョンを上げるだけでなく、戻す場合のロジックは、テストを見過ごしがちになるので、気をつけましょう。マイグレーションスクリプトに難しいロジックを記述するわけではありませんが、無用なトラブルを避けるためにテストは必要です。ツールを利用できない場合は、手書きのスクリプトでもかまいません。スキーマに対する変更を自動化、およびテストすることが重要です。

ところで、「DBの状態を任意の時点まで巻き戻す」だけであれば、バックアップでよいじゃないか、と思うかもしれません。確かにバックアップでしのげる場合もありますが、バックアップではスキーマだけでなく、データまで巻き戻ってしまう、という問題が出てきます。データは最新のままで、スキーマだけを巻き戻したいというニーズに、バックアップは応えられません[注2]。

注2 とはいえ、万全を期すのであれば、バックアップも取っておくに越したことはありません。必ず作業前にバックアップを取るようにしましょう。

トリガーを使って2つのテーブル間で同期を取る

DBの移行期間中には、移行前と移行後を定義したテーブルが、同時に存在することがあります。アプリケーションからどちらのテーブルにアクセスしても、同じデータを参照・更新できるようにするためです。このとき、異なる2つのテーブルから、同じようにデータを参照したい場合は、どのようにすればよいのでしょう？ 仮に片方だけのデータを更新してしまうと、データには不整合が生じます。そこで登場するのがトリガーです。

あるテーブルを更新する際に、ほかのテーブルに同じデータを格納したいというニーズは、まさにトリガーで解決する最適の課題です。2つのテーブル間で双方向にトリガーを仕掛けておけば、常にデータが同期された状態になります。なお、トリガーで同期を図る場合は、トリガーによる更新が循環しないように注意しましょう。データを同期するトリガーについては、後ほどいくつかサンプルを紹介します。

移行期間が終了し、古いテーブルを削除したらトリガーも削除しましょう。トリガーもマイグレーションで管理しておくようにするとよいでしょう。また、トリガーのテストも忘れずに実施しましょう。

13.2 リファクタリングの種類

これまで、リファクタリングとはどのようなものか、また、どのような作業を計画すべきか、について見てきました。本項では、どのような種類のリファクタリングがあるのかについて紹介します。

リファクタリングを行ううえで重要なのは、以前よりも好ましいDB設計になっているという点です。設計を改悪したり、意味のないリファクタリングをしてしまっては、せっかくの労力が無駄になります。どのようなリファクタリングを行うことで、DBの設計を改善できるのか、あるいはどのような種類のリファクタリングによって改善できるのかが、本項のテーマです。

インデックスの追加・削除

数あるリファクタリングの中で最も簡単なのが、インデックスの追加・削除です。なぜなら、インデックスの追加や削除を行っても、どのクエリも書き換えなくて済むからです。

インデックスは、どのようにクエリを実行するか、という実装に関わる部分です。そのため、インデックスを追加・削除しても、論理的な意味は変わらないため、書き換える必要がないのです。

具体的には、テーブルに格納されているデータの内容、テーブルの構造などに変化はありませんので、クエリを実行した結果得られるデータに変化がないということです。

ただし、主キーやユニークインデックスによって、一意性制約を導入あるいは削除する場合は、テーブルが持つ論理的な意味が変更されるので注意が必要です。そうでない場合、テーブルの持つ意味は一切変化がありません。

インデックスの追加・削除を渋る人をたまに見かけますが、論理的な意味に違いが出ないので、無闇に保守的にならなければいけない理由はありません。インデックスが必要なクエリを発見した場合、あるいは使われていないインデックスを発見した場合は、どんどんリファクタリングしましょう。インデックスの変更は、性能への影響があります。インデックスを変更したあとは、ベンチマークテストで性能の劣化が見られないことを確認しましょう。

カラム名の変更

カラムの名称をどうするかも、DB設計ではたいへん重要なテーマとなります[注3]。したがって、カラムの名称が適切でないことに気づいた場合、名称を変更するというリファクタリングを行うことがあります。

アプリケーションの変更およびデプロイと同時に、カラム名の変更を実施できれば、特に問題はありませんが、移行期間が必要な場合は若干の工

注3　第6章を参照してください。

夫が必要です。

移行期間中は、異なる名前で同じデータを持ったカラムを、2つ持たせておく必要があります。その間、新旧のカラムのどちらを更新しても、同じデータになるように、トリガーを使って同期します。

リスト13.1は、行の挿入時にカラムのデータを同期するトリガーの例です。nameというカラムの名称をfull_nameへ変更するシナリオを想定しています。どちらのカラムに値が指定されている場合でも、他方へ同じデータを格納します。

リスト13.1は、INSERT用のトリガーですので、実際にはUPDATE用のものも必要です[注4]。また、リスト13.1はMySQL用ですが、ほかのRDBでも同様のロジックが利用できるでしょう[注5]。

アプリケーションから、どちらのカラムにアクセスしても同じデータが得られる、どちらのカラムを更新しても結果は変わらないというところがポイントです。移行期間が終われば、外部キーなどを調整し、古いカラムとトリガーを削除しましょう。

リスト13.1 行の挿入時にカラムのデータを同期するトリガーの例

```
delimiter //
CREATE TRIGGER bi_students
BEFORE INSERT ON fighters FOR EACH ROW
BEGIN
    IF NEW.name IS NULL OR NEW.name = ''
    THEN
        SET NEW.name := NEW.full_name;
    ELSEIF NEW.full_name IS NULL OR NEW.name = ''
    THEN
        SET NEW.full_name = NEW.name;
    END IF;
END;//
delimiter ;
```

注4　DELETE用のものは必要ないでしょう。

注5　ただし、MySQLのように行単位のトリガーを実装している製品でしか、このようなロジックは使えないので注意してください。

NOT NULL制約の導入

テーブルを1NFにするためには、すべてのカラムにおいてNULLが出現しないようにする必要があります。そのため、あとからでもNOT NULL制約をつけるというリファクタリングを行うことは大切です。

NOT NULL制約の導入にあたっては、そのカラムをNOT NULLにできるかどうかを見極めることがポイントです。すでにすべての行において、そのカラムがNULLでないこと、あるいはNULLになっている行がある場合は、適切な初期値を代入できることが条件となるでしょう。

もし「ある時点までそのカラムは必要にならないので、初期状態はNULLにしていた」という使い方のカラムである場合は、そのカラムはNOT NULLにするのではなく、別テーブルとして分けておくという設計にすべきです。詳しくは、後述する**無損失分解**の項(p.313)を参照してください。

よくある間違いとして、RDBでは、すべてのカラムにNOT NULL制約を導入しなければならない、というものがあります。対象のテーブルがリレーショナルモデルの範疇(はんちゅう)であれば、NOT NULLを導入して1NFへ正規化する作業は意義があります。しかし、そうでない場合、つまり、リレーショナルモデルでは、表現できないデータを扱うテーブルの場合は、NOT NULL制約にこだわる必要はありません。リレーショナルモデルを適用すべきかどうかを見極めることが重要なポイントとなります。

NOT NULL制約を追加するだけであれば、データの移行は特に必要なく、アプリケーション側の変更は必要ないでしょう。ただし、もし既存のデータにNULLが含まれる場合は、若干の調整が必要です。

ALTER TABLEコマンドでNOT NULL制約を導入すると、NULLだった個所の値は、デフォルト値に書き換えられてしまうでしょう。そのため、クエリを実行して得られた結果が初期値でもNULLでも同じ結果になるように、事前にクエリを(たとえば、COALESCEを使用するなどして)書き換えておくとよいでしょう。

主キーの定義変更

主キーの定義を変更するというニーズはどこから生まれてくるのでしょ

うか？ 一度主キーを決めてしまえば変更することはないと考えがちですが、実は次のようなケースにおいて主キーを変更する必要が生じることがあります。

- **主キーが既約ではない場合**
- **主キーから別のカラムへの関数従属性がなくなってしまった**
- **サロゲートキーからナチュラルキーへの変更、あるいはその逆**

主キーを変更する場合、新しい主キーが一意性制約を満たせることが重要です。主キーを変更する前にクエリで一意性を確認したり、ユニークなセカンダリインデックスを導入しておくなどの対策が有効です。

主キーの変更もデータの移行が発生しないため、アプリケーション側の変更はそれほど多くはないでしょう[注6]。

無損失分解

正規化されていないテーブルに出くわすことは、日常茶飯事です。最初から漏れのないパーフェクトなDB設計を行うのは不可能ですし、これまでに述べたようなリファクタリングを行うことで、正規化が崩れてしまうこともあります。

そのような状況に遭遇したときにやるべきことは、テーブルの正規化です。正規化する際に必要な操作と言えば、無損失分解です。自明ではない関数従属性、自明でも暗黙的でもない結合従属性を見つけたら、無損失分解によるリファクタリングを計画しましょう。

無損失分解の場合も、移行期間がなければ特に難しいことはありません。移行期間が必要な場合は、元のテーブルを残しつつ新しいテーブルを作成し、双方のテーブルでデータの同期を行う必要があります。データの同期はトリガーで行うとよいでしょう。外部キー制約を併用（ON UPDATE CASCADE）する方法もあります。先ほど登場した図13.2は、移行期間を経て、関数従属性を解消する様子を表したものです。

双方のテーブルに、(name,age) というインデックスがあれば、**リスト**

注6　サロゲートキーとナチュラルキーを入れ替える場合は、多少変更が多くなるかもしれません。

13.2のような外部キー制約を設定することで、students_profテーブルからstudentsテーブルへのデータの同期を行うことができます。

さらに、**リスト13.3**のようなトリガーを使うことで、studentsテーブルからstudets_profテーブルへのデータの同期が可能です。

リスト13.2 リスト更新と削除を同期するための外部キー

```
ALTER TABLE students
    ADD CONSTRAINT FOREIGN KEY (name, age)
    REFERENCES student_prof (name, age)
    ON DELETE CASCADE ON UPDATE CASCADE;
```

リスト13.3 2つのテーブルのデータを同期するトリガー

```
delimiter //
CREATE TRIGGER bu_students
BEFORE UPDATE ON students FOR EACH ROW
BEGIN
    UPDATE students_prof
        SET age = NEW.age
        WHERE name = NEW.name;
END;//
CREATE TRIGGER bi_students
BEFORE INSERT ON students FOR EACH ROW
BEGIN
    IF NEW.age IS NULL OR NEW.age = 0 THEN
        SET NEW.age :=
            (SELECT age FROM student_prof
            WHERE name = NEW.name);
    ELSE
        REPLACE INTO student_prof
            (name, age)
            VALUES(NEW.name, NEW.age);
    END IF;
END;//
delimiter ;
```

テーブルの垂直分割と統合

複数のテーブル間で直交性が満たされていない場合は、テーブルを統合することが必要です。直交性はまったく同じ型のテーブルであれば比較しやすいですが、そうではない場合はいったん一部のカラムを垂直分割する必要があります。その様子を表したのが**図13.3**です。

テーブルの垂直分割とは、暗黙的な結合従属性によって無損失分解することにほかなりません。先ほどの関数従属性と同様に、移行期間が必要ならトリガーを使ってデータを同期しましょう。

テーブルの統合は、どちらかのテーブルにデータを寄せるとよいでしょう。移行期間が必要であれば、不要になったテーブルはエイリアスや更新可能なビューとして残しておきましょう。その様子を表したのが**図13.4**です。

このように、すべてのアプリケーションが共通でアクセスするデータと、それぞれのアプリケーションが個別に必要とするデータは、別のテーブルに格納したほうが、むしろ自然だと言えます。

図13.3 テーブルを垂直分割する

student_clubs

氏名	学年	クラブ
坂本龍馬	1	剣道部
桂小五郎	2	柔道部
西郷隆盛	4	柔道部
勝海舟	3	新聞部

student_profs

氏名	学年
坂本龍馬	1
相楽総三	2
高杉晋作	3
西郷隆盛	4
中村半次郎	4

student_clubs

氏名	クラブ
坂本龍馬	剣道部
桂小五郎	柔道部
西郷隆盛	柔道部
勝海舟	新聞部

student_grades

氏名	学年
坂本龍馬	1
桂小五郎	2
西郷隆盛	4
勝海舟	3

student_profs

氏名	学年
坂本龍馬	1
相楽総三	2
高杉晋作	3
西郷隆盛	4
中村半次郎	4

図13.4 テーブルを統合する

student_clubs

氏名	クラブ
坂本龍馬	剣道部
桂小五郎	柔道部
西郷隆盛	柔道部
勝海舟	新聞部

student_grades

氏名	学年
坂本龍馬	1
桂小五郎	2
西郷隆盛	4
勝海舟	3
相楽総三	2
高杉晋作	3
中村半次郎	4

Column

関連テーブルの実態

DB設計作業を行う際、ER図を用いる方法が非常にポピュラーです。ER図はテーブルを俯瞰(ふかん)的に覧(み)ることができて便利ですが、一方でリレーショナルモデルへの誤解を助長する弊害があります。

ER図を使ってDB設計を行う際、たびたび耳にする**関連テーブル**という考え方があります。外部キー制約で1:Nの関係[注a]にあった2つのテーブルが、1:NではなくM:Nという関係になるときに、その**関連**を表すために導入するとされているものです。

ところが、リレーショナルモデルには関連テーブルという概念はありません。あるのはそれぞれ個別の事実の集合を表すリレーションだけです。そのため、関連テーブルを意識し過ぎるとリレーションの実態がわからなくなります。

1:Nという関係性がM:Nに変化するケースとはどういったものでしょうか。**図13.a**は、1:Nの関係にある2つのテーブルで、studentsテーブルからdepartmentsテーブルへの外部キー制約が設定されています。

1:Nの関係にあったものがM:Nに変化する、ということは、外部キー制約において参照する側のテーブル(図13.aではstudentsのほう)において、参照するキー(この例では学科カラム)の値に重複が生じるような変化が加わることを意味します。つまり、テーブルの主キーの構造に変化が必要になるとい

注a　この「関係」という単語はリレーショナルモデルのリレーションではなく、日本語の文字通りの関係の意味、すなわち、リレーションシップの意味です。

うことです。

図13.aでは氏名というカラムが主キーです。たとえば、カラム学科が主キー(氏名)に対して複数の値が対応するようなケース、つまり、生徒が複数の学科に所属することが許容されるという場合は、主キーを(氏名)から(氏名,学科)へと変化させるというリファクタリングが必要になります。リファクタリングした結果を表したのが**図13.b**です。

図13.a 1:Nの関係にあるテーブル

departments

学科	代表番号
コンピュータアーキテクチャ	xx-xxxx-xxxx
データベース	zz-zzzz-zzzz
コンパイラ	yy-yyyy-yyyy

students

氏名	学科	学年
桂小五郎	コンピュータアーキテクチャ	2
勝海舟	コンパイラ	3
坂本龍馬	データベース	1
西郷隆盛	データベース	4
高杉晋作	コンパイラ	3

図13.b 主キーの構造が変化した状態

departments

学科	代表番号
コンピュータアーキテクチャ	xx-xxxx-xxxx
データベース	zz-zzzz-zzzz
コンパイラ	yy-yyyy-yyyy

students

氏名	学科	学年
桂小五郎	コンピュータアーキテクチャ	2
勝海舟	コンパイラ	3
坂本龍馬	データベース	1
坂本龍馬	コンパイラ	1
西郷隆盛	データベース	4
高杉晋作	コンパイラ	3
高杉晋作	コンピュータアーキテクチャ	3

図13.bのように構造が変化すると、学科以外のカラムは、元の主キーである氏名に対して関数従属することになりますので、これは自明ではない関数従属性となり、2NFの要件を満たせなくなります。そこでこのテーブルを無損失分解するというリファクタリングが必要になり、その結果、新たなテーブルが作成されることになります。その様子を表したのが**図13.c**です。

実は、図13.cのstudents_departmentsのテーブルが一般的に関連テーブルと呼ばれるものです。このように、関連テーブルを導入するというリファクタリングは、実は主キーの構造を変化させ、その後正規化を行う2回のリファクタリングのショートカットなのです！

関連テーブルを導入するという考え方では、なぜ、そのようなテーブルが必要になるかを、理解しづらいかもしれません。そもそも、いつそれを使えばよいのか、という必然性が見えにくいからです。**関連テーブルというものが本質的なものではなく、実は2回のリファクタリングのショートカットである**ことを理解すれば、便利に使いこなすことができるでしょう。

図13.c **無損失分解後**

departments

学科	代表番号
コンピュータアーキテクチャ	xx-xxxx-xxxx
データベース	zz-zzzz-zzzz
コンパイラ	yy-yyyy-yyyy

students_departments

氏名	学科
桂小五郎	コンピュータアーキテクチャ
勝海舟	コンパイラ
坂本龍馬	データベース
坂本龍馬	コンパイラ
西郷隆盛	データベース
高杉晋作	コンパイラ
高杉晋作	コンピュータアーキテクチャ

students

氏名	学年
桂小五郎	2
勝海舟	3
坂本龍馬	1
西郷隆盛	4
高杉晋作	3

13.3 リファクタリングのためのベストプラクティス

本章では、リファクタリングを上手に行う方法を見てきましたが、上手にできると言っても、リファクタリングが必要な状況はできれば作りたくないものです。ここでは、リファクタリングに強い、あるいは、リファクタリングがあまり必要とならないようにするためのベストプラクティスを紹介します。

正規化と直交性

リファクタリングは、DBの構造に問題があった場合に必要となりますので、そもそも問題が起きにくい設計を心がけることが重要です。DB設計における典型的な問題として正規化されていない、あるいは直交していないテーブルが挙げられます。DB設計当初から正規化や直交性についてきちんと配慮していれば、あとからそれらの作業をする機会は少なくなるでしょう。

カラムではなくテーブルを追加する

新しい機能を追加する場合などに、ついつい新機能用のデータを格納する目的で、既存のテーブルにカラムを追加してしまいがちです。しかし、そのようなリファクタリングをすると、1NFの要件を満たさなくなる可能性がきわめて高いので要注意です。カラムを追加しようと思ったら、ぜひとも次の点を熟考してください。

- **カラムの初期値はあるか**
- **主キーに対して関数従属しているか**

これらの要件を満たす場合は、カラムを追加しても問題ないでしょう。しかし、カラムを追加する以上にお勧めなのが、テーブルを追加するというリファクタリングです。これは上記の条件を満たす場合でもそうではない場合でも有効です。主キーに対して関数従属しているデータであれば、非キー属性となりますので、暗黙的な結合従属性によって、無損失分解が可能です。

無損失分解した2つのテーブルから元のデータを取得したい場合は、JOIN(結合)をすればよいだけです。そのため、JOINする回数は必然的に増えることになるでしょう。よく「JOINをすると遅くなる」と言って、このような分解を嫌う人がいますが、いったいJOINの何がいけないのでしょう？

内部表に対して主キーでアクセスできる実行計画であれば、たかだか物理的なページに対するアクセスが1行ごとに1回増えるだけです。しかもJOINする主キーが同じ意味のカラムで構成されていれば、主キーを格納したページの並ぶ順序には相関があるはずです。そのため、データの局所性も高くなるでしょう。テーブルを分けることによるパフォーマンスのペナルティは、おそらくみなさんが考えているよりもずっと少ないことでしょう。

一方、カラムの代わりにテーブルを追加する利点は、目を見張るものがあります。まず、既存のテーブルがリファクタリングによって、非正規化の危機にさらされることがありません。また、既存のテーブルを変更しないことによって、そのテーブルへアクセスするためのコードは、まったく書きなおす必要がなくなります。

新しいテーブルにアクセスする新しい機能のみを実装すればよいので、ソースコードのリファクタリングが容易になります。また、既存のテーブルに手を入れる必要がないため、DBのリファクタリングを実行しても、稼働中のサービスへの影響もありません。

SELECT *を使わない

これもよく言われることですが、SELECT *という書式は使わないようにすべきです。具体的に参照するカラム名を列挙するようにしましょう。SELECT *は、テーブルで定義された順序でカラムが並んでいることを期待した書式です。また、クエリの結果に含まれるカラムの数は、そのテーブルに含まれるカラムの数に依存します。そのため、テーブルの定義を変更すると、どうしてもアプリケーション側への影響が出ることになり、テーブルの変更に対応するコストも増大します。

SELECT *の問題の本質は、アプリケーション側の処理がカラムの位置に依存することです。たとえば、JDBCドライバではjava.sql.ResultSet#getString(int columnIndex)というメソッドがありますが、これは結果セットにおいてカラムが出現する位置が特定の場所になっていることを期待したものです。このメソッドとSELECT *の組み合わせは最悪です。

テーブルにカラムを追加・削除することで、カラムの位置がずれてしまうのは必至です[注7]。SELECT *を使うのではなく、欲しいカラムを具体的に記述すれば、そのカラムが出現する位置はクエリによって決定され、スキーマとは独立して、テーブルの変更に対して強くなります。

どうしてもSELECT *を利用したい場合は、int型の引数のタイプのものではなく、JDBCドライバではjava.sql.ResultSet#getString(String columnLabel)というカラム名で参照するメソッドを利用しましょう。アプリケーションは、カラムの位置に影響を受けることなく欲しいデータを取得することが可能です。ほかの言語でも同様の対策が有効です。

アプリケーションを疎結合に

複数のアプリケーションによって、同じDBにアクセスするアーキテクチャの場合、どうしても移行期間が長くなります。あるDBにアクセスするアプリケーションが複数ある場合、それを主に使用しているアプリケーション以外は、直接アクセスさせないように隠蔽する、という対策が可能です。メインで利用しているアプリケーション以外のものに対しては、いわゆる疎結合にしてしまうのです。

疎結合にする実装として、DAO (*Data Access Object*) として、データアクセスをプログラム内で隠蔽する方法、Web APIなどを通じて完全にプログラムから隠蔽する方法などが考えられます。どのような方式を用いるかは、ケースバイケースでの判断となりますが、大事なのは、データへアクセス

注7 カラムの追加をしたとき、新しいカラムは、最後尾に追加されるとは限りません。AFTERやBEFOREなどで、任意の場所に追加することが可能です。

するためのロジックを共通化しておくという点です。それによって、DB側を変更した場合に、アプリケーション側の修正個所が少なくて済むようになります。

疎結合にすることで、DBやデータアクセスのためのロジックを変更しても、ほかのアプリケーションに対してリファクタリングを隠蔽できるようになります。その結果、移行期間を設ける必要がなくなるというのが、大きな利点となります。

ただし、データアクセスは隠蔽されますが、ほかのアプリケーションにアクセスをさせるためのインタフェースを設計したり、ニーズの変化や欠陥への対応のためにインタフェースをメンテナンスしなければならないため、そのための手間が増えるというデメリットがあります。

13.4 まとめ

アプリケーションを反復的に開発する場合に、DBのリファクタリングは必須の作業です。DBスキーマを変更するには、さまざまな追加作業が必要となり、時には膨大な作業量が必要になるケースもあるでしょう。

DB設計の問題は、RDBにおける技術的負債です。放置していると、負債は雪だるま式に増えてしまいます。DBのリファクタリングは大変な作業ですが、早めの返済を心がけ、負債を貯めこまないようにリファクタリングを計画するようにしましょう。

リファクタリングとは、単にALTERを使ってテーブルの定義を変更すればよい、という作業ではありません。変更してもアプリケーションが影響を受けないように移行期間を設けるなど、計画的に行う必要があります。移行期間では、異なるカラムやテーブルへデータを同期する必要が生じるため、トリガーがたいへん役に立ちます。トリガーを駆使して、厄介な移行作業をぜひ乗り切ってください。さらに細かい網羅的なテクニックについては、『データベース・リファクタリング』を参照してください。

第14章

トランザクションの本質

本書もいよいよ最終章にやってきました。最終章を締めくくるテーマはトランザクションです。

本書では、これまで主にリレーショナルモデルとDB設計について扱ってきました。これらは、DBの整合性を保つために重要なことであるのは間違いありませんが、実際のRDB上でデータの整合性を保つためには、リレーショナルモデルだけでは足りません。実は、まだ重要なピースが欠けています。それがトランザクションです。

トランザクションについて深く理解したいのであれば、『Transactional Information Systems』[注1]という良書があります。この書籍では、トランザクションについて網羅的に説明されていますので、理論的に深く理解したい方にお勧めします。

本章では、トランザクションのエッセンスと、RDBでどのように使うべきか、つまり、リレーショナルモデルとどのようにうまく付き合うべきなのかについて解説します。

14.1 トランザクション

トランザクションとは、**データを正しく保つために考案された手法**です。DB固有の機能というイメージがありますが、実はDBだけに限られた概念ではなく、トランザクション理論自体は独立した理論体系です。トランザクションはDBが源流ですので、主にDBにおいて用いられますが、ほかの分野にも応用が可能です。

また、トランザクション理論は、リレーショナルモデルと異なる理論です。トランザクションとリレーショナルモデルにおける正規化理論は、それぞれデータを正しく保つことを目的としていますが、着眼点は異なりま

注1 Gerhard Weikum, Gottfried Vossen, Transactional Information Systems:*Theory, Algorithms, and the Practice of Concurrency Control and Recovery*, Morgan Kaufmann, 2011

す。いずれか片方だけを実践できていればよいわけではなく、実際のアプリケーション開発では双方が必要となる、互いに補完しあう関係だと言えるでしょう。トランザクションとリレーショナルモデルの2つを同時に実践して、はじめてデータの整合性を保つことが可能となります。

トランザクションがどのような問題を取り扱い、それに対してどのようにデータの整合性を保つのかについて、これから見ていきましょう。

トランザクションの機能

トランザクションが必要とされる背景には、**DBサーバに対して多数のクライアントから同時にアクセスが発生する**という状況や、DBサーバあるいは**アプリケーションが、更新処理の途中でクラッシュする**という事態から、データの不整合を守りたいというニーズがあります。トランザクションが必要な例としてよく出てくるのが、銀行口座でお金を操作する例です。

図14.1は非常に有名な、銀行の口座を並列に処理する例です。ある人の口座に100万円入っている状態で、30万円の入金をトランザクション❶、20万円の引き出しをトランザクション❷として表現しています。時間軸は、上から下に向かっていると考えてください。

図14.1 並列に銀行の口座を操作する例

トランザクション❶	トランザクション❷	口座の残高	時間
		1,000,000円	↓
開始 残高を読み取り 1,000,000円			↓
	開始 残高を読み取り 1,000,000円		↓
振り込んだ金額と 残高の金額を合計 1,000,000 + 300,000 = 1,300,000円 残高を記録 = 1,300,000円		1,300,000円	↓
COMMIT	引き出した金額を 残高から引く 1,000,000 – 200,000 = 800,000円 残高を記録 800,000円	800,000円	↓
	COMMIT		↓

同時実行制御

この例では、2つの処理が同時に実行されており、トランザクション❶が残高を書き込む前に、トランザクション❷が残高を読み取っているため、最終的に残高が本来あるべき金額ではなくなっています。本来、口座の残高は110万円になっているはずですが、実際には、口座に80万円しか残っていません！

これが、同時アクセスによってデータの不整合が起きるしくみです。不整合が起こってしまうようでは、図14.1の処理は、トランザクションとは呼べません。このように、**同時にアクセスすることにより、起こりうるデータの不整合を防ぐこと、つまり、同時実行制御がトランザクションの第一の機能**となります。

クラッシュリカバリ

データを正しく保つという点で、もう一つ考慮しなければいけないのが、不測の事態の際にどうやってデータの正しさを保つかということです。たとえば、トランザクション❷が残高を記録する直前に、マシンがクラッシュしてしまったらどうなるでしょうか？ 今度はお金を引き出したのに口座の残高が増えてしまいますね！

また、もしトランザクションがなければ、マシンがクラッシュする直前に、どこまで処理を実行していたかを、どうやって追跡すればよいのでしょうか？ ほかに誰も面倒を見てくれないのであれば、アプリケーション側で処理がどこまで実行されたかを検知し、必要なリカバリ処理を行うための機能を実装しないといけないでしょう。

しかし、トランザクションがあれば、中途半端に異常終了した処理はロールバックされ、マシンやDBサーバがクラッシュしても、再起動によって自動的に必要なリカバリ処理が行われます。というわけで、**トランザクションの2つ目の機能は、クラッシュリカバリ**です。

トランザクションによって提供される機能は、本質的には同時実行制御とクラッシュリカバリの2点です。

トランザクションの鍵、スケジュール

処理の並列化は必要不可欠

図14.1のような不整合を起こさないようにするには、どうすればよいでしょうか。最もシンプルな解決策は、複数のクライアントからの処理を並列に行わないようにすることです。つまり、処理を1つずつ順番に行うようにすれば、同時実行によって生じる不整合は起きません。

しかし、そのように処理を並列化しないしくみでは、処理効率が良くなく、性能を引き出せないため、現実的な策と言えません。今や、多数のCPUコアがマシンに搭載されるのは当たり前のことになっており、直列化された処理を実行するだけでは、コンピュータリソースを使い切ることはできません。実用的なレベルまで性能を引き出すには、さらにコンピュータのリソースを活かす必要があります。

実際のDBでは、何百もの、時には何千ものトランザクションが同時に実行されていることも珍しくありません。それらを1つずつ順番に実行する、という実装は、現実的とは言えないでしょう。

同時実行制御の鍵、スケジュール

そのように、非常に数多くのトランザクションが同時に実行されるような状況下で、何をもってデータが正しいと保証できるのでしょうか。実はその鍵を握るのが**スケジュール**です。

トランザクションは、一連の操作をまとめたものです。よって、トランザクションは、複数のデータアイテムの操作に分解できます。つまり、処理の単位は、各データアイテムに対する読み取りや書き込みといった操作になります。

トランザクションを並列に、かつ同時実行することは、個々のデータアイテムへの操作が同時に実行されることと同義です。しかし、処理の内容によっては、ほかのトランザクションへ影響を及ぼすものがあります。特に、書き込み処理は、ほかのトランザクションが読み取るデータへの影響があることは、直感的に理解できるでしょう。

たとえば、図14.1では、口座の残高を更新する操作は、そのあとに口座の残高を参照するトランザクションへ影響が出ます。どのような処理が互

いのトランザクションへ影響を与えてしまい、またどのような処理が互いに干渉しないのかを踏まえ、トランザクション同士で互いの結果に影響を与えないようなスケジューリングができれば、それらのトランザクションは、並列に実行することが可能であると言えます。

トランザクションに含まれる個々の操作に着目し、どのようにスケジュールを組めばデータの正しさを保証できるのかが、トランザクションにとっての課題なのです。

「データの正しさ」の定義

トランザクションはデータを正しく保つための手法です。データは、アプリケーションによって刻々と書き換えられるため、データが正しいかどうかを、たとえば、過去の正しいデータと比較することで確かめることはできません。そのように刻々と変化するデータは、何をもって正しいと判断すればよいのでしょうか。データの正しさはどのように客観的に判断すればよいのでしょうか。

データが正しく保たれている状態とはズバリ、**個々のトランザクションを、1つずつ順番に実行したときと同じ結果になること**です。1つずつ順番に実行するスケジュールを**直列化されたスケジュール**と言います。複数のトランザクションを並列に同時実行したとき、個々のトランザクションを直列に実行したときと、同じ結果になるスケジュールであれば、処理を並列に実行した影響がないため、トランザクション実行後のデータが正しく保たれていると言えるのです。

つまり、正しい結果になるスケジュールとは、直列化されたスケジュールと同じ結果になるスケジュールのことだと言えます。

直列化されたスケジュールと同じ結果になるスケジュールは、組み合わせ次第ではたくさん存在するかもしれません。その中からより良いスケジュールを選択するのが、スケジューラに課された任務です。

スケジューラの性能

スケジューラの性能を考えるうえで重要なポイントは2つあります。

一つは、いかに多くのトランザクションを並列化できるかという点です。同時に実行するトランザクションが多ければ多いほど、そのスケジューラの性能が良いということになります。

もう一つは、最適なスケジュールを探し出すために必要なコストです。多数のトランザクションがあり、その中から同時に実行できる組み合わせで、最適なものを探すとなると、それは組み合わせ最適化の問題となりますので、計算にかかるコストは甚大です。したがって、現実的には、そこそこの計算コストでそこそこのスケジュールを得られるような、スケジューラを使うのが落とし所となります。

ちなみに、RDBで一般的に広く用いられているのは、ロッキングスケジューラと呼ばれるロックを用いたものです。これは実装が比較的平易であり、多くの場合は、十分な性能を持っていることが知られています。

14.2 トランザクションの特徴

トランザクションの本質はスケジュールですが、そのような無味乾燥な概念だけを言われても、トランザクションへの理解が深まることはありません。本節では、少しさまざまな例を踏まえながら、トランザクションの特徴を表す性質を見ていきます。すでにご存じの方も多いと思いますが、復習がてら読んでください。

ACIDとは

ここで、簡単にACIDについておさらいをしておきましょう。ACIDとは、トランザクションが満たすべき性質について述べたものです。ACIDは、トランザクションが満たすべき4つの性質の頭文字を取ったもので、RDBでなくても、これらの特徴を満たすものは、トランザクションを実装していると言えます。

原子性(Atomicity)

トランザクションでは、複数の操作が行われることが多いのですが、**トランザクションに含まれる操作すべてが成功(*Commit*)か失敗(*Abort*)になる性質を原子性と言います**。失敗した場合、SQLでは、ロールバック(*ROLLBACK*)と言いますが、トランザクション理論では、Abortと言います。

原子性は言い方を変えると、トランザクションが中途半端な状態にならないという性質のことです。そのため、アプリケーションは、トランザクション実行後に2つのステータスだけを考慮すればよいことになります。これによって、エラー処理がとてもシンプルになるメリットがあります。つまり、Abortしたらトランザクションを最初からやり直せばよいのです。

もし、原子性が保証されていなければ、アプリケーションでは、エラーが発生した際に備えて、どこから処理を再開すべきか、あるいは元の状態に復帰すべきかなどについて、いちいち記述しなければならないでしょう。

トランザクションが、100のステップで構成されるようなものであれば、100のステップのうち、どこまで進んだかをまずは検出できなければなりません。また、どこまで進んだかによって、それぞれ異なるエラー処理が必要になります。トランザクションによって、原子性が保証されていれば、そのような労力は不要です。

このように便利な原子性ですが、トランザクションがAbortする可能性を0にはできません。トランザクションは、さまざまな理由で失敗する可能性があります。保証されているのは、実行後の状態が成功か失敗の2つになるということだけです。

Abortする可能性は0にはならないため、アプリケーションでは、Abortが発生した際のエラー処理だけは必ず実装しておく必要があります。多くの場合は、エラー処理で実行すべきことは、トランザクションのリトライ(再実行)でしょう。

トランザクションは、必ず成功することが保証されているのではなく、失敗したらすべてが取り消されることが保証されているにすぎないのです。言い換えると、**原子性とは、トランザクションがエラーになった場合にロールバックできること**です。Abortすることを想定していないアプリケーション、つまり、エラー処理(リトライ)を実装していないアプリケーションは、そもそもトランザクションの使い方自体が間違っていると言えます。残念なことに、そのようなアプリケーションを見かけることは少なくありません。

一貫性(Consistensy)

ACIDにおける一貫性とは、**トランザクションを実行した前後では、データの一貫性が損なわれてはならない**という性質です。一貫性読み取り(*Consistent Read*)と間違えやすいのですが、そうではありません。

たとえば、RDBでは、トランザクション実行前のDBの状態は、一貫性のあるもの(データの不整合がないもの)であり、トランザクション実行後もデータに変更はあるものの、一貫性が保たれていることになります。言い換えると、**トランザクションを実行すると、DBはある一貫性のある状態から、別の一貫性のある状態へと遷移する**と言えます。

とはいえ、どのような状態が一貫性があるのかを決定するのはDBではありません。DBは、データを操作するためのさまざまな機能を持っていますが、その中のデータの意味については、理解していないからです。

データに対して意味を与えるのはアプリケーションの役割で、一貫性があるかどうかの判断は、アプリケーションにしか行えません。つまり、トランザクションの機能だけで、一貫性を保証することはできないのです。一貫性については、のちほど詳しく解説します。

分離性(Isolation)

分離性(独立性)とは、**同時に実行している複数のトランザクションが互いに影響を与えない**という性質です。言い換えると、**個々のトランザクションの実行結果は、トランザクションを直列に実行した場合と結果が同じでなければならない**ということです。

分離性を損なうスケジュールは、スケジューラが事前に排除するか、問題を検知した場合に、ロールバックされることになります。分離性は、トランザクションの同時実行制御についての性質を、よく表したものであると言えます。

永続性(Durability)

永続性とは、**いったんコミットが完了したトランザクションが消失しない**という性質です。確定したトランザクションが取り消されることはない、というロジカルな実装はもちろんのこと、マシンがクラッシュした場合でも、再起動後にリカバリによって、データをクラッシュ前の状態まで復元できるという点が重要です。

クラッシュリカバリ後は、クラッシュ前にコミットしたデータだけが残っています。コミットが完了した時点では、DBの一貫性が保証されているため、クラッシュリカバリが完了すれば、一貫性について心配する必要はありません。

さまざまな異常

トランザクションの本質を見極めるために、もう少し別の角度からトランザクションを見つめ直してみましょう。

ACIDは、トランザクションが満たすべき性質のことですが、今度はトランザクションにとって、あってはならない状態について解説します。言い換えると、トランザクションは、ここで紹介する異常(*Anomaly*)を防ぐためにある、と言えるでしょう。

ロストアップデート

あるトランザクション❶が書いたデータと、同じものを別のトランザクション❷が更新する場合、トランザクション❷は、トランザクション❶が書いた結果を見て、次の値を決めなければならないでしょう。もしトランザクション❷がトランザクション❶が更新する前のデータを元に、同じデータを更新すると、トランザクション❶によって行われた更新は、消失してしまいます。これが**ロストアップデート**と呼ばれる問題です。

すでにお気づきかもしれませんが、実は、p.325の図14.1は典型的なロストアップデートの例です。

インコンシステントリード

あるトランザクションの実行結果が、別のトランザクションの実行結果に影響を与えてしまうと、トランザクションが読み取ったデータの整合性が取れていない（*Inconsistent*）ものになります。これを**インコンシステントリード**と言います。

たとえば、**図14.2**を見てください。トランザクション❶は、口座Xから口座Yに10万円振り込むというものです[注2]。トランザクション❷は、口座Xと口座Yの合計を読み取っています。

トランザクション❶によって、口座Xと口座Yの残高はそれぞれ10万円ずつ増減しますが、合計は変化しません。ところが、トランザクション❷が読み取った金額は本来あるべきものより10万円少なくなります。これでは正しいデータとは言えません。

図14.2 インコンシステントリードの例

トランザクション❶	トランザクション❷	口座Xの残高	口座Yの残高	時間
		1,000,000円	1,000,000円	↓
開始 残高Xを読み取り 1,000,000円 振り込む金額を引く 1,000,000 − 100,000 = 900,000円 残高Xを記録 900,000円		900,000円		
	開始 残高Xを読み取り 900,000円 残高Yを読み取り 1,000,000円 残高の合計を計算 900,000 + 1,000,000 = 1,900,000円 COMMIT			
残高Yを読み取り 1,000,000円 振込後の残高を計算 1,000,000 + 100,000 = 1,100,000円 残高Yを記録 1,100,000円 COMMIT			1,100,000円	

注2　簡単化のため振り込み手数料については、いったん脇に置いておいてください。

ダーティリード

ダーティリードとは、まだコミットしていないデータを読み取ることによって起きる異常です。もし、あるトランザクション❶が更新後に、まだコミットしていないデータを別のトランザクション❷が読み取った場合、トランザクション❶が何らかの理由でAbort（ROLLBACK）してしまうと、トランザクション❷が読み取ったデータは、正しいものではなくなってしまいます。その様子を表したのが**図14.3**です。

トランザクション❶は、口座に30万円振り込むという操作ですが、あとから何らかの理由でロールバックしています。一方、トランザクション❷は、20万円引き出す操作ですが、トランザクション❶によるダーティなデータを読み取っているため、最終的な口座の残高が狂ってしまっています（本来あるべき金額より30万円増えてしまいました）。

ノンリピータブルリード

ノンリピータブルリードとは、1つのトランザクション内で、同じデータアイテムを複数回読み取ったとき、そのトランザクションが書き込みをしていないのにもかかわらず、値が変わってしまう現象のことです（**図**

図14.3 ダーティリードの例

トランザクション❶	トランザクション❷	口座の残高	時間
		1,000,000円	↓
開始 残高を読み取り 1,000,000円 振り込んだ金額と 残高の金額を合計 1,000,000 + 300,000 = 1,300,000円 残高を記録 1,300,000円		1,300,000円	↓
	開始 残高を読み取り 1,300,000円		↓
ROLLBACK		1,000,000円	↓
	引き出した金額を 残高から引く 1,300,000 − 200,000 = 1,100,000円 残高を記録 1,100,000円 COMMIT	1,100,000円	↓

14.4)。

トランザクション❶は、何らかの集計処理です。トランザクション❶が終了しない間に、トランザクション❶がすでに参照したデータは、トランザクション❷によって書き換えられています。そのため、2回目に同じ口座の残高を読み込んだときには、残高が減ってしまっています。

ノンリピータブルリードは、インコンシステントリードと少し区別がつきにくいかもしれません。インコンシステントリードは、読み取った複数のデータアイテム間に不整合があるようなものです。図14.2では、口座Xと口座Yのデータが同期していないことが問題です。つまり、ある1回の操作で読み取ったデータの中に、不整合がある問題だと言えます。

一方、ノンリピータブルリードは、同じデータアイテムを複数回読み取ったときに、以前と異なる結果が得られてしまうという問題です。つまり、時間軸に沿って整合性が保たれないという問題であると言えます。

ファントムリード

ファントムリードとは、SQLのように範囲検索があるシステムで主に起

図14.4 ノンリピータブルリードの例

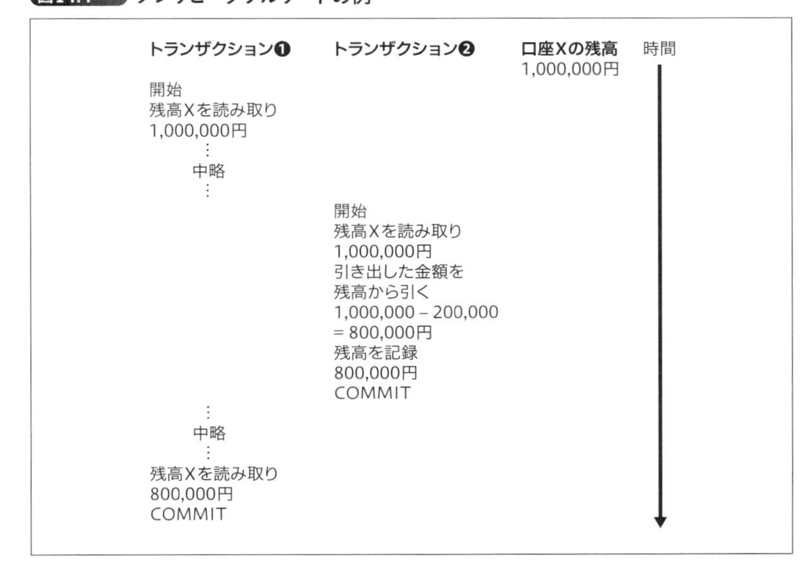

きる問題です。これまで紹介した例とは少し異なり、既存のデータアイテムの値が異常を起こすのではなく、過去になかったデータアイテムが出現するというものです。**図14.5**は、ファントムリードが起きる様子を示したものです。

トランザクション❶は、当初1行しか読み取っていませんが、トランザクション❷によって、新しい行が挿入されたあとは、その行も読み取ってしまっています。

スケジュールとロック

先ほど挙げたような異常は、すべて同時実行制御の問題です。それぞれの処理を順番に実行した場合は、問題が起きません。スケジュールという観点から見ると、先ほど挙げたような異常が発生するスケジュールは、本来実行してはいけないものです。したがって、そのようなスケジュールが発生しないように、トランザクションのスケジュールを決定しなければなりません。

どのようにそれを防ぐかは、その実装によって異なりますが、RDBにおいて最もポピュラーなものは、ロックを使い排他処理を行う方法です。一般的に、ロックを用いたスケジューラをロッキングスケジューラと言います。どの行(=データアイテム)が必要になるかは、実際にクエリを実行し

図14.5 ファントムリードの例

なければわからないため、トランザクションを実行する前にスケジュールは決定できません。

そこで、クエリの実行に伴って、トランザクション内においてデータの一貫性が崩れないよう、**操作の対象となる行に対して、その操作を行うより前にロックをかける**という方法が採られています。

ロックを用いることにより、データの整合性を損なう各種異常が発生するスケジュールにならないよう、**競合するデータアイテムへのアクセスを必要とするトランザクションはブロックされる**ことになります。それによって、結果としてデータの整合性が保たれたスケジュールができあがるわけです。

図14.6はロックを用いて、ほかのトランザクションをブロックしている様子を表したものです。

トランザクション❶は口座Xから口座Yへの振り込みを、トランザクション❷は口座Yから口座Xへの振り込みを行おうとしています。トランザクション❶がすでに口座Yに対するロックを持っているので、トランザクション❷は、ロックを獲得できずに待たされ(ブロックされ)ます。このようにロックを用いることで、異常が発生しない、安全なスケジュールを生み出すことができるわけです。

もちろん、トランザクション理論においては、データの不整合が起きないスケジュールを生成するプロトコルには、ロックを用いるもの以外にもいくつかの種類があります。

デッドロック

トランザクションが必要とするデータアイテムを、順次ロックするようなアーキテクチャでは、デッドロックという問題がつきものです。RDBでは、行レベルロックあるいは、ページレベルロックといった実装で、そのような事象が起きます。**図14.7**は、デッドロックが起きる様子を示したものです。

図14.7のトランザクションは、図14.6と同じものですが、タイミングが少しずれてしまったためにデッドロックになっています。トランザクション❶が口座Xをロックし、次いで、トランザクション❷が口座Yをロック

しています。その状態でトランザクション❶が口座Yをロックしようとすると、それは、すでにトランザクション❷によってロックされているため、トランザクション❶はブロックされます。

今度は、トランザクション❷が口座Xのロックを試みますが、こちらもすでにロックされているため、トランザクション❷はブロックされます。このように、両方のトランザクションが互いにブロックし合う状態になると、どちらのトランザクションも先に進めず行き詰まってしまいます。こ

図14.6 ロックを用いたスケジュールの例

トランザクション❶	トランザクション❷	口座Xの残高	口座Yの残高	時間
		1,000,000円	1,000,000円	
開始				
口座Xをロック				
残高Xを読み取り				
1,000,000円				
振り込む金額を引く				
1,000,000 – 100,000				
= 900,000円				
残高Xを記録				
900,000円		900,000円		
口座Yをロック				
	開始			
	口座Yをロック			
	ブロック			
残高Yを読み取り				
1,000,000円				
振込後の残高を計算				
1,000,000 + 100,000				
= 1,100,000円				
残高Yを記録				
1,100,000円			1,100,000円	
コミット				
口座Xをアンロック				
口座Yをアンロック				
	残高Yを読み取り			
	1,000,000円			
	振り込む金額を引く			
	1,100,000 – 100,000			
	= 1,000,000円		1,000,000円	
	残高Yを記録			
	1,000,000円			
	口座Xをロック			
	振込後の残高を計算			
	900,000 + 100,000			
	= 1,000,000円	1,000,000円		
	残高Xを記録			
	1,000,000円			
	コミット			
	口座Xをアンロック			
	口座Yをアンロック			

れがデッドロックです。

デッドロックが起きたということは、もし仮にロックをせずに、そのまま処理を進めるとデータの不整合が起きてしまうことを意味します。そのようなスケジュールは受け入れられませんので、デッドロックに陥ったトランザクションはロールバックする必要があります。

デッドロックをどのように解消するかは、実装により異なります。たとえば、デッドロックを検知できれば、両方ともロールバックするのか、片方だけロールバックするのか、また、片方だけであれば、どのような基準でロールバックするほうを決定するのか、などです。デッドロックの検知機能がなければ、ロックがタイムアウトするまで待たされることになるでしょう。

デッドロックは、一般的な、つまりロッキングスケジューラを持つRDBでは、必ず起き得る問題です。その結果、トランザクションはAbortしてしまいますので、一般的なDBアプリケーションでは、エラー処理が必須です。

図14.7 デッドロックの例

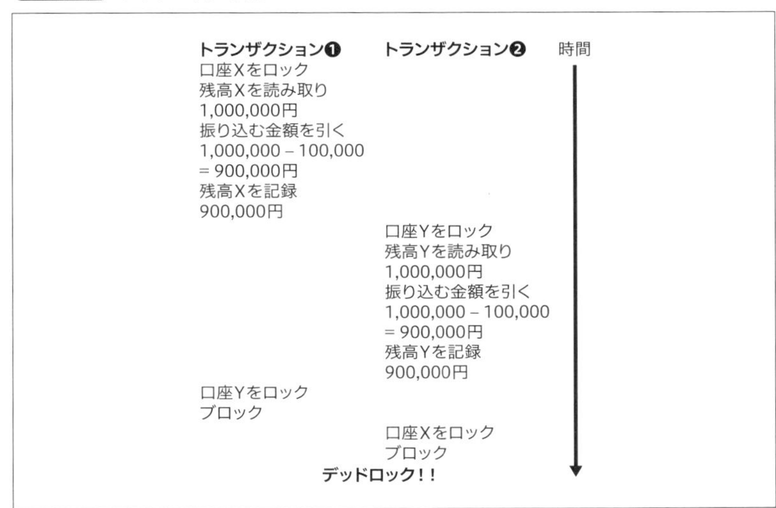

トランザクションの分離レベル

RDBには、トランザクションがどれだけ互いに独立しているかを示す概念として、トランザクションの分離レベルがあります。**表14.1**は、4種類のトランザクション分離レベルについて示したものです。

SERIALIZABLEが最も分離性(独立性)が高く、トランザクションを実行した結果が直列化されたスケジュールと同じ結果になることを保証しています[注3]。そのような保証がある分離レベルは、SERIALIZABLEだけです。ほかの分離レベルでは、先ほど挙げた各種異常を完全に防ぐことはできません。

では、常にSERIALIZABLEを使えばよいのかと言うと、そこが悩ましいところです。というのも、SERIALIZABLEは、その高い信頼性と引き換えに、性能が比較的低くなりがちだからです。この性能とは、トランザクションの並列度のことです。SERIALIZABLEでは、どうしてもロックを多用することになるため、デッドロックの確率が上がったり、ロックの競合によって、ブロックされることが多くなります。

そこで、多くのケースでは、ほかの分離レベルを活用することになりますが、当然ながら、SERIALIZABLE以外では各種異常が起きる可能性があります。ただし、その引換として、並列性の向上という利点は享受できます。

とはいえ、たいていの場合、ダーティリードが発生してしまうREAD-UNCOMMITEDが用いられることはないでしょう。ダーティリードまで

表14.1 トランザクションの分離レベル

分離レベル	分離性	ダーティリード	インコンシステントリード	ロストアップデート	ファントムリード
READ-UNCOMMITTED	低	○	○	○	○
READ-COMMITTED	↓	×	○	○	○
REPEATABLE-READ	↓	×	×	○	○
SERIALIZABLE	高	×	×	×	×

注3 ただし、どの順序でトランザクションが実行されたスケジュールと同じになるかは保証されません。保証されるのは、直列化されたスケジュールのうちの一つになる、ということだけです。

許容してしまうと、ロールバックに対して無防備になるためです。

分離レベルを決定するうえでは、アプリケーションがREAD-COMMITTEDあるいは、REPEATABLE-READでも対応可能かが選定のポイントとなります。これらの分離レベルで問題ないかどうかを判断するには、各種異常がどのような場合に起きるのかについての理解が不可欠でしょう。ただし、異常が起きるかどうかを吟味するのは手間がかかりますし、手間をかけたとしても漏れがあるかもしれません。

そのようなリスクや手間を回避するには、SERIALIZABLEを利用するのが得策だと言えます。手間とリスクを取ってでも性能が欲しい場合だけ、READ-COMMITTEDあるいはREPEATABLE-READを選択すべきです。また、ロックの挙動や構文は製品によって違いがあるため、注意が必要です。移植性の高い製品を採用したい場合は、SERIALIZABLEを利用するのが無難であると言えるでしょう。

SERIALIZABLE以外の分離レベルでは、明示的なロックを行うことで、異常を回避できる場合があります。明示的なロックとは、`SELECT ... FOR UPDATE`などの構文です。SERIALIZABLE以外の分離レベルでは、異常を回避するために、余計に手間がかかることを覚えておいてください。

MVCC

トランザクションの並列度が高くなると、あるトランザクションが更新してまだコミットしていない行をほかのトランザクションが参照したい、というケースが出てきます。つまり、ある時点で参照の一貫性が取れていればよいというケースです。

そのような場合、単にロックというしくみだけに頼っていては、ほかのトランザクションは、ロックが解放されるまで、つまり、現在そのロックを持っているトランザクションが終了するまで、待たされることになります。

もし、ロックを持っているトランザクションが長時間かかるものであれば、数多くのトランザクションがブロックされるかもしれません。そのような状況を打破し、トランザクションの並列性を高めるために編み出されたしくみが**MVCC**（*MultiVersion Concurrency Control*）です。

MVCCを使うと、あるトランザクションが更新してしまったデータについて、別のほかのトランザクションは過去の古いバージョンを参照できます。インコンシステントリードを防ぎつつ、並列度を高められます。**図14.8**は、MVCCによって異常を回避しつつ、並列にトランザクションを実行する様子を示したものです。

これは図14.2において、MVCCが利用可能だった場合にどうなるかを示したものです。図14.8では古いバージョンのデータを参照できるため、インコンシステントリードは発生せず、図14.2とは違って、合計した値は正しい値となっています。

ちなみに、MVCCにおける古いバージョンの値は、ロールバックセグメントという領域に格納されます。MVCCを利用するために、SELECTの構文においてバージョンの指定などを追加する必要はありません。通常通りSELECTを記述すれば、トランザクションが開始した時点に、すでにコミットされているデータのみが、自動的にロールバックセグメントから参照さ

図14.8 MVCCの例

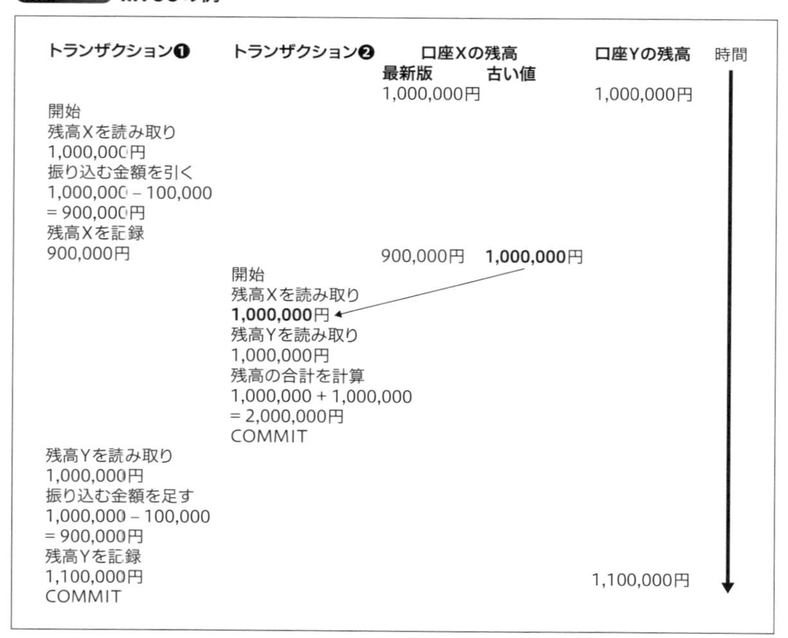

れます。

SERIALIZABLE以外の分離レベルを採用する動機として、MVCCの存在は特に大きなものであると言えるでしょう。特に更新を含まない参照だけのトランザクションは、MVCCを利用することで、データに不整合を生じさせることなく、性能を大きく向上させることが可能だからです。

クラッシュリカバリ

DBを長期間運用していると、DBサーバプロセスがバグなどによって異常終了したり、サーバマシンが故障などでクラッシュすることがあります。そのような状況になった際、すぐにサービスを再開するには、データがクラッシュする直前の状態まで迅速に復帰する必要があります。また、コミットしたデータがクラッシュによって消失するようなケースも想定できます。したがって、RDBでは、クラッシュリカバリが必須の機能であると言えます。

DBサーバのコンポーネント

トランザクション理論では、DBサーバは**表14.2**のコンポーネントで構成されているとされています。

図14.9はこれらのコンポーネントが連携して動作している様子を示したものです。

クラッシュリカバリにおいては、ステーブルログがきわめて重要な役割を果たします。ステーブルログは、いわば直列化されたトランザクション

表14.2 DBサーバのコンポーネント

コンポーネント	説明
ステーブルDB	不揮発なストレージ上のDB。ページ化された構造を持ち、主にディスク上に配置される
DBキャッシュ	揮発メモリ上に配置されたDBのサブセット。各種変更操作はすべてキャッシュ上で行われたあと、ステーブルDBへフラッシュされることで反映される
ステーブルログ	DBキャッシュ上で行われた操作の履歴を記録したもの。不揮発なストレージに記録される
ログバッファ	ステーブルログに書き込みを行う前に利用されるバッファ

のスケジュールです。ステーブルログに記録されているログエントリを再生(REDO)することで、DBキャッシュを最新の状態まで復元します。

その後、クラッシュする瞬間にまだ完了していなかったトランザクションによる更新を取り消し(UNDO)ます。REDOとUNDOの両方を実行して初めてクラッシュリカバリが完了することになります[注4]。

図14.9 DBサーバを構成するコンポーネント

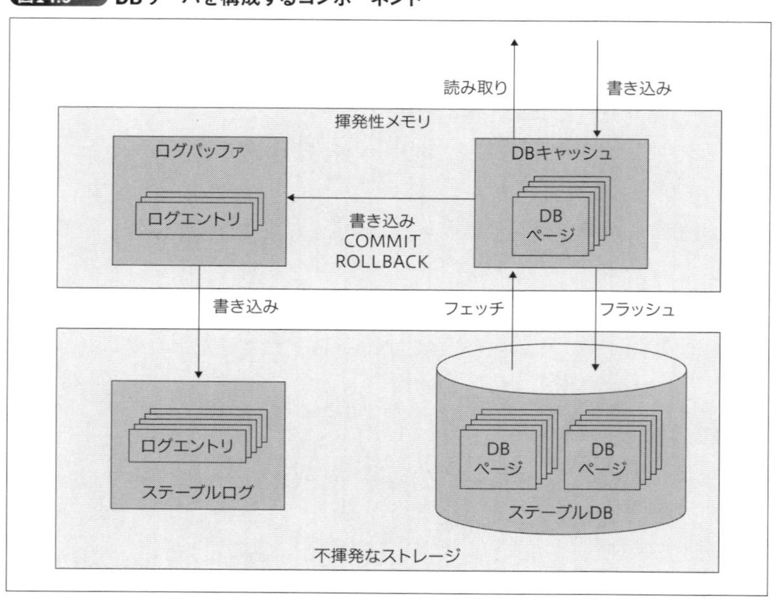

注4 ロールバックやクラッシュリカバリが起きても、データを正しく保つことができるのは、そのようにスケジュールを決定しているからですが、これについては、書籍『Transactional Information Systems』で詳しく解説しています。

14.3 トランザクションとデータモデルの融合

これまでトランザクションについて見てきましたが、重要な課題がまだ残っています。それは、トランザクションとリレーショナルモデルがどのように連携すべきかという点です。このミッシングリンクを解消しない限り、DBの整合性を完全に保つことはできません。

リレーショナルモデルとACIDの「C」

ACIDの解説において、トランザクションを実行するとDBは、ある一貫性のある状態から、別の一貫性のある状態へと遷移するということ、そのとき、DBの一貫性を保証するのは、アプリケーション次第であることを説明しました。

DBの一貫性を考えるうえで最も重要なのが、データがどのように表現されているか、そしてそのデータに対してどのような演算を行うかについての理解、つまり、データモデルへの理解が不可欠となります。

一貫性があるかどうかを判断するためのロジックは、データモデルによって表現されるからです。RDBのデータモデルは、リレーショナルモデルですから、ACIDの「C」、つまり、一貫性を考えるうえでもやはり、リレーショナルモデルに対する理解は必須であると言えます。

リレーショナルモデルと異常

第2〜5章では、正規化と直交性をテーマに、リレーションやDBに生じる異常とはどういうことかについて説明しました。そのようなリレーショナルモデルにおける異常と、本章で説明したトランザクションにおける異常は、意味が異なります。どちらもデータに不整合が生じるという点では同じですが、前者はデータそのものに矛盾が生じるということ、後者は同時に複数の処理を実行したときに生じる異常です。意味が異なるものですから、その対処法も異なります。

リレーショナルモデルでは、データを操作する単位はリレーションです。SQLに置き換えると、テーブルがデータを操作する単位となります。リレーションを入力として別のリレーションを出力するのが、リレーショナルモデルの基本的な考え方です。

一方、本章で説明したトランザクションの不具合によって生じる各種の異常は、テーブルに含まれる個々の行の値がいきなり変わったり、行そのものが増減するというものです。そのような異常があっては、そもそもリレーションの演算の正しささら保証できなくなるでしょう。

集合を用いた演算によって正しい結果を得るには、演算の元になる集合が正しくなければいけません。

集合の要素の値がおかしかったり、突然減ったり増えたりしては、正しい演算結果を得られるはずがないのです。したがって、リレーショナルモデルをきちんと実践し、集合をベースにした演算としてクエリを表現するならば、異常が起きないように対策しなければなりません。

すでに説明したように、分離レベルをSERIALIZABLEに設定するのが最も簡単な対策でしょう。SERIALIZABLEを利用できない場合は、参照系だけのトランザクションではMVCCを利用する、更新と参照を含む処理では、明示的にロックを用いるなどの対策が必要になります。

トランザクション的な異常があると、データモデルが成り立たなくなってしまうという点に注意してください。

正規化と直交性

リレーショナルモデルにおいて、DBの不整合を防ぐ手段と言えば、本書で耳にタコができるぐらい取り上げている正規化と直交性です。いくらトランザクションを使って、問題のないスケジュールで更新を実行しても、DBに重複があり、その一部だけを更新することで矛盾が生じるようでは、元の木阿弥です。これらのDB設計理論を活用し、データの重複が起きないDB設計にしておけば、少なくとも、重複によって引き起こされるデータの不整合を防ぐことができます。

まずは、リレーションの正規化と直交性を実践しましょう。特に、正規化は半ばシステマチックに実施できる作業です。DB設計によって、異常が生じないことを保証することで、ACIDの「C」を保証するために、考慮しなければならないことを格段に減らすことができるでしょう。

制約

データモデルだけでは不十分である理由

リレーショナルモデルに精通しているからといって、油断は禁物です。リレーショナルモデルは、あくまでもデータモデルであり、いわばただの道具です。慢心していれば道具の使い方を間違うこともあるでしょうし、道具の使い方は正しくても、肝心のアプリケーションのロジックが間違っていることがあるかもしれません。リレーショナルモデルを実践したからといって、正しいロジックを常に表現できるわけではないのです。

データが正しいことを保証する大前提として見落としがちなのが、その操作が本当に意図したものであるかどうかという点です。プログラムは意図した通りではなく、書いた通りに動くものです。それは、リレーショナルモデルを具現化したSQLにも当てはまることです。

いくら宣言的に記述したところで、どうしても書いた内容とその処理が意図することに乖離(かいり)が生じるのをなくすことはできないでしょう。当然ながら、書かれたコードと処理の意図に乖離があれば、そのトランザクションの結果が正しいとは言えません。それはいわばバグです。アプリケーション開発にはバグがつきものであり、完璧なロジックを最初から記述することはできないのは、みなさんよくご存じだと思います。

RDBを実践的に使いこなすには、処理の記述に問題があるかもしれないという前提のうえで、データの整合性を守るための工夫をする必要があります。

制約を活用してデータを守る

そこで役立つのが**制約**(*Constraint*)です。制約を使うと、正しいデータがどうあるべきかを表現できるようになります。リレーショナルモデルはただの道具ですから、実際にそのデータが正しいかどうかは、アプリケーションがその道具を使って記述しなければならないのです。リレーショナルモデルの表現力は、述語論理あるいは集合の演算だけが範疇（はんちゅう）となります。そういった演算では、解決できないビジネスロジックを表現するのは、アプリケーション側の役割です。

リレーショナルモデルをきちんと理解し、さらにDB設計をきちんと行って異常が生じる可能性をできる限り排除したうえで、さらに制約を使って異常を防ぐというわけです。実際のアプリケーションは、きわめて複雑なデータ構造とロジックを持っていますから、二重三重の防御が必要になるのです。

RDBで制約を表現するのに利用できるしくみとして、次のようなものがあります。

NOT NULL

1NFのテーブルに、NULLが含まれていてはいけません。NULLが含まれないことを表現するには、NOT NULL制約を使います。正規化をする場合は、NOT NULLを忘れずにつけるようにしましょう。

一意性制約

テーブル内において、あるカラムの組み合わせに重複がないことを保証するには、一意性制約を利用します。キーは、リレーショナルモデルにとって必須の概念です。候補キーとなり得るカラムの組み合わせすべてに主キー、あるいはユニークインデックスを作成しておきましょう。

CREATE TYPE

SQLにはさまざまなデータ型がありますが、それらより狭い範囲の集合をドメインとして定義したり、既存のデータ型を組み合わせた新しいデータ型を定義したいならば、`CREATE TYPE`を利用すると便利です。ただし、`CREATE TYPE`は、製品によってかなり方言が異なるため、注意が必要です。

CHECK制約

カラムが取り得るデータの範囲をより細かく、そして現時点でのテーブルの状態に合わせて制限したい場合は、CHECK制約を用いると便利です。ただし、SQL標準ではCHECK制約はさまざまなクエリを表現できるとされていますが、各RDB製品ごとにCHECK制約のサポート状況は異なりますので注意が必要です。

CHECK制約は非常に強力です。単一のカラムが取り得る値だけでなく、複数のカラムに含まれるデータの整合性を確認することが可能です[注5]。

外部キー制約

SQLに存在する、テーブル間でデータの整合性を確認する唯一の手段が外部キーです[注6]。外部キー制約を利用すると、**子テーブルに存在するキーと同じ値のキーが親テーブルに存在する**という制約を表現できます。正規化を行い、自明ではない関数従属性を解消した場合などは、無損失分解された2つのテーブル同士でデータの不整合が生じないよう、外部キー制約をつけておく必要があるでしょう。

「外部キーをつけると性能が落ちる」とか「データを柔軟に操作できなくなる」という理由で、外部キーを忌避する発言をよく耳にしますが、それは局所的な意味では正しいのですが、総合的に見ると正しくありません。

外部キーを使わないことは、それと同じ検査をするためのロジックをアプリケーションで実装する必要があることを意味します。そして、アプリケーション側での実装は外部キーより性能が劣るでしょう。なぜならば、外部キーと同じことを確認するには、そもそも同じデータにアクセスする必要がありますが、DBサーバ内部で完結する処理と違って、SQLの解析やデータの転送などのためにオーバーヘッドが生じるからです。

もし外部キーを使わず、なおかつ、外部キーと同じように、データの整合性を検査するロジックもないのであれば、それはデータの整合性が保証されているかどうかわからないという、リスクを抱えることになります。データの整合性は、ほんの少しの性能の低下や運用の手間に比べるとはるかに重要です。痛い目を見たくなければ、とやかく言わずに、外部キーを使いましょう。

注5　ちなみに、MySQLではCREATE TYPEやCHECK制約はサポートされていません。
注6　SQL標準では、CHECK制約でほかのテーブルのデータを参照することも可能です。

トリガー

外部キーはとても便利ですが、それでもまだ制約としての表現は十分であるとは言えません。特に複数のテーブル間でデータの整合性を担保したい場合の表現方法として、SQLには外部キー以外のバリエーションが存在しないという点がとても歯がゆいです。RDBでは、外部キーがきわめて重要視される向きがありますが、外部キーはテーブル間の制約を表現する手段の1つに過ぎません。実は外部キーだけでは機能が足りません。

たとえば、外部キーでは表現できない制約には、次のようなものがあります[注7]。

- **子テーブルに存在するキーと同じ値のキーが親テーブルに存在しない(NOT)**
- **子テーブルに存在するキーと同じ値のキーが複数の親テーブルのうちいずれかに存在する(OR)**
- **子テーブルに存在するキーと同じ値のキーが複数の親テーブルのうちいずれか1つだけに存在する(XOR)**
- **子テーブルに存在するキーと同じ値のキーが複数の親テーブルのうちN個以上、あるいはN個未満存在する**

こういった制約が必要になる例は、**第9章**で説明したように、ステータスの違いによって格納するテーブルを分けるような場合です。和集合(UNION)になっているテーブルを別々に分ける、という選択が必要なケースは少なくありません。そのような場合、外部キー制約だけでは太刀打ちできないのです。

そこで登場するのがトリガーです。SQLにおいて、テーブル間の複雑な制約を表現するには、トリガーが最も適しています。また、上記のような制約を含め、トリガーではさまざまな制約を表現することが可能です。CHECK制約とは異なり、さまざまな表現[注8]を用いることができます。

トリガーそのものは手続き型の表現ですが、個人的には、あまりそれは問題だと考えていません。そもそも、トリガーでは、集合論では表現できない、さまざまなロジックを記述する必要があるからです。そのような制

注7　子テーブルが複数あるケースは、それぞれの子テーブルに外部キーを定義すれば表現可能です。
注8　たとえば、集計したり、ストアドファンクションを呼び出したりなどです。

約を表現してDBの整合性を保つうえで、トリガーはとても強力なツールです。

トリガーには、1行のデータ操作ごとに実行される行トリガーと、SQL文ごとに実行される文トリガーがあります。両方のトリガーがあるのが理想ですが、データの整合性を確認するうえで、主に必要になるのは、行トリガーのほうでしょう。文トリガーは、行トリガーのように、NEWあるいはOLDキーワードでカラムの新旧の値を更新できるわけではないため、制約を表現するためにはあまり向いていません。

行トリガーは強力なツールであるものの、弱点がないわけではありません。それは、ズバリ「1行ごとに実行される」という点です。したがって、複数の行にまたがった値の検査には、本質的に不向きです。そのような場合は、トリガーではなく、アプリケーション側でそのトランザクション内で、データの整合性を保証するために何らかのクエリを実行すると良いでしょう。そのクエリを実行した結果異常が検出された場合は、DBはトランザクションの実行によって、次の整合性のある状態へ遷移するとは考えられないので、明示的にトランザクションをロールバックしましょう。

14.4 まとめ

DBにおいて、データの整合性はきわめて重要なものです。データが正しくなければ、クエリの実行結果もまた正しいものではなくなるからです。

DBの整合性を保つには、リレーショナルモデルやDB設計理論もさることながら、トランザクションに対する理解も不可欠です。リレーショナルモデルとトランザクション理論は、互いに補完しあう前輪と後輪のようなものです。両方を正しく実践して初めて、DBを正しい状態に保つことができます。本章で紹介した分離レベル、ロック、MVCC、制約などをうまく活用して、トランザクションによってデータの整合性を保ちつつ、最高のパフォーマンスが得られるように処理を記述するよう心がけましょう。

おわりに

本書では、リレーショナルモデルを中心に、RDBで使用される技術について解説を行いました。それぞれの技術について理解したら、なぜRDBがこれほどまでに重要なシステムで使われているのか、そしてこれからも使うべきものなのについても、納得していただけるのではないかと思います。特に、RDBはデータの整合性を守る点について、完璧ではないにせよ、その対策のしくみを持っているのは大きなアドバンテージでしょう。

RDBはあくまでも人が創りだした道具です。いろんなことができる道具ですが、人が創ったものですから万能ではありません。道具にはその道具に合った使い方があります。それは物理的な道具だけでなく、コンピュータ上で動作するプログラムにも当てはまることです。道具を使いこなすには、その道具について詳しく知る必要があるでしょう。どのように使うかというだけでなく、その道具が不得意とすることや限界について知ることも極めて重要です。本書によって、その境界線がクリアになったならば、とても喜ばしいことです。

ぜひ、本書で得た知識を実際のアプリケーション開発で役立てて欲しいと考えていますが、きっと現場ではさまざまな壁が立ちはだかることでしょう。DBスキーマが巨大なことであったり、アプリケーションが複雑になり過ぎたことであったり、政治的な理由であったりなど、立ちはだかる壁の種類はさまざまです。現実と折り合いをつけながら、完璧とまではいかなくとも、できるだけリレーショナルモデルを実践して欲しいと思います。

世の中のニーズの多様化やしくみの複雑化はとどまることを知りません。

その傾向は今後もおそらく変わらないでしょう。それに呼応するように、DB上で表現しなければならないデータ構造は、これからももっと複雑になっていくことでしょう。しかし、複雑だからと言って、リレーショナルモデルが適用できないということはありません。むしろ複雑になればなるほど、RDBが持つデータの整合性への向き合い方が、役に立つことでしょう。

リレーショナルモデルに限界はあるものの、RDBは優れたソフトウェアであることは疑いようのない事実です。複雑だからと言って、リレーショナルモデルのセオリーを諦めて良い理由はありません。リレーショナルモデルの中で、どれだけ現実のデータをうまく表現できるかということについて真摯に向き合い、足掻いて足掻いて努力した先にしか、優れたDB設計は存在しないでしょう。優れたDB設計なくして、ITシステムの未来を切り開くことはできません。みなさんは、ぜひリレーショナルモデルを実践し、より良い未来を切り開いていってください。

索引

か行

さ行

た行

な行

は行

ま行

や行

ら行

わ行

著者プロフィール

奥野 幹也(おくの みきや)

栃木県在住のギーク。フリー(自由な)ソフトウェアの普及をライフワークとしている。KDEを愛用。仕事ではMySQLのサポートに従事。著書に『エキスパートのためのMySQL[運用+管理]トラブルシューティングガイド』『MySQL Cluster構築・運用バイブル』(ともに技術評論社)がある。

Blog 漢(オトコ)のコンピュータ道
http://nippondanji.blogspot.com/

●カバー・本文デザイン
西岡 裕二
●レイアウト
朝日メディアインターナショナル株式会社
●本文図版
安達 恵美子
●編集
春原 正彦(WEB+DB PRESS編集部)

WEB+DB PRESS plusシリーズ
理論から学ぶ
データベース実践入門
——リレーショナルモデルによる効率的なSQL

2015年 3月25日 初 版 第1刷発行

著 者 奥野 幹也
発行者 片岡 巌
発行所 株式会社技術評論社
東京都新宿区市谷左内町21-13
電話 03-3513-6150 販売促進部
03-3513-6175 雑誌編集部
印刷/製本 昭和情報プロセス株式会社

ISBN 978-4-7741-7197-5 C3055
Printed in Japan

〒162-0846
東京都新宿区市谷左内町21-13
株式会社技術評論社
『理論から学ぶデータベース実践入門』係
FAX 03-3513-6173
URL http://gihyo.jp/
(技術評論社Webサイト)